"十四五"时期国家重点出版物出版专项规划项目

食品科学前沿研究丛书

食品粉体工程技术

赵晓燕 于 明 毛红艳 主编

科 学 出 版 社

北 京

内 容 简 介

粉体加工技术应用从单纯的非金属矿物逐渐扩展到冶金、化工、建材、矿业、食品、医药、机械、农业等领域，贯穿了国民经济的各方面。超细化仅是粉体加工技术中的一种，超细粉体原料的应用领域远没有拓展，有很多空白的领域需要开发，在相关领域的应用将形成新的技术创新点。食品粉体工程技术是指将粉体加工技术与相关食品科学的理论相结合，并应用到具体的粉体加工生产中所形成的综合知识和手段。本书主要介绍食品粉体的概念、食品粉体的加工、食品粉体的性能与表征、食品粉体的质量评价、食品粉体的生物利用度、粉体包装及安全性评价。

本书适合食品类专业的学生及从事相关食品加工的企业人员阅读和参考。

图书在版编目（CIP）数据

食品粉体工程技术 / 赵晓燕，于明，毛红艳主编. --北京：科学出版社，2024.6.--(食品科学前沿研究丛书). --ISBN 978-7-03-078771-2

Ⅰ. TS2

中国国家版本馆 CIP 数据核字第 20249Q908Z 号

责任编辑：贾　超　孙静惠 / 责任校对：杜子昂
责任印制：徐晓晨 / 封面设计：东方人华

科 学 出 版 社 出版

北京东黄城根北街 16 号
邮政编码：100717
http://www.sciencep.com

北京盛通数码印刷有限公司印刷
科学出版社发行　各地新华书店经销

*

2024 年 6 月第 一 版　开本：720×1000　1/16
2024 年 6 月第一次印刷　印张：18 1/4
字数：360 000

定价：138.00 元
（如有印装质量问题，我社负责调换）

丛书编委会

总主编： 陈　卫

副主编： 路福平

编　委 （以姓名汉语拼音为序）：

陈建设	江　凌	江连洲	姜毓君
焦中高	励建荣	林　智	林亲录
刘　龙	刘慧琳	刘元法	卢立新
卢向阳	木泰华	聂少平	牛兴和
汪少芸	王　静	王　强	王书军
文晓巍	乌日娜	武爱波	许文涛
曾新安	张和平	郑福平	

本书编委会

主编：赵晓燕　于　明　毛红艳

编委：刘红开　张晓伟　王　萌

　　　任祥瑞　李　芹　袁　朔

　　　岳　丽　祖力皮牙·买买提

　　　崔　莉　王佳敏　王　仙

前　言

　　超微粉碎技术（superfine grinding technology）是近几十年发展起来的一种高新技术，应用在化工、电子、生物制药、中草药及食品行业中。超微粉碎技术是利用各种特殊的粉碎设备，通过一定的加工工艺流程，对物料进行碾磨、冲击、剪切等，将粒径在 3mm 以上的物料粉碎至粒径为 10~25μm 的微细颗粒，从而使产品具有界面活性，呈现出特殊功能的过程。许多可食动植物，包括微生物等原料都可以用超微粉碎机加工成超微粉，甚至动植物的不可食部分也可通过超微粉碎技术的超微化而被人体吸收。与传统的粉碎、破碎、碾碎等加工技术相比，超微粉碎产品的粒度更加微小。目前，国内主要将该技术用于开展细胞级超微粉碎制药新技术的应用研究，以提高药效，降低服用量，提高剂型水平，使保健食品高档化。

　　国外于 20 世纪 80 年代在食品加工中就开始应用超微粉碎技术。相关的研究证明，在超微粉碎的机械力作用下，粉碎方式与粒度大小将会影响食品原料中某些营养成分的结构与功能性，如淀粉的结晶度将减少，持水性、溶解性、流变性等将改善。我国对超微粉碎技术方面的研究虽然起步较晚，但发展极快，如研究发现淀粉在机械力作用下，颗粒的大小、形貌和均匀度都会发生改变，从而导致理化性质，如分散性、溶解度、糊化性质、黏度性质和化学活性等发生改变。超微粉碎技术作为一项新技术应用在食品工业中，食品原料超微粉具有突出的特征，与传统粗颗粒相比，超微粉具有表面效应、微尺寸效应、量子效应、光学特性、磁学特性及机械力化学效应等。超微粉也具有较好的流变性、表面特性、持油性、持水性与溶解性等，比较适合于生产速溶食品与方便食品。

　　超微粉碎技术运用高新技术改造和提升食品工业，进行技术创新，改变传统食品制造业工艺，降低成本，合理利用有限的食品资源，提高经济效益，已成为我国食品行业共同关注的课题。随着食品工业的发展，普通的粉碎技术已越来越不适应生产的需要，超微粉碎技术就是在这一背景下应运而生，作为食品工业的一种加工新技术，通过改变原料的化学与物理特性，较大程度地保持物料原有的生物活性，改善食品的品质，增加食品的营养，丰富食品的品种。该技术易掌握，成本低，效益高，实际生产具有一定的可行性。因此，要充分利用超微粉碎技术，开发出微细、绿色、方便、天然、安全、营养、味美的新食品品种，为改善人民的生活与提高健康水平服务。因此生物粉体技术在食品工业应用中具有重要的社会意义和很大的市场潜力，开发应用前景十分广阔。

粉体产业涉及面宽、类型多，应该说服务于这些产业的人才学科门类也是十分多的。但这些专业人才大多缺乏系统和完整的粉体工程科学技术知识，在解决相关工程问题时需要付出更多的人力和资金成本。随着粉体工程学科的发展，作为人才培养基地的高等院校出现了专门培养粉体工程技术人才的专业——"粉体工程"专业。目前，我国部分高校成立了一些粉体工程与其他相关学科交叉融合的研究所、工程中心、实验室、设计院等学术机构。这些机构以科研开发为主，以培养硕士和博士生为主，层次高，掌握的粉体技术先进。但是，作为人才培养的基地，培养的人才数量少，远远满足不了我国粉体产业众多企业的人才需求，而关于食品粉体工程技术方面的专业还属于空白，培养的人才更少。

食品粉体工程技术是指将粉体加工技术与相关食品科学的理论相结合，并应用到具体的粉体加工生产中所形成的综合知识和手段。食品粉体技术是解决具体技术问题的思想和技巧，而食品粉体工程技术则是以食品粉体技术为核心，与其他相关食品高新加工技术组合，形成解决工程化生产问题的专业系统手段。例如，美国利用超微粉碎技术研制的某保健食品膳食纤维含量高达 80%，为燕麦的 5～8 倍。据悉，在欧美，食用纤维素的年销售额已达 100 多亿美元，市场利润非常丰厚。我国对膳食纤维食品的研究刚刚起步，不过市场前景非常乐观。国内医学营养专家指出，纤维食品将成为 21 世纪的主导食品，纤维食品的主要技术即超微粉碎技术的应用将有一个更加广阔的舞台。因此，作为食品类专业的学生，应该掌握这种工程化的食品粉体加工技术。

本书第 1 章由赵晓燕、于明、毛红艳编写，第 2 章由赵晓燕、毛红艳、于明编写，第 3 章由于明、毛红艳、岳丽、祖力皮牙•买买提编写，第 4 章由崔莉、王佳敏、王仙编写，第 5 章由刘红开、张晓伟、王萌、任祥瑞编写，第 6 章由刘红开、于明、李芹、袁朔编写，第 7 章由赵晓燕、刘红开、毛红艳、李芹、袁朔编写。本书在编写过程中，参考了国内外有关专家学者的著作与论文，在此表示最诚挚的感谢。

现代食品加工高新技术日新月异，受研究方法、研究手段、研究材料及编者水平所限，本书不可避免地会存在一些观点和认识方面的不足，衷心地希望读者在阅读本书的过程中给予批评指正。

编　者

2024 年 6 月 20 日

目　录

第1章　概述 …………………………………………………………………………… 1

1.1　食品粉体的概念 ……………………………………………………………… 1

　　1.1.1　粉体概念 …………………………………………………………………… 1

　　1.1.2　食品粉体的定义与研究内容 ……………………………………………… 2

　　1.1.3　食品粉体工程研究内容 …………………………………………………… 3

1.2　食品粉体的分类 ……………………………………………………………… 5

　　1.2.1　按来源分类 ………………………………………………………………… 5

　　1.2.2　按颗粒大小分类 …………………………………………………………… 12

　　1.2.3　按颗粒分散状态分类 ……………………………………………………… 13

　　1.2.4　按粉碎方法分类 …………………………………………………………… 14

　　1.2.5　按粉碎技术分类 …………………………………………………………… 15

　　1.2.6　各种食品涉及的粉体 ……………………………………………………… 16

1.3　食品粉体的历史及问题分析 ………………………………………………… 20

　　1.3.1　食品粉体的历史 …………………………………………………………… 20

　　1.3.2　粉体技术在食品应用中存在的问题分析 ………………………………… 22

参考文献 ………………………………………………………………………………… 26

第2章　食品粉体的加工 …………………………………………………………… 29

2.1　粉碎的原理 …………………………………………………………………… 29

　　2.1.1　粉碎的概念 ………………………………………………………………… 29

　　2.1.2　物料的基本特性 …………………………………………………………… 30

　　2.1.3　粉碎机理 …………………………………………………………………… 33

　　2.1.4　粉碎过程物理模型 ………………………………………………………… 40

2.2　粉体的分级 …………………………………………………………………… 41

　　2.2.1　基本概念 …………………………………………………………………… 41

　　2.2.2　分级原理 …………………………………………………………………… 42

　　2.2.3　分级方法 …………………………………………………………………… 44

2.3　粉碎与分级的制备 …………………………………………………………… 45

　　2.3.1　粉碎机的施力作用分类及选择 …………………………………………… 45

　　2.3.2　粉碎机械 …………………………………………………………………… 46

2.3.3　分级设备 ··· 61

2.4　食品粉体的制备 ··· 71

2.4.1　前处理 ··· 71

2.4.2　食品普通粉体的制备 ··· 72

2.4.3　食品微米粉体的制备 ··· 72

2.4.4　食品纳米粉体的制备 ··· 77

参考文献 ··· 79

第3章　食品粉体的性能与表征 ··· 81

3.1　粒径与粒度 ··· 81

3.1.1　单个颗粒的粒径 ··· 81

3.1.2　颗粒群体的平均粒径 ··· 84

3.2　粉体粒度与粒径分布 ··· 85

3.2.1　粒径分布的表示方法 ··· 86

3.2.2　食品粉体的粒度测量方法 ·· 88

3.3　食品粉体的形状 ··· 97

3.3.1　食品粉体形状的定性分析 ·· 98

3.3.2　食品粉体形状的定量分析 ·· 98

3.4　颗粒形状的测量及数学分析 ··101

3.4.1　颗粒形状的测量 ··101

3.4.2　颗粒形状的数学分析 ···101

3.5　粉粒的比表面积 ··105

3.5.1　连续流动法 ··105

3.5.2　容量法 ···106

3.5.3　直接对比法 ··106

3.5.4　BET比表面积测定法 ··107

3.6　粉体的性质 ··108

3.6.1　粉体的填充和堆积性 ···108

3.6.2　粉体的流动性 ···111

3.6.3　粉体的湿润性 ···113

3.6.4　粉体的压缩与成形性 ···113

3.7　粉碎、粒径与食品品质的关系 ···114

3.7.1　粉碎对食品粉体粒径的影响 ···114

3.7.2　粉碎对食品粉体形状的影响 ···115

3.7.3　粉碎对食品粉体性质的影响 ···116

  3.7.4　粉碎对食品粉体化学成分的影响 ················· 119
  3.7.5　粉碎对食品粉体结构的影响 ···················· 120
  3.7.6　粉体添加对食品品质的影响 ···················· 121
 参考文献 ······················· 122
第4章　食品粉体的质量评价 ···················· 124
 4.1　外在质量 ························ 124
  4.1.1　感官性质 ····················· 124
  4.1.2　显微特征 ····················· 125
  4.1.3　比表面积 ····················· 138
  4.1.4　堆积密度（松密度） ················ 140
  4.1.5　休止角与滑角 ··················· 142
  4.1.6　粒度 ······················ 145
 4.2　内在质量 ························ 148
  4.2.1　水分 ······················ 148
  4.2.2　灰分 ······················ 152
  4.2.3　浸出物 ····················· 156
  4.2.4　重金属 ····················· 157
  4.2.5　微生物指标 ··················· 161
  4.2.6　理化性质 ···················· 163
 参考文献 ······················· 166
第5章　食品粉体的生物利用度 ·················· 167
 5.1　溶解理论 ························ 168
  5.1.1　溶解过程的相互作用 ··············· 168
  5.1.2　影响食品溶解度的因素 ·············· 169
 5.2　粉体在溶液中的溶出速率 ················ 170
  5.2.1　食品粉体的溶出度 ················ 170
  5.2.2　溶出度的评价方法 ················ 171
  5.2.3　影响食品粉体溶出度的因素 ············ 173
  5.2.4　改善食品粉体溶出度的方法 ············ 174
  5.2.5　食品粉体的溶出过程与溶出特性 ·········· 176
 5.3　食品粉体生物利用度的影响因素及提高方法 ······· 177
  5.3.1　粉体性质对食品粉体利用度的影响 ········· 177
  5.3.2　食品体系组成对食品粉体生物利用度的影响 ····· 180
  5.3.3　粉体工艺对食品粉体生物利用度的影响 ······· 183

　　　5.3.4　制粉过程对食品粉体营养组分生物利用率的影响·················184

　　　5.3.5　提高食品粉体生物利用度的方法·····························186

　5.4　食品粉体与营养······································189

　　　5.4.1　粉体粒径对食品营养含量的影响·····························190

　　　5.4.2　食品粉体消化热力学、动力学参数变化·······················197

　　　5.4.3　食品粉体对营养物质消化吸收的影响·······················205

　参考文献··206

第6章　粉体包装···209

　6.1　包装的基础知识······································209

　　　6.1.1　包装的概念与功能·······························209

　　　6.1.2　包装标准·······································211

　　　6.1.3　食品包装现代化与发展趋势·····························213

　6.2　食品包装原理与方法··································215

　　　6.2.1　包装分类和材料的选择·····························218

　　　6.2.2　食品包装技术与设备·····························221

　6.3　食品粉体包装技术与设备·······························245

　6.4　食品包装所涉及的环保问题·······························248

　　　6.4.1　食品包装对环境的污染·····························248

　　　6.4.2　减少包装对环境污染的方法·····························249

　参考文献··251

第7章　食品粉体的安全性评价···································252

　7.1　食品粉体安全性的研究内容·······························252

　　　7.1.1　整体思想·······································253

　　　7.1.2　现代科学化·······································253

　　　7.1.3　食品粉体安全问题·······························254

　　　7.1.4　食品粉体风险可能性分析·····························255

　7.2　食品粉体安全性研究方法·······························258

　　　7.2.1　基于级联检测的毒理学评价方案·······················259

　　　7.2.2　关键理化特性的表征技术·····························260

　　　7.2.3　毒理学安全性评价·······························261

　　　7.2.4　毒代动力学·······································266

　　　7.2.5　毒理病理学·······································267

　7.3　食品粉体安全性研究现状·······························267

　　　7.3.1　不同类型食品粉体应用的安全性·······················268

7.3.2　原料及生产工艺过程的安全性 ……………………………… 272

7.3.3　食品粉体安全性存在的不足 …………………………………… 275

7.3.4　食品粉体安全性研究与发展的思考建议 …………………… 276

7.4　展望 …………………………………………………………………… 277

参考文献 …………………………………………………………………… 278

第1章 概　　述

1.1 食品粉体的概念

1.1.1 粉体概念

根据拆字思义，可知"粉"乃将米粉碎而成，"粒"乃米的独立存在，这两个字形象地表明了古人对粉体和颗粒的认识。《庄子·天下》里曾描述："一尺之棰，日取其半，万世不竭。"这是对物质微细化过程的直接描述，形象简洁地阐明了颗粒无限可分的概念。

粉体是由许多小颗粒物质所构成的集合体，通常指物料以较细的粉粒状态存在。一般将粒径小于100μm的颗粒叫作"粉"，其容易产生粒子间的相互作用而流动性较差；大于100μm的颗粒叫作"粒"，其较难产生粒子间的相互作用而流动性较好。单体粒子称为一级粒子（primary particle）；团聚粒子称为二级粒子（secondary particle）。粉体的构成应该满足以下3个条件：①微观的基本单元是小固体颗粒；②宏观上是大量的颗粒的集合体；③颗粒之间有相互作用（Zhao et al.，2009a）。

粉体既呈离散状态下固体颗粒集合体的形态，又具有流体的属性：没有具体的形状，可以流动飞扬等。粉体在加工、处理、使用方面表现出独特的性质和不可思议的现象，尽管在物理学上没有明确界定，但有研究者认为"粉体"是物质存在状态的第4种形态（流体和固体之间的过渡状态即等离子态）。这是在认识论层面上从各个领域归纳抽象出粉体和加工过程共性问题的基础。粉体的最小单元是颗粒，工程研究的对象多为粉体，进一步深入研究的对象则是微观的颗粒。颗粒微观尺度和结构的量变，必将带来粉体宏观特性的质变。

粉体的粒径是指颗粒直径及其大小（尺寸）的测量数。粉末颗粒大小称为颗粒粒度。由于颗粒形状很复杂，通常有筛分粒度、沉降粒度、等效体积粒度、等效表面积粒度等几种表示方法。粉末颗粒的大小，一般用"目"或微米来表示。"目"是指每英寸（2.54cm）的标准筛的筛孔尺寸大小，目数越大，表示颗粒越细。颗粒的孔径越小，其目数越大。

一般目数与粒度的换算公式如下：目数×粒度（微米数）= 15 000，例如，400目的筛网的孔径为38μm左右，粒度与目数的换算表如表1-1所示。一般粉体的目数前通过加正负号表示能否漏过该目数的网孔。负数表示能漏过该目数的网孔，即颗粒尺寸小于网孔尺寸；正数表示不能漏过该目数的网孔，即颗粒尺寸大于网孔尺寸。例如，颗粒为–100～＋200 目，即表示这些颗粒能从 100 目的网孔漏过而不能从 200 目的网孔漏过，在筛选这种目数的颗粒时，应将目数大（200）的放在目数小（100）的筛网下面，在目数大（200）的筛网中留下的即为–100～＋200 目的颗粒。

表 1-1　粉体粒度与目数的换算表

目数	粒度/μm	目数	粒度/μm	目数	粒度/μm
5	3900	120	124	1100	13
10	2000	140	104	1300	11
16	1190	170	89	1600	10
20	840	200	74	1800	8
25	710	230	61	2000	6.5
30	590	270	53	2500	5.5
35	500	325	44	3000	5
40	420	400	38	3500	4.5
45	350	460	30	4000	3.4
50	297	540	26	5000	2.7
60	250	650	21	6000	2.5
80	178	800	19	8000	1.6
100	150	900	15	10000	1.3

因为编织网时用丝的粗细不同，开孔率也不同。不同的国家的标准也不一样，目前存在美国标准、英国标准和日本标准三种，其中英国和美国的相近，日本的差别较大。目前在国内外尚未有统一的粉体粒度技术标准，各个企业都有自己的粒度指标定义和表示方法，因此"目"的含义也难以统一。在不同国家，不同行业筛网规格有不同的标准。我国使用的是美国标准，也就是可用上面给出的公式计算。我国在中药与材料等领域对粉体的颗粒大小有相关的标准，如《中国药典》（2020 版）中，对粉体的描述分等级采用"粗"和"细"，中药粉末一般分为最粗粉、粗粉、中粉、细粉、最细粉、极细粉。其中最粗粉指能通过（2000±70）μm 一号筛；极细粉指全部通过八号筛，但含有能通过（75±4.1）μm 九号筛不少于 95% 的粉末。而关于食品粉末颗粒大小的标准尚缺乏。

1.1.2　食品粉体的定义与研究内容

研究粉体的基本性质及其应用的科学称为粉体学。参照以上对"粉体"的定义，将以较细粉粒状态存在的可食动植物与微生物粉、可食原料提取物或可食动植物与微生物固体粉剂称为食品粉体。

根据粉体工程学中"微米级"、"亚微米级"和"纳米级"等概念，将细度超出传统范畴的食品粉体按其粉体细度级别分别称为微米食品粉体、亚微米食品粉体及纳米食品粉体。微米食品粉体由微米食品颗粒组成，其颗粒粒径小于 100μm，大于 1μm；亚微米食品粉体由亚微米食品颗粒组成，其颗粒粒径小于 1μm，大于 0.1μm（100nm）；纳米食品粉体由纳米食品颗粒组成，其颗粒粒径小于 100nm，大于 1nm。三者统称为"微纳米食品粉体"，由颗粒粒径小于 100μm，大于 1nm 的微纳米食品颗粒组成。根据原料和成品颗粒的大小或粒度，粉碎可分为粗粉碎、细粉碎、微粉碎（超细粉碎）、超微粉碎和纳米粉碎 5 种类型，如表 1-2 所示（Zhao et al.，2009a）。

表 1-2 粉碎的类型

粉碎类型	原粒粒度	成品粒度
粗粉碎	10～100mm	5～10mm
细粉碎	5～50mm	0.1～5mm
微粉碎	5～10mm	25～100μm
超微粉碎	0.5～5mm	100nm～25μm
纳米粉碎	100μm～500nm	<100nm

超微粉碎高新技术是指制备、使用微粉的相关技术，包括微粉的制备工艺技术、分级与分离技术、干燥技术、混合与均化技术、包装与储运技术、粉体测量与表征技术、粉体分散与表面改性技术、灭菌技术以及制备储运中的质量保证技术。食品领域里，通常把粒度低于 25μm 的粉末称为超微粉体，把制备超微粉体的方法称为超微粉碎技术，超微粉体又称为超细粉体，均是超微（细）粉碎技术应用的最终产品。目前，采用超微粉碎机械设备粉碎食品一般以微米级为主，部分可达到亚微米级，两者同时存在，即微米或亚微米食品粉体。

1.1.3 食品粉体工程研究内容

粉体工程学是研究无数个固体粒子集合体的基本性质及其应用的科学，以颗粒和粉状物料为对象，研究其性质、制备与处理的一门工程学科，即研究粉体产品开发、生产、质量控制及存在问题的综合性学科。现代粉体工程由粉体物性工程、粉体加工工程与粉体机械工程三部分构成。

超微粉碎技术的应用范围不仅包括粮食饲料加工（特别是鱼虾饲料、秸秆粉碎、添加剂载体）、生物制品、中草药，还可涉及食品、化工、冶金等领域的深加工。随着超细粉体技术引入食品加工领域，食品粉体产业迅速发展，它不仅用于调味品、饮料、罐头、冷食品、焙烤食品等普通食品，也广泛用于功能保健食品的生产。食品粉体的制备及应用技术关键在于其有效性与安全性。在食品工业中，将各类动植物、微生物等原料加工成超微粉，具有以下方面的重要意义。

（1）较大程度地保持了物料原有的生物活性和营养成分，使得食品具有很好的固香性、分散性和溶解性，改善了食品的口感。在超微粉碎过程中，通过控制粉碎设备的参数，将不产生过热现象，甚至可在低温状态下进行，并且粉碎速度快，有利于保留不耐高温的生物活性成分及各种营养成分（陈玉婷等，2018；张丽媛等，2018）。如珍珠，用传统方法加工会破坏其部分营养成分，而在-67℃左右的低温条件下进行超微粉碎，则能比较完整地保留有效成分，增强其延缓衰老的作用；超微粉碎香菇柄，得到平均粒径为 8.05μm 的香菇柄粉，多糖的溶出率提高一倍多，膳食纤维的功能特性也明显得到改善（薛淑静等，2021；郑万琴等，2020）。

（2）利于机体对食品营养物质的消化吸收，超微食品由于其粒度极细，易被人体肠胃直接吸收，能最大限度地发挥其功效，并充分利用。超微粉末颗粒具有表面效应、体积效应、量子效应和宏观隧道效应等，使其对物质的吸附性较大，有利于物质的消化吸收（王博等，2020）。

（3）由于空隙增加，微粉孔腔中容纳一定量的 CO_2 和 N_2，可延长食品保鲜期（杨春瑜等，2019）。

（4）节省原料，提高利用率。物体经超微粉碎后，超细粉一般可直接用于粉剂食品生产，而用常规粉碎方法得到的产物仍需一些中间环节，才能达到直接用于生产的要求，这样很可能会造成原料浪费。此外，原来不能充分吸收或利用的原料被重新利用，节约了资源（寇福兵，2022；赵愉涵，2022）。

（5）配制和深加工成各种功能食品，增加了食品产品的品种，提高了资源利用率（王博等，2020；余青，2020）。

（6）减少污染，超微粉碎是在封闭系统下进行粉碎的，既避免了微粉污染周围环境，又可防止空气中的灰尘污染产品。在食品及医疗保健品中运用该技术，使微生物含量以及灰尘含量能得以极大控制（刘树立等，2006）。

（7）提高发酵、酶解过程的化学反应速率。由于经过超微粉碎后的原料具有极大的比表面积，在生物、化学等反应过程中，反应接触的面积大大增加了，因而可以提高反应速率，在生产中节约时间，提高效率（刘树立等，2006）。

（8）可保证原料成分的完整性，超微粉碎加工为纯物理过程，加工中不混入其他杂质，使得超微保健食品具有纯天然性，并保证了原料成分的完整性（徐小云，2018）。

食品粉体工程技术（food powder engineering technology）指以食品加工理论

为指导，运用现代科学技术进行研究、论述食品粉体的制备原理与生产工艺、理化性质、质量评价、安全性与有效性、体内吸收分布与代谢、应用范围及前景等内容的综合性应用技术学科。食品粉体工程技术不仅与食品专业的各门基础课、专业课，如食品科学、食品物性学、食品化学、食品机械原理、食品分析及食品营养学等紧密相关，还与食品加工技术（如蛋乳加工、肉制品加工、果蔬储运加工、软饮料加工、粮油加工等）、功能性食品配方的研制与生产等密切相关。

食品粉体的制备研究主要包括粉碎原料、粉碎设备、粉体的制备（普通粉体、微米粉体和纳米粉体）以及粉碎工艺规范化等；食品粉体的基本性质主要包括食品粉体的体相性质、流动性质、表面性、光学性质、电学性质、磁学性质和机械性质等；食品粉体的表征主要包括食品粉体的粒度测量方法研究及食品粉体的形状与微结构等；食品粉体的质量评价主要指外在质量（性状、显微特征、比表面积、堆密度、休止角、滑角和粒度等）和内在质量（水分、灰分、浸出物、重金属、农残、溶解度、理化性质、含量测定、化学和生物指纹图谱）的研究两个方面；其应用主要包括普通食品与保健食品生产中的应用。食品粉体的有效性与安全性主要包括食品粉体与传统食品的功能性效应比较、食品微米粉体和食品纳米粉体的功能性评价及食品安全性研究方法；食品粉体的生物利用度研究主要包括食品粉体的体外溶出度和食品粉体的体内吸收动力学研究。

食品粉体工程技术研究的目的是通过食品粉体的制备过程的研究，根据食品原料的性质，制备出优质的食品粉体，提高食品的质量，增加食品的稳定性，而且在食用后对体内营养物质吸收、分布、排泄等过程具有一定的影响，从而最大限度发挥营养物质功能性的作用，保证食品粉体使用的安全性与有效性。同时，通过建立食品粉体标准化评价体系，促进食品的规范化、标准化、现代化，推进食品的产业化。

1.2　食品粉体的分类

食品粉体可按来源分类，即植物类食品粉体、动物类食品粉体、水产品类食品粉体等。通常认为主要应按构成粉末颗粒的大小分类，即纳米粉体、微米粉体、普通粉体等。

1.2.1　按来源分类

1. 植物类食品粉体

天然植物含有蛋白质、生物碱、多糖、皂苷、挥发油、蒽类和有机酸等多种生物活性物质，还含有氨基酸、矿物质、维生素及一些营养因子。植物在食品中占比最大，其质地与粉碎效率和效果密不可分。按质地可分为：高糖性、高油性、高蛋白性、纤维性、粉性、韧性等。其中高糖性食品原料（如红枣、葡萄、黑加仑等）、高油性食品原料（如花生、核桃、芝麻等）、高蛋白性食品原料（如海参、大豆等）、高纤维性食品原料（如麦麸、大豆纤维等）、粉性食品原料（如莲子、山药等）等，这些原料中含有的挥发性成分在粉碎过程中容易流失，而多糖类和蛋白类是造成粉体黏性的主要原因。

1）植物的茎、叶

植物的茎与叶中含有丰富的营养物质，通过超微粉碎可以提高其利用的价值，开发多种食用的品种（陈玉婷等，2017，2018）。利用超细粉碎技术生产的超细银杏叶粉可制成粉剂、冲剂和片剂，方便使用（黄其春等，2012）。茶叶含有大量的蛋白质、氨基酸和维生素等有机物以及多种人体所需的无机矿物质元素，素有"饮料之王"的美誉，经超细粉碎后制成相应的超细产品，用水冲服，可全部被饮用，并可被肠胃直接吸收，其有效成分利用率与功效要比直接沥泡饮品高得多。还可开发出软饮料有机茶、豆类固体饮料、超细微骨粉配制富钙饮料和速溶绿豆饮料等（张鉴等，2014；张依依等，2022）。绿茶、花茶、红茶、乌龙茶的茶微粉均可加入各种食品和日用品中，加工出各种全新的茶制品，如茶香糖、茶糕点、茶食面、茶香皂、茶瓜子、茶牙膏、茶系列保健化妆品等（刘智强等，2020）。

桑叶中富含蛋白质、糖类、维生素、膳食纤维和矿物质等成分，有广泛的开发利用价值。研究表明桑叶具有降血糖、降血脂、抗炎、抗衰老、抗丝虫病、抗肿瘤、抑制血清胆固醇升高并防止动脉粥样硬化、抗菌抗病毒等药理作用，但桑叶粗糙，直接食用口感不佳，难以下咽。将桑叶超细粉碎制成超细粉，用水冲服或作为食品添加剂添加到食品中，其有效成分的利用率与功效比直接饮用或冲泡饮用要高得多，同时还可以开发出许多下游桑叶产品，如桑叶含片、桑叶面食等。

2）植物的果实

目前，果蔬超细粉已成为果蔬行业发展的一种趋势。果蔬超细粉含水量低，一般低于6%，不仅能最大限度地利用原料，产品易储藏、运输，而且能大大提高产品的营养成分，改善产品的色泽和风味，并能应用到食品加工的各个领域（Feng et al.，2021）。由于微粉的颗粒细度大多小于30μm，可以添加到各类面制品、肉制品、膨化食品、固体饮料、乳制品、婴幼儿食品、调味品、糖果制品、焙烤制品及各类特殊营养制品中（符群等，2018；Huang et al.，2018）。如营养和药用价值都很高的山楂、红枣、胡萝卜粉，果渣超细粉，苦瓜全果超细粉等，具有广阔的市场前景。

例如，生姜超微粉（Zhao et al.，2009b，2010a），生姜具有药食两用的作用，对于预防心脑血管疾病有重要价值，具有健胃、除湿、祛寒、抗菌、抗病毒和抗癌的作用。干生姜在超微粉碎加工后，粒度小于 8.34μm 的颗粒占 90%，结合在一起的大颗粒聚集体中的小颗粒组织已经被彻底地分离开来，且颗粒已经被充分地破碎（图 1-1）。原有的长纤维逐渐变短，三维空间的尺度减小，从而得到了粉碎粒径相当均匀的样品。这使其有效成分暴露出来，并且微粉颗粒的表面活性骤增，将有利于人体的充分吸收和利用。

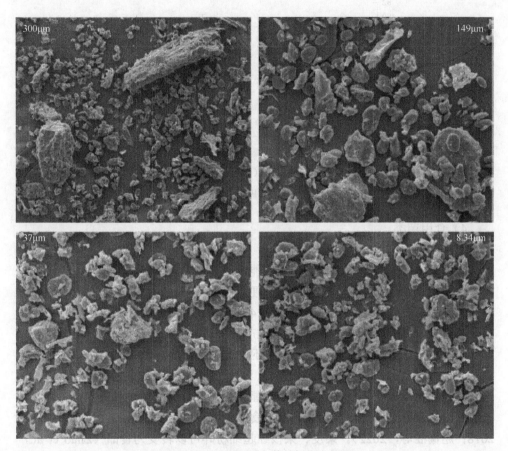

图 1-1　不同粒径的生姜粉扫描电镜图

3）植物的花卉

植物的花卉不但具有观赏值，而且具有很高的保健作用，在国外被称为"花卉医疗法"，如人参花、金银花、玫瑰花、玳玳花等（陈斌等，2012；蒋书云，2016），超细花卉食品也必将成为保健食品的新秀。

例如玫瑰超微粉（刘占永，2016），玫瑰花中含有大量的黄酮类化合物和多糖等营养物质，具有良好的生物活性作用，如抗肿瘤、增强免疫、抗菌、抗病毒、抗氧化等。玫瑰花细粉和超微粉对 1, 1-二苯基-2-三硝基苯肼（DPPH）自由基都具有一定的清除作用。但粉碎功率过大，部分抗氧化成分将会被破坏，导致抗氧化能力下降。对玫瑰花进行适当的超微粉碎可以在一定程度上促进功效成分溶出，提高抗氧化活性，使玫瑰花的保健功能性进一步增强（图1-2）。

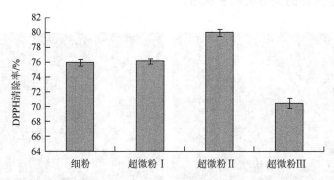

图1-2 不同粒径玫瑰花粉体 DPPH 的清除率（细粉、超微粉Ⅰ、超微粉Ⅱ、超微粉Ⅲ的粒径分别是：114.43μm、52.10μm、19.91μm 和 9.43μm）

4）食用菌类

香菇、猴头菌、蜜环菌等药用真菌，含有调节身体免疫机能、抗癌、防衰老的有效成分，可对人体生理作用产生功能性影响，具有调节功效，利用超细粉碎技术进行超细粉碎，可开发出一系列方便食用的功能性超细保健食品，具有良好的营养性、保健性和治疗性（袁彪，2014；Zhao et al.，2018）。

5）农产品的副产物类（或膳食纤维产品类）

小麦麸皮、燕麦皮、玉米皮、玉米胚芽渣、豆皮、米糠、葡萄皮渣、甜菜渣、甘蔗渣、香辛料等，含有丰富的维生素、微量元素等，具有很好的营养价值，通过超细粉碎技术对纤维的微粒化，能明显改善纤维食品的口感和吸收性，从而使食物资源得到充分的利用，而且丰富了食品的营养（王博等，2020；张丽媛等，2018；赵愉涵等，2022）。果皮、果核经超细粉碎可以转变为食品（Zhao et al.，2015）。

"药食同源"和"食疗重于药疗"的思想已普遍为人们接受。膳食纤维素被现代医学界称为"第七营养素"，虽不被人体直接消化，但它有助于肠道蠕动，作为有毒物质的载体及无能量的填充剂，平衡膳食结构、防治现代"文明病"。豆渣是人类难得的膳食纤维源，其纤维含量高、纤维质构好、组成成分功能性好，可以加工成高纯度、高质量、高附加值、应用广泛的低热量的膳食纤维。目前在美国、日本、澳大利亚等国已实现豆渣食用的产业化。如日本仁月株式会社将豆渣膳食纤维与低聚糖、双歧杆菌等科学调配为微生态制剂，供给老年人和少儿食用，企业效益显著；西欧国家将加工好的膳食纤维直接加入主食食用；澳大利亚豆渣食品在 20 世纪 90 年代曾轰动全世界。现代食品加工高新技术的蒸煮挤压与超细粉碎技术在豆渣开发中的联合应用，彻底解决了豆渣开发中出现的一系列问题，极大地促进了豆渣这一人类健康食物资源的应用（蒋勇等，2015）。研制的功能性超细豆渣膳食纤维粉在许多产品的开发中已经得到良好的应用，如豆渣膳食纤维咀嚼片、豆渣蔬菜片、高纤维油炸豆渣脆片、高膳食纤维早餐谷物食品、高膳食纤维饼干等领域。超细豆渣膳食纤维粉具有良好的乳化性与增稠性。作为食品添加剂强化膳食纤维，可作点心、膨化小食品、面包、糕点、馅芯等食品配料用，广泛用于焙烤制品、草莓饮料、果汁、热奶、番茄酱、面条、调味料、干汤料、谷物制品中。

花生壳中含粗蛋白质 5%、粗纤维 68.4%，经过处理加工成膳食纤维以后，可作为蜜糖的载体、特效食品的原料等，也可用于制作富含膳食纤维的饼干、高纤维低热量的面包以及韧性良好的面制品。膳食纤维制取的工艺流程如下：花生壳、菜壳→浸泡→水洗→碱浸→澄清→漂洗→沉淀→过滤→烘干→粗粉→过筛→漂白→酸洗→水洗→烘干→超细粉碎→筛分→成品→包装。粗粉采用滞塞式进料粉碎法，可得到较好的微粒，因而有利于超细粉碎；超细粉碎采用双筒式振动磨粉碎，以获取不同目数的超细粉产品。

Zhao 等（2015）研究超细粉碎技术在葡萄皮渣多酚提取中的可行性，经提取发现，粒径大于 300μm 的粉体在 30℃加热 20min 得到总酚与总黄烷醇的量分别为 450.13mg GAE[①]/100g dw 和 11.32mg CE[②]/100g dw，而粒径在小于 18.83μm 的粉体在同样条件下得到总酚与总黄烷醇的量分别为 757.36mg GAE/100g dw 和 19.46mg CE/100g dw，二者相比，经超细粉碎后含量分别提高了 68.25% 和 71.91%。经超细粉碎后，葡萄皮渣粉在粒度为 125～70μm 时，其总酚与总黄烷醇的量分别为 626.73mg GAE/100g dw 和 16.72mg CE/100g dw（表 1-3），与粗粉碎相比，超细粉碎技术加快了葡萄皮渣多酚的溶出速度。这说明葡萄皮渣经超细粉碎后的样品，在加热提取时更有利于多酚溶出。同时利用红外光谱解析了不同粒度的葡萄皮渣粉，超微粉中主要的官能团与粗粉没有差异（图 1-3），从而保证了葡萄皮渣多酚的组分不会因为使用超细粉碎技术而受到影响。

表 1-3　不同粒度大小的葡萄皮渣粉的总酚与总黄烷醇含量

葡萄皮渣粉/μm	总酚/(mg GAE[a]/100g dw)	总黄烷醇/(mg CE[b]/100g dw)
>300	450.13±2.73[e]	11.32±0.48[e]
250～125	480.07±2.77[f]	16.01±0.53[d]

---

① GAE = 没食子酸当量。

② CE = 表儿茶素当量。

续表

葡萄皮渣粉/μm	总酚/(mg GAE[a]/100g dw)	总黄烷醇/(mg CE[b]/100g dw)
125～70	626.73±1.67[g]	16.72±0.43[d]
70～38	668.69±1.81[e]	19.27±0.51[e]
<18.83	757.36±1.79[d]	19.46±0.47[c]

注：a 表示没食子酸当量；b 表示表儿茶素当量；c～g 表示统计的显著性（$P<0.05$）。

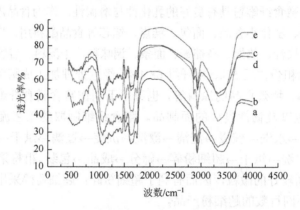

图 1-3　不同粒径的葡萄皮渣粉红外光谱图

a：>300μm；b：250～125μm；c：125～70μm；d：70～38μm；e：<18.83μm

2. 鲜骨类、昆虫类及甲壳素粉食品粉体

由于动物的骨、肉、筋或全虫中含有丰富的营养成分，制成超细粉体作为食品或保健品已备受关注。

1）动物鲜骨

畜、禽鲜骨中含有丰富的蛋白质和脂肪，如磷脂质、磷蛋白等，能促进儿童大脑神经的发育，有健脑增智之功效。鲜骨中含有骨胶原（氨基酸）、软骨素等，有滋润皮肤防衰老的作用；含有维生素 A、B_1、B_2、B_{12} 及钙、铁等。利用超细粉碎技术，将鲜骨多级粉碎加工成超细骨泥或经脱水制成骨粉，能保持 95% 以上的营养成分，而且营养成分易被人体吸收，吸收率可达 90% 以上。同时可制成胶囊、袋装冲剂以及片剂，也可作为食品添加剂，制成多种新的多营养素和高钙、高铁的骨粉（泥）系列食品（马峰等，2014；王梦娇，2015）。如加入到香肠、面条、面包及饼干中，或配以其他佐料作为调味品、汤料，或制成适合食用的骨酱罐头等作为小儿佝偻病、骨质疏松症、缺铁性贫血患者以及孕妇、老人、儿童理想的功能食品。

超微粉碎制得的骨粉与其他方法生产出的骨粉相比，其蛋白质含量明显高，灰分含量也显著提高，而脂肪含量则很低，这是超微粉碎骨粉的优势，结果见

表 1-4（叶明泉等，1999）。鲜骨超微粉碎加工技术，克服了传统加工方法的不足，不仅保存了鲜骨中全部的营养，而且产品粒度小，有利于吸收。该项技术的推广应用，对充分利用鲜骨资源具有十分重要的意义（叶明泉等，1999）。鲜骨超微粉碎加工的产品鲜骨粉，由于具有吸收率高，保质、保鲜期较长等优点，可作为一种新型全天然补钙保健食品。

表 1-4　超微鲜骨粉与其他鲜骨制品的营养成分对比

制品	蛋白质质量分数/%	脂肪质量分数/%	水分质量分数/%	Ca 含量/(mg/kg)	P 含量/(mg/kg)	Fe 含量/(mg/kg)	Zn 含量/(mg/kg)
超微鲜骨粉	33.4	5.5	2.5	19.30	9.39	520.0	71.4
高温蒸煮粉	16.5	8.23	4.0	2.67	1.22	—	—
鲜骨泥	10.4	13.4	65.7	3.95	2.04	59.7	54.6
猪肉	13.2	37.0	46.8	0.06	0.162	16.0	20.6

2）蚂蚁、蚯蚓、蜂蛹、蚕蛹等

蚂蚁、蚯蚓、蜂蛹、蚕蛹、蛇等营养保健和药用价值都很高，可经超细粉碎加工成为保健食品。许多动物食品已在一些国家流行，我国也开始注重这方面产品的开发。如对风湿性关节炎有较好疗效的蚂蚁粉及美容养颜的纯蛇粉，就是将蚂蚁和蛇通过粉碎加工而成（裴颖等，2002）。因此，将这类动物经干燥处理后制成超微保健食品，将是保健产品发展的一个重要方面。

3）甲壳动物类

甲壳动物壳体富含甲壳素，经超细粉碎后可大大提高方便使用程度，超细化后甲壳素既可食用，也可作为食品添加剂防腐用，如大量的小虾、小蟹可以利用超细技术进行深度开发利用（陈宇航等，2016）。

3. 水产品类

我国的藻类功能性食品资源很丰富，如螺旋藻是蛋白质资源和人类健康浓缩的营养源，已被联合国粮食及农业组织（FAO）、世界卫生组织（WHO）和联合国世界食品协会誉为"人类 21 世纪的最佳保健食品"。将螺旋藻进行超细粉碎破壁，可使资源得到充分利用。海带、珍珠、龟鳖、鲨鱼软骨等超细粉也具有独特的优点，可作为药膳或食品添加剂，制成补钙营养品（张洁等，2010）。另外，鲨鱼、鳐鱼等硬骨鱼类的软骨经超细粉碎后可制成具有较好抗癌效果的保健食品。

例如，珍珠粉的传统加工是经过十几个小时的球磨使颗粒度达几百目；而若在–67℃左右的低温和严格的净化气流条件下瞬时粉碎珍珠,可以得到平均粒径为 10μm 以下的超微珍珠粉。与传统加工相比,此法充分保留了珍珠的有效成分,其钙含量高达 42%,可作为药膳或食品添加剂,制成补钙营养品(张洁等,2010)。

1.2.2　按颗粒大小分类

由于粉体材料的颗粒大小分布可以很广(可以从纳米到毫米),因此在描述材料粒度大小时,可以把颗粒按大小分为纳米颗粒、超微颗粒、微粒、细粒、粗粒等种类。近年,随着纳米科学和技术的迅猛发展,纳米材料的颗粒分布以及颗粒大小已经成为纳米材料表征的重要指标之一。在普通的材料粒度分析中,其研究的颗粒大小一般在100nm～1μm 尺寸范围。而对于纳米材料研究,其研究的粒度分布范围主要在 1～500nm 之间,尤其是 1～20nm 是纳米材料研究最关注的尺度范围。图1-4 是固体材料颗粒度大小划分以及它们相应的尺度范围(Zhao et al.,2009a)。

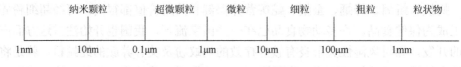

图 1-4　固体材料颗粒度的划分和尺度范围

目前食品粉末颗粒大小没有统一的分类,参考中药及其他物料粉末颗粒大小的划分来进行分类。不同行业有不同的说法,统一这些说法,有利于技术交流。

1. 食品粗粉体

食品粗粉体是采用普通粉碎技术制备的粒径大于 100μm 的食品物料。含油脂较高的原料,一般易粉碎成粗粉或中粉。

2. 食品中细粉体

食品中细粉体体系采用普通粉碎技术与细粉体技术制备的粒径为 74μm～0.5mm 之间的食品物料。

3. 食品细粉体

食品细粉体系采用细粉体技术制备的粒径为 74μm 以下的食品物料,食品的原料的活性和生物利用度得到提高。

4. 食品微米粉体

食品微米粉体系采用超微粉体技术制备的粒径为 10μm 以下的食品物料，食品的原料的活性和生物利用度可能得到大幅度的提高。食品原料的粒径与化学成分的浸出率有明显的相关性，研究人员将茶树菇采用气流磨粉碎制备不同粒度的茶树菇粉体，分别对其蛋白质的溶解率进行了测定，结果以 7.35μm 的粉体茶树菇蛋白质浸出率最高，说明食品原料制成微米级的原料可使有效成分浸出率提高（张彩菊和张慜，2004）。

5. 食品纳米粉体

通常所说的超微颗粒或者目前流行的纳米颗粒，是指 1～100nm 的颗粒。食品纳米粉体指采用纳米技术制备的粒径小于 100nm 的食品原料。亚微米颗粒是指 0.1～1μm 的颗粒。超细颗粒是超微颗粒和亚微米颗粒的统称。研究表明，某些食品原料纳米化后，能提高原料的生物利用度，从而减少了原料的使用量，能极大地节约有限的食品原料。日本关于纳米技术的研究开发起步较早。随着生命科学领域纳米技术基础研究的不断深入，日本政府开始重视纳米技术在农业领域的开发应用，主要研发内容是以生物功能的创新利用为目的，通过纳米技术与生物技术等交叉融合，进行纳米级的生物结构探明、功能解析、新功能生物材料研制以及低成本高效率的产业化应用技术开发。

1.2.3　按颗粒分散状态分类

食品粉体物料是由许多不同的颗粒组成的，这些颗粒或由人工合成，或是天然形成。不同粉体的颗粒形态各不相同，一般可分为食品原级颗粒、聚集体颗粒、凝聚体颗粒和絮凝体颗粒四类。

1. 食品原级颗粒

食品原级颗粒也称一次颗粒或基本颗粒，指最先形成粉体物料的颗粒，是构成粉体的最小单元，且形状各异。粉体物料的许多性能都与其分散状态即单独存在的颗粒尺寸和形状有关，真正反映粉体物料的固有性能的是原级颗粒。

2. 聚集体颗粒

聚集体颗粒也称二次颗粒，是由许多原级颗粒靠着某种化学力以表面相连而堆积起来的。

3. 凝聚体颗粒

凝聚体颗粒又称三次颗粒，是在聚集体颗粒之后形成的，是由原级颗粒或聚集体颗粒或两者混合物，通过比较弱的附着力结合在一起的疏松颗粒群。

4. 絮凝体颗粒

絮凝体颗粒是液固分散体系中，由于颗粒之间的各种物理力，迫使颗粒松散地结合在一起所形成的粒子群。

1.2.4　按粉碎方法分类

目前微粒化技术有化学合成法和机械粉碎法两种：化学合成法能够制得微米级、亚微米级甚至纳米级的粉体，但产量低，加工成本高，应用范围窄；机械粉碎法成本低、产量大，是制备超微粉体的主要手段，现已大规模应用于工业生产。机械法超微粉碎根据粉碎过程中产生粉碎力的原理不同，可分为干法粉碎和湿法粉碎。

1. 干法粉碎

干法粉碎主要有气流式、高频振动式、旋转球（棒）磨式、锤击式和自磨式等几种形式（殷涌光等，2007；Chen et al.，2015）。

1）气流式

利用气体通过压力喷嘴的喷射产生剧烈的冲击、碰撞和摩擦等作用力实现对物料的粉碎，级别为超微粉碎。其特点是产品的累计粒度分布百分数可以达到97%，在粒径为 2～45μm 之间可调，粒形好，粒度分布窄；低温无介质粉碎，尤其适合于热敏性、低熔点、含糖分及挥发性物料的粉碎；设备拆装清洗方便，内壁光滑无死角；整套系统密闭粉碎，粉尘少，噪声低，生产过程清洁环保；控制系统采用程序控制，操作简便。但是气流粉碎能耗大，能量利用率只有 2%左右，一般认为要高出其他粉碎方法数倍。

2）高频振动式

利用球或棒形磨介的高频振动产生冲击、摩擦和剪切等作用力实现对物料的粉碎，级别为超微粉碎，其设备主要有间歇式和连续式振动磨（当前运用最多的设备之一）。其特点是所得到的成品平均粒度可达 3μm 以下，而且粉碎效率比球磨机高得多，处理量是同容量球磨机的 10 倍以上。此外，可实现连续化生产，粉碎温度易调节，能耗低，操作样式可采用完全封闭，改善工作环境，用于易燃、易爆、易氧化的固体物料粉碎，操作方便，易维修，但是噪声大，粉尘大，易产生金属污染。

3）旋转球（棒）磨式

利用球或棒形磨介的高频振动产生冲击、摩擦和剪切等作用力实现对物料的粉碎，级别为超微粉碎或微粉碎。其特点是产品粒度可达 20～40μm，生产能力大，结构简单，满足工业化大生产要求。但是当要求产品粒度在 20μm 以下，则效率低、耗能大、加工时间长、噪声较大。

4）锤击式

利用高速旋转的锤头产生冲击、摩擦和剪切等作用力粉碎物料，级别为微粉碎。其特点是产品粒度为 1～15mm，能耗低，粉碎度很高，生产能力大，但是锤头磨损得快，格栅易于堵塞，不适于破碎黏性物料和水分超过 10%的物料，过度粉碎的粉尘较多。

5）自磨式

利用物料间的相互作用产生的冲击或摩擦力粉碎物料，级别为微粉碎。设备主要有一段自磨机、半自磨机。

2. 湿法粉碎

食品物料湿法粉碎主要是利用胶体磨和均质机（赖宜，2016）。

1）胶体磨

胶体磨又称分散磨，工作构件由一个固体的磨体（定子）和一个高速旋转的磨体（转子）组成。两磨之间有一个可以调节的微小间隙，当物料通过这个间隙时，通过转子的极速旋转，使附着于转子上面的物料速度最大，而附着定子面的物料速度为零。这样产生了急剧的速度梯度，使物料受到强烈的剪切、摩擦和湍动骚扰来粉碎，产生超微粉碎作用。其特点具有操作方便、效率高、体积小、性能稳定。常用于制备食品混悬液、乳浊液等，如豆浆。

2）均质机

当高压物料（30～70MPa）在阀盘与阀座间流过时产生了急剧的速度梯度，速度以缝隙的中心最大，而附着于阀盘与阀座上的物料流速为零，从而产生强烈的剪力，使液滴或颗粒发生变性和破裂以达到微粒化的目的。

1.2.5 按粉碎技术分类

目前，超微食品已被誉为"21 世纪食品"，其粉碎技术主要有以下几类。

1. 低温超微粉碎技术

具有韧性、黏性、热敏性和纤维类物料的超微粉碎，一直是微粉制备过程中的难点，近年来针对上述成分的特性，采用深冷冻超微粉碎方法，取得了较好的结果。它是利用物料在不同温度下具有不同性质的特性，将物料冷冻至脆化点或玻璃化转变温度之下，使其成为脆性状态，通过"冷脆"效应，使固体物料（如挥发性强的香辛料、农产品、中草药等）在−1～150℃下进行超微细粉碎，然后再用机械粉碎或气流粉碎方式，使其超细化的方法，制成的超微粉粒度可至10μm。粉碎的方法：①先将物料在液氮−196℃下冷却，达到低温脆化状态后，迅速投入常温态的粉碎机中粉碎；②在粉碎原料达到常温、粉碎机内部为低温情况下粉碎；③物料与粉碎机内部均呈低温状态下粉碎。

2. 研磨技术

研磨是利用剪切力、摩擦力或冲力将粉体由大颗粒磨成小颗粒。物料投入研磨中，进行研磨，完成物料细化。如将畜禽鲜骨等农产品研磨成肉骨糜，再过滤浓缩，制成粉末，其粒度可达3～4μm。

3. 涡旋微粉技术

适合加工多种物料，对热敏性和纤维性物料均能胜任，产品粒度均匀，能粉碎到微米级和亚微米级粒度。集粉碎和气流分级双重功能，可任意把粒度调节成5～10μm。

4. 超声速整流气流粉碎技术

基于农产品深加工的发展，特别是新鲜或含水量高的高纤维物料（多为韧性物料和柔性物料）的粉碎，气流冲击粉碎反而效果不好，反映在产品粒度大、能耗高。这类物质的粉碎用剪切式比较合适。目前在食品加工中应用较多的是气流式中的超声速式超微粉碎技术，以压缩空气高速气流（2 马赫以上）冲击物料，使粒度达1～5μm。

人们的生活水平不断提高，对食品质量也越来越重视。这就对食品的加工技术提出了更高的要求，既要保证食品良好的口感，又要保证营养成分不被破坏，还要更有利于人体的吸收。超微粉碎技术根据其特点，应用于食品加工领域，恰恰可以达到上述的一些效果。对食品进行微粒超微化处理，可以使其比表面积成倍增长，提高某些成分的活性、吸收率，并使食品的表面电荷、黏力发生奇妙的变化（Lu et al.，2018；Rosa et al.，2013；Zhao et al.，2010b）。

1.2.6　各种食品涉及的粉体

食品超细粉虽然问世不久，但已经在调味品、饮料、罐头、冷冻食品、焙烤食品、保健食品等方面开始应用，且效果较佳（张洁等，2010）。

1. 冷食制品

糯米粉和玉米淀粉等可作为棒冰、雪糕类的稳定剂和填充剂，制成超细粉后可代替明胶，成为冰淇淋的稳定剂、填充剂、固香剂、营养黏合剂及抗冻剂，阻止产生大的冰晶，防止脂肪上浮和析出料液游离水，缩短老化和凝冻时间，并有良好的凝胶力和膨胀力。

用超细的大枣粉、枸杞粉、山楂粉、乌梅肉粉等开发系列速溶保健冷饮；可做成"大枣原味"、"山楂原味"和"乌梅原味"的棒冰、雪糕、冰淇淋；用超细的莲子粉、甘草粉、罗汉果粉、陈皮粉、菊花粉、桑叶粉等开发系列保健冷饮，只要调整口味，定将受到消费者欢迎。

随着对"绿色食品"的追求，现代人对冷饮的偏爱已从传统的"香精味"、"奶油味"和"巧克力味"转向果蔬味。采用超细粉碎技术，开发菠萝粉、苹果粉、香蕉粉、南瓜粉、菠菜粉、芹菜粉、香菜粉等一系列真正的果蔬冷饮品；或采用超细的骨粉、海带粉、胡萝卜粉、麦麸粉、玉米粉等开发营养强化类冷食，补充人们对钙、碘、维生素A、维生素B等的特殊需求；还可用超细的核桃粉、银耳粉、花生粉、蚕豆粉、香菇粉、芝麻粉等开发特色冷饮。

2. 软饮料

目前，利用气流磨对食物原料进行超微粉碎，开发出的软饮料有粉茶、豆类固体饮料和富含钙的超微骨粉饮料等。茶文化在中国有着悠久的历史，传统的饮茶是用开水冲泡茶叶，但是人体并没有大量吸收茶的营养成分，大部分蛋白质、碳水化合物及部分矿物质、维生素等都存留于茶渣中。若将茶叶在常温、干燥状态下制成粉茶（粒径小于 $5\mu m$），可提高人体对其营养成分的吸收率。将茶粉加到其他食品中，还可开发出新的茶制品。

植物蛋白饮料是以富含蛋白质的植物种子和果核为原料，经浸泡、磨浆、均质等操作制成的乳状制品。磨浆时，可用胶磨机磨至粒径 $5\sim8\mu m$，再均质至 $1\sim2\mu m$。在这样的粒度下，蛋白质固体颗粒、脂肪颗粒变小，从而防止了蛋白质下沉和脂肪上浮。

3. 食品添加剂

食品添加剂主要是提高食品的色、香、味，以及易加工性和耐藏性。超微粉体在添加剂上的应用主要有两方面：一方面是减少添加剂的量，由于超微粉体粒径小，具有较大的比表面能，可以很好地分散在食品中，起到良好的作用，提高了添加剂的利用率；另一方面是可以利用超微粉体的缓释作用，而使添加剂保持较长的功效（Gao et al., 2020; Jin and Chen, 2006）。

食品物料的超微粉粒度很细，添加于食品中，吃在口中不会有任何粒度的感觉，故可使食品中既富含原料的营养和保健成分，又使原来丢弃的纤维素等得以利用，同时还赋予了食品天然绿色，等于添加了天然色素，形成具有特殊风格的超微粉体食品。

例如，果蔬与粮油类在低温下磨成微膏粉，既保存了营养素，其纤维质也因微细化而使口感更佳，可以作为食品添加剂使用在普通食品或保健品中。人们一般将其视为废物的柿树叶富含维生素 C、芦丁、胆碱、黄酮苷、胡萝卜素、多糖、氨基酸及多种微量元素，若经超微粉碎加工成柿叶精粉，可作为食品添加剂制成面条、面包等各类柿叶保健食品，也可以制成柿叶保健茶。将超微粉碎的麦麸粉、大豆微粉等加到面粉中，可制成高纤维或高蛋白面粉；将稻米、小麦等粮食类加工成超微米粉，由于粒度细小，表面态淀粉受到活化，将其填充或混配制成的食品具有优良的加工性能，且易于熟化，风味、口感好；大豆经超微粉碎后加工成豆奶粉，可以脱去腥味；绿豆、红豆等其他豆类也可经超微粉碎后制成高质量的豆沙、豆奶等产品。

4. 功能性食品

超微粉体具有良好的吸收性和分散性，可以提高营养物质的活性和生物利用度，同时降低功能性物质在食品中的用量，其微粒子在人体内的缓释作用，又可使功效性延长。例如，一些微量活性物质（硒等）的添加量很小，若颗粒稍大，就会带来毒副作用。这就需要超微粉碎手段将其粉碎至足够细小的粒度，并加上有效的混合操作，才能保证它在食品中的均匀分布且有利于人体的吸收。另外，超微粉碎后的产品，会获得更高的营养价值。例如，在研制开发固体蜂蜜的工艺中，用胶体磨将配料进行超微粉碎可增加产品的细腻度；蜂花粉经超微粉碎技术后生产的破壁花粉，其生物利用率大大提高，营养更丰富，并通过国家营养、医学机构的鉴定和认可；用超微细骨粉、海虾粉补钙，超微细海带粉补碘，也显示了可行性。

以固体脂质纳米粒和纳米结构作为脂质的载体具有毒性低、生物降解性低、高效生物相容性、易于大规模生产等优点，以其作为递送载体保护食品或医药中的生物活性物质已成为研究热点（赵家和等，2023）。纳米粒子具有缓释作用，可以在人体内缓慢释放有效成分，保持较长的功效，同时避免功能性成分的副作用。相关文献报道，以固态的天然或合成的类脂如卵磷脂、三酰甘油等为载体，将药物包裹于类脂核中制成粒径在 50～1000nm 之间的固体脂质纳米粒子，实验发现固体脂质纳米粒可以控制药物的释放，具有良好的靶向性（赵家和等，2023）。在对喜树碱的固体脂质纳米粒的实验中发现：在口服给药途径中，纳米颗粒黏着性可提高药物的生物利用度，减少不规则吸收（西娜等，2009）；在局部途径给药中，固体脂质纳米颗粒可提高药物在皮肤表面的浓度和药物通过皮肤的吸收率,并且提高了药物对皮肤的穿透率,对不稳定的药物如维生素 E 还可提高其稳定性。在对胰岛素聚酯纳米颗粒进行研究时,发现对药物的缓释有较好的作用。现在寻找可生物降解的食品或药物载体成为热门,由于淀粉具有良好的生物相容性、可生物降解性,并且材料来源广、成本低、在水中可膨胀而具有凝胶的特性等优点,从而有可能成为广泛的食品或药物载体。

5. 速溶食品与方便食品

作为一种新型的食品加工技术,超微粉碎可使速溶食品与方便食品中的原料被细碎成粒度均一、分散性好的优良超微颗粒。此外,超微粉碎降解了原料中的纤维素与淀粉及其他大分子物质的结构,利于机体对其消化吸收,提高其生物利用度;在加工过程中采用纯物理加工的方法,不使用任何酸、碱等化学试剂。因此,可将不同的物料超微粉单一或复合得到天然速溶或方便食品。例如,将茶叶超微粉碎,随着粒径的减小,其流动性、溶解度和吸收率均有所增加,巨大孔隙率使得孔腔容纳的香气经久不散,因而超微粉茶叶的香味和滋味非常浓郁、纯正,入味效果也更佳,适于生产速溶、方便食品(Mau et al.,2014)。在速溶茶生产中,传统的方法是通过萃取将茶叶中的有效成分提取出来,然后浓缩、干燥制成粉状速溶茶,采用超微粉碎仅需一步工序便可得到粉茶产品,大大简化了生产工序。

6. 香辛料调味品

现代化的高新加工技术超微粉碎技术应用在食品调味品香辛料中,可以改善其特征,提高其效果,具体优点表现如下:一是在香辛料微细化后,颗粒之间产生的巨大孔隙率,将引起孔腔可吸收并容纳更多的香气,而且风味持久,香气和滋味更加浓郁;二是超微粉碎加工技术可以使传统香辛调味料粉碎成粒度均一、分散性能好的优良超细颗粒,粉体的流动性、溶解速度和吸收率都得到很大的提高,明显改善其口感;三是香辛调味料被超微粉碎加工后,提高了其入味强度,是传统加工方法的数倍乃至十余倍(张洁等,2010)。对于感官要求较高的香辛料产品来讲,经超细粉碎后的粒度极细,可达300~500目,肉眼根本无法观察到颗粒的存在,尽量避免了产品中黑点的产生,提高了产品的外观质量。例如,烹饪菜品加入超细的香辛料粉,将不会出现小黑点,影响菜品的外观。同时,超微粉碎技术的相应设备兼备包覆、乳化、固体乳化、改性等物理化学功能,为调味产品的开发创造了较好的前景。因而可以推测,超微粉碎技术将会对中国传统香辛料调味产品带来革命性的变化。

1.3　食品粉体的历史及问题分析

1.3.1　食品粉体的历史

粉体技术可以指粉状物质的加工处理思路软件和相关设备硬件的总成。自人类社会的发端开始，粉体技术就与每个人息息相关。粉体技术作为一门综合性技术，就是随着人类文明的发展而逐渐形成的。从原始人类学会制造石器粉碎食物开始，就出现了粉碎技术的雏形。通过对粉体技术的感知、认知的变化，我们可以从加工业的发展特点来形容粉体技术过程——构思颗粒、分析构成、加工粉体、制造产品、现实设想。

从石器时代到铁器时代，粉体技术扮演着重要的角色，我国明代宋应星的《天工开物》一书系统整理了这一系列技术，是归纳分析形成粉体技术的雏形。西方工业革命对钢铁需求快速增加，大规模地加工矿物粉体的相关工业已得到迅速发展。针对粉体企业生产中出现的种种故障与危害，在物理和化学等学科不断地推动下，20世纪50年代对粉体过程现象与粉体技术理论的研究应运而生。20世纪60年代理论研究与生产应用的结合与发展，确立了粉体工程学科的作用与重要性。20世纪70年代，对粉体相关产业存在问题的解决以及对新产品的研发，奠定了现代粉体技术的基础。

世界各国粉体业的发展如下：美国在1948年成立了粉体研究所；日本于1957年成立了日本粉体工业学会，1971年成立了日本粉体技术协会，并提出了粉体工程的概念；英国Bradford大学于1962年设立了粉体技术学院；德国于1986年召开了第一届粉体技术世界会议。我国于1986年成立了中国颗粒学会，这时的发展主要在材料学方面。我国从20世纪80年代开始也将此技术应用于花粉破壁。随后，一些口感好、营养配比合理、易消化吸收的经超微粉碎功能食品便应运而生。超微粉碎技术在食品加工中的应用具有两个方面的重要意义，一是提高食品的口感，且有利于营养物质的吸收；二是原来不能充分吸收或利用的原料被重新利用，配制和深加工成各种功能食品，开发新食品材料，增加了新食品品种，提高了资源利用率。我国食品工业总产值在工业部门中的比重已跃居第一位，达到5 000亿元的规模，但产品结构不尽合理，食品深加工产品只占16%。目前，促进食品工业的深加工，提高产品附加值已成为社会和企业的共识。因此，超微粉碎技术作为一种高新技术在食品加工中将有广阔的应用前景。

随着粉体技术的不断进步以及微颗粒、超微颗粒材料制备与应用技术的发展，20世纪80年代粉体技术实现了超细化，相关理论也逐渐系统化；微颗粒、超微颗粒的行为与颗粒的行为差异较大，因此微颗粒、超微颗粒成为粉体科学重要的研究对象。20 世纪 90 年代显微测试技术和计算机技术的飞速发展，促进了纳米粉体技术的诞生，纳米材料制备与应用技术又赋予粉体工程新的挑战和"用武"领域。21 世纪颗粒微细化以及颗粒功能化与复合化的发展，为粉体技术在材料科学与工程领域的应用开辟了新天地，如便于服用和可控溶解的缓释药物、延展性好不易脱落的化妆品、高生物利用度的超微粉体食品、高精度抛光的研磨粉、高纯材料制备的电子元件和各类能源材料，为高性能粉体的使用开拓了广阔的市场。

以粉体制备为例，古老的粉碎方式被粉碎（crush）装备替代，已经工业化的超细搅拌磨突破了制备微粉的"3μm"粉碎极限，实现了亚微米级超微粉碎。精细化是一个突出特色，英语中"fine particle must be fine"这句双关语的确说明了微细化与精细化的关系；超微颗粒的研究开发就是沿着这个方向发展的。以多尺度思想认识物质的结构，可操控的微颗粒尺度经历了从微米到纳米之后，正在向分子量级逼近；宏观世界和微观世界的界限逐渐模糊化。

随着材料及相关产业的科技进步，作为工业原料精细化加工处理的粉体技术应用范围也在不断地拓展，单纯的超细粉碎分级技术已经不能满足对终端制品性能的要求。人们不仅要求粉体原料具有微纳米级的超细粒度和理想的粒度分布，为了材料性能或粉体使用性能的提高，对粉末颗粒的成分、结构、形貌等也提出了日益严苛的要求。

随着社会的进步、科技的发展，人们期待着未来食品粉体技术会更加完善，食品粉体技术发展主要向微细化、功能化及复合化的方向发展。

1. 微细化

粉体技术最明确的一个发展方向是使颗粒更加微细化、更具有活性、更能发挥微粉特有的性能。近年来关于"超微颗粒"的研究开发就是沿着这个方向，已将 60 个碳原子组成的 C_{60} 和 70 个碳原子组成的 C_{70}（即富勒烯）归入超微粉体。自古以来的粉体单元操作——粉碎法（crushing method）、化学或物理的粉体制备法（powder preparation method）以及反应工程中物质移动操作的析晶反应，都被包含在粉体技术制备领域中。

2. 功能化与复合化

随着材料及相关产业的科技进步，粉体作为普通的食品原料，其加工处理技术日新月异，应用范围也在不断地拓展。单纯的超细粉碎、分级技术已经不能满足终端制品性能的要求，人们不仅要求粉体原料具有微纳米级的超细粒度和理想的粒度分布，也对粉末颗粒的成分、结构、形貌及特殊性能提出了日益严苛的要求。通过表面改性或表面包覆，能够赋予复合颗粒及粉体特殊的功能：①形态学的改善；②物理化学物性的改善；③力学物性的改善；④颗粒物性控制；⑤复合协同效应；⑥粉体的复合物质化等。食品物料在强烈、剪切和冲击等机械力的作用下，不断产生新的表面。这些新表面上有大量微观孔隙和较高的表面能，可促进表面改性剂粉料在颗粒表面的吸附和包覆，防止粉料团聚，避免颗粒内的物料营养成分氧化。因此，用冲击超细粉碎机来实现食品物料的超细粉碎和表面改性组合加工是完全可行的。

颗粒微细化是粉体工程学科关键技术之一，科技进步对材料的微细化提出了更高的要求，涉及的课题及研究领域更广泛，如关于环境对策的粉体技术、关于资源能源的粉体技术、关于食品粉末成形的粉体技术等，这一点无论是今天还是将来都不会改变。

粉体技术在环境治理、生态保护、资源循环利用、废弃物再生、节能等领域中，具有不可替代的作用。人类的生存对于粉体技术的依赖和期望越来越高，粉体技术的不断创新和应用将使各行各业发生根本性的变化。

我国在食品超细粉碎技术上起步较晚，相关理论知识研究不够深入，配套的食品超细粉碎设备设计制造也处于较低水平。但是，随着我国食品工业逐渐走向国际化，食品超微粉碎技术将成为今后亟待发展的科学技术之一，它将为我国食品工业的快速发展带来新的商机。

1.3.2　粉体技术在食品应用中存在的问题分析

随着现代食品（尤其是保健食品）工业的不断发展，以往普通的粉碎手段已越来越不能满足生产的需要。超微粉碎技术作为一种高新技术加工方法，已运用于许多食品的加工中。20世纪食品工业的竞争实质上是高科技的竞争，超微粉碎技术与超高压灭菌技术、微胶囊技术、膜分离技术、超临界萃取技术、微波技术、辐照技术、冷冻干燥技术以及生物技术被共同列为国际性食品加工新技术。目前，超微粉碎高新技术在食品领域并未得到广泛应用，主要是因为食品原料超微粉碎面临如下问题有待深入研究：粒径测量方法及粒径控制范围与功能性、毒性的相关性，微粉在使用过程中的混合均匀性、储存的稳定性等问题。现将存在的问题归纳如下，并进行初步分析。

1. 粉体设备及工艺的标准化

1）设备选型及其自动化与安全性

生产中要求选定的设备应生产能力大、产量高、能耗低、耐磨性好，对产品无污染，使用寿命长，因而选择合适的粉碎设备极为重要。选择粉碎设备时，须视粉碎物料的性质和所要求的粉碎比而定，尤其是被粉碎物料的物理和化学性能具有很大的决定作用，而其中物料的硬度和破裂性更居首要地位，对于坚硬和脆性的物料，冲击很有效。实际上，任何一种粉碎机器都不是单纯的某一种粉碎机理，一般都是由两种或两种以上粉碎机理联合起来进行粉碎，如气流粉碎机是以物料的相互冲击和碰撞进行粉碎；高速冲击式粉碎机是冲击和剪切起粉碎作用；振动磨、搅拌磨和球磨机的粉碎机理则主要是研磨、冲击和剪切；而胶体磨的工作过程主要通过高速旋转的磨体与固定磨体的相对运动所产生的强烈剪切、摩擦、冲击等。食品原料的品种繁多，质地各异（高糖型、高油型、纤维型和韧性），因此，针对原料的特性进行粉碎设备选型研究，才能有效解决粗粉碎和超细粉碎的问题。

每一种具体的粉碎设备，对于不同的物料，都有一定的粉碎极限，但粉碎不能追求极限，应在极限范围内，在稳定、节能的状态下获取最佳的产品粒度和产量。因此，在现有设备的基础上，通过设备结构改进，开发多功能一体化超微粉碎设备，提高单机处理能力、自动控制能力和综合配套性能，降低能耗、减少噪声和污染，才能适应高硬度物料等的加工，制备的超微粉体粒度细、粒度分布窄、精度高。

在超微粉碎过程中，由于受到强烈的摩擦、碰撞、冲击、剪切等作用，研磨介质和搅拌器的磨损严重，不仅缩短了设备的使用寿命，还对产品造成了污染。因此，研制高密度、高硬度研磨介质，解决设备磨损部件的材质问题也应是超微粉碎技术研究的重点。

粉碎设备的规范化、标准化、自动化及安全性研究工作也应引起重视。对于植物类原料，粉末中有大量的植物纤维、淀粉等易燃物，在静电火花以及摩擦火星引发下容易发生粉尘爆炸，一定要加以控制，保证安全生产。超微粉体技术主要研究新的制备原料、新的制备方法及新的设备，目的是：能制备出粉体粒度更细、分布更窄更均匀、分散性更好、表面特性更优越的超细粉体，以及复合多功能超细粉体；设备的生产能力大、产量高、能耗低、耐磨性好，对产品无污染，使用寿命长；工艺简单，生产连续，自动化程度高，产品质量高，生产安全可靠。

超微粉加工设备除了具备以上要求外，还应具有以下特性：①设备回流装置，能将分选后的颗粒自动返回涡流腔中再进行粉碎；②有蒸发除水和冷热风干燥功能；③对热敏性、芳香性的物料具有保鲜作用；④对于多纤维性、弹性、黏性物料也可处理到理想程度；⑤设备运行中产生的超声波，有一定的灭菌作用。

2）制备工艺的规范化

食品粉体的工艺标准包括前处理、粉碎方法的选择、设备选型及工艺技术参数、粉体灭菌方法及工艺参数、粉体质量控制技术标准等。

由于工况、设备参数、粉碎环境等对超微粉体的性能影响很大，同一粉碎设备对不同物料的粉碎效果是不同的。因此，在食品超微粉体制备过程中建立合理的工艺参数至关重要，常常应考察物料含水量、入磨粒度、介质填充率、粉碎时间、粉碎温度、粉碎极限等因素对粉碎效果的影响，优化粉碎工艺条件，使微粉粒度控制在所需的粒径范围，并降低粉碎过程中不必要的能耗，降低生产成本，提高粉碎效率，确保产品质量。

对于具体的食品物料，应根据其质地选择适合的设备类型，并对工艺条件、工艺参数进行优化。运用高效液相色谱（HPLC）、气相色谱（GC）、气质联用（GC-MS）、傅里叶变换红外光谱（FTIR）等现代分析检测方法探讨食品微米粉体、纳米粉体的物理化学性质变化规律、机械力化学效应等特征，对常规粉体与超微粉体的营养成分、生理功能及安全性进行对比研究，制订能保证食品超微粉体安全有效的最佳粒径分布及其相关工艺参数，从而确保其使用安全、有效。

粉体质量控制技术标准的研究中，宜以超微粉粒径、化学成分色谱特征峰、功能性为指标，对粉碎方法、粉碎设备及其工艺参数进行考察；以感官性质、理化性质、卫生质量为指标，对灭菌方法及工艺参数进行考察，并建立食品超微粉体的规范化的制备工艺。

2. 粉体粒径的检测

食品超细粉体的尺寸范围缺乏较统一的标准，主要是尚无可行的粒径检测方法。作为粉体技术的基础，粉末颗粒及群聚特性的测量与定量特别重要，这些特性包括颗粒的大小、形状、结构以及组成等。利用数理统计方法，对粉体粒径进行描述，是目前普遍接受的一种方法。对粒径分布的测量，目前已有比较直接且具有较好重复性的方法，如比表面积测定仪、激光粒度分析仪等。由于粉末颗粒的形状与结构等几何因素差异较大，采用何种方法才能准确、全面地分析每种食品微粉的细化程度、相关表征特性参数及其范围，是建立微粉技术质量标准的关键。对目前常用的筛分法、激光衍射散射法、离心沉降法、颗粒图像处理仪和库尔特颗粒计数器等粒度分布检测方法进行考察与比较研究，通过研究建立适合食品超细粉体粒径测定的分析方法，确定其适用的范围是进行粉体粒径检测研究的当务之急。研究食品微粉体、纳米粉体粒径和细胞破壁率的相关性，探讨粒径与功能成分、毒性成分的溶出度的相关性，最终目的是保证其使用的安全性与有效性。

3. 质量评价体系的标准化

由于食品超细粉末颗粒的粒度、比表面积、表面电荷等特性的测试本身是一个极其复杂的过程，且测试结果受仪器种类和测试条件的影响极大，因此对测试仪器和测试条件的要求极为严格。方便、准确、快捷的超细粒子分析仪，尤其是能实现生产过程中产品细度和级配自动控制的在线粒度分析仪是主要的发展趋势，也是今后研究的重点。

应建立稳定、可靠的粒径检测方法，准确评价食品微粉的物理性能，同时制订微米食品、纳米食品的质量评价体系，包括外在质量（性状、显微特征、比表面积、堆密度、休止角、滑角及粒度等）和内在质量（水分、灰分、浸出物、重金属、农残、溶出度、理化性质、营养成分的含量测定及生物学手段）两个方面。

根据国家食品相关标准，结合 ISO9000、ISO14000、ISO22000、HACCP、GMP 等有关的国际质量、环保、安全卫生管理要求，适度制定与完善有关食品粉体产品标准体系，标准化制备食品粉体产品。

4. 安全性与有效性

食品物料种类繁多，理化性质及有效成分各异，食品超微粉体产品尚缺乏质量控制的规范化标准，应对粉体特性、显微特征、指标成分溶出度及体内吸收与分布等进行研究，考察食品物料超微粉碎前后各项指标的变化。同时，还应重视物料的前处理过程的规范化，严格按照食品加工规范进行前处理，并对粉碎前物料的营养成分（或指标成分）、含量等进行严格规定，重金属、农药残留的监控。

食品原料主要为植物性原料、动物性原料、矿物性原料、人工合成原料等，成分比较复杂，并不是所有的食品原料均适宜于进行超微粉碎处理，也不是粉末越细越好。如挥发油的食品原料，超微粉碎过程有可能损失挥发油成分，影响食品的功能性；含有毒性成分的食品原料，超细粉碎可能使其毒性增加，影响食用的安全性。食品粉体尚无明确的粒径控制范围及控制标准，对粒径变化可能引起的营养成分、功能性及毒副作用的变化缺乏系统的研究。因此，有必要对食品超细粉体的安全性与功能性进行系统的研究，并能保证食品超细粉体的品质及控制有效粒径的标准。

纳米技术在食品领域的应用才刚刚开始，大量的科学问题有待发现、研究，产业化的实现还要经过漫漫长路。纳米状态下的食品粉体，其成分是否产生变化、生物学效应是否会改变或产生新功能和新特性、是否可以引起显著的或潜在的安全问题，当前鲜有报道。美国国家环境保护局（EPA）在 2003 年正式提出纳米物质对人类健康和环境存在潜在影响。人们对纳米物质的生物效应和环境效应的研究也已表明，纳米物质表现神奇特性的同时，对人类健康和环境存在一定的危害。对于纳米食品，由于其特殊性，目前的食品安全性评价方法不完全适用于它。尽快建立起纳米食品的安全性评价方法体系对纳米技术在食品领域的应用发展至关重要。研究和探索各种纳米食品所适合的制备技术、合理的制备方法及其质量评价、功能性评价体系，均是有待进一步解决的重要课题。

食品粉体工程学是一门新生的学科，涉及多门学科知识，涉及多个专业领域，其应用十分广泛。对于食品粉体工程学的有关概念、研究内容及应用中存在问题的分析是十分复杂的。我们以保持和发扬传统食品加工的特色与优势为宗旨，以保证食品粉体使用的安全性与有效性为中心，以建立食品粉体制备工艺、质量标准的评价体系为目标，对食品粉体工程学涉及的主要内容进行了初步论述，愿与同行商榷。

食品粉体工程学的发展前景是广阔的，但目前尚不成熟，需要与更多热心于食品粉体工程的学者紧密合作，并与相关学科进行不断融合，共同提高，促进食品粉体工程学的完善与发展。

参 考 文 献

陈斌, 赵伯涛, 钱骅, 等.2012. 人参花超微粉碎扫描电镜观察及人参皂苷测定. 中成药, 34（10）：1974-1978

陈光静, 汪莉莎, 张甫生, 等.2015. 超微粉碎对桑叶粉理化性质的影响. 农业工程学报, 31（24）：307-314

陈宇航, 部建雯, 岳凤丽, 等.2016. 超细虾壳粉高钙肉肠加工工艺研究. 食品工业, 37（1）：67-71

陈玉婷, 赵晓燕, 张晓伟, 等.2017. 儿童复合蔬果超微营养粉速溶饮料配方的研究. 食品工业, 38（9）：162-165

陈玉婷, 赵晓燕, 张晓伟, 等.2018. 多种果蔬杂粮复合超微粉速溶饮料配方及抗氧化性的研究. 粮食与油脂, 31（5）：
　　48-51

符群, 李卉, 王路, 等.2018. 球磨法和均质法改善薇菜粉物化及功能性质. 农业工程学报, 34（9）：285-291

黄其春, 林艺丹, 林梅香, 等.2012. 银杏叶细粉与超微粉中总黄酮体外浸出量的比较研究. 中成药, 34（12）：
　　2444-2446

蒋书云.2016. 植物鲜花超细粉体的制备与应用. 南京：南京理工大学硕士学位论文

蒋勇, 邹勇, 周露, 等.2015. 豆渣微粉的性能及其复配代餐粉对小鼠肠道微生物影响的体外评价. 食品科学, 36（15）：
　　199-205

寇福兵.2022. 超微粉碎板栗粉理化性质及其对面条加工特性的影响. 重庆：西南大学硕士学位论文

赖宜.2016. 超微粉碎技术在蜜饯果片加工中的应用. 轻工科技, 3：11-12

刘树立, 王春艳, 盛占武, 等.2006. 超微粉碎技术在食品工业中的优势及应用研究现状. 四川食品与发酵, （6）：
　　5-7

刘占永.2016. 超微粉碎对玫瑰花理化性质的影响. 秦皇岛：河北科技师范学院硕士学位论文

刘智强, 燕飞, 王昕, 等.2020. 超微茶粉在食品中应用的研究进展. 食品科技, 45（7）：82-87

马峰, 周倩, 李梦洁, 等.2014. 普通骨粉和超细骨粉改善骨密度功能比较. 食品研究与开发, 35（2）：17-21

裴颖, 张健, 梁毅.2002. 蚂蚁粉食疗法对类风湿性关节炎关节功能康复的疗效观察及免疫学机制探讨. 中国临床
　　康复, 13（6）：1944-1945

王博, 姚轶俊, 李枝芳, 等.2020. 超微粉碎对4种杂粮粉理化性质及功能特性的影响. 食品科学, 41（19）：111-117

王梦娇.2015. 天然保健鹿骨微粉及骨粉钙片的研究. 长春：吉林大学硕士学位论文

西娜, 侯连兵, 郭丹.2009. 羟基喜树碱半固体脂质纳米粒的体外药剂学性质研究. 中国新药杂志, 18（3）：272-276

徐小云.2018. 麦麸超微粉碎对面团流变学特性及馒头品质影响研究. 合肥：安徽农业大学硕士学位论文

薛淑静, 叶佳琪, 杨德, 等.2021. 超微粉碎促进香菇粉 Ca、Fe、Zn 的溶出及消化吸收. 现代食品科技, 37（7）：
　　176-183

杨春瑜, 柳双双, 梁佳钰, 等.2019. 超微粉碎对食品理化性质影响的研究. 食品研究与开发, 40（1）：220-224

叶明泉, 邓国栋, 韩爱军, 等.1999. 超细鲜骨粉的制备及其营养功能研究. 南京理工大学学报, 23（1）：6-9

殷涌光，于庆宇，罗陈，等. 2007. 食品机械与设备. 北京：化学工业出版社

余青. 2020. 超微粉碎麦麸膳食纤维和富硒西蓝花对香肠品质的影响. 武汉：武汉轻工大学硕士学位论文

袁彪. 2014. 两种富集食用菌超微粉面包特性及风味物质研究. 南京：南京财经大学硕士学位论文

张彩菊，张慜. 2004. 茶树菇超微粉体性质. 无锡轻工大学学报，20（3）：92-94

张洁，于颖，徐桂花. 2010. 超微粉碎技术在食品工业中的应用. 农业科学研究，31（1）：51-54

张丽媛，陈如，田昊，等. 2018. 超微粉碎对苹果膳食纤维理化性质及羟自由基清除能力的影响. 食品科学，39（15）：139-144

张依依，吴正敏，王霄，等. 2022. 超微茶粉加工工艺研究概述. 茶业通报，44（2）：67-71

张鋆，王新惠，王卫，等. 2014. 高压和酶解辅助制备超微骨粉的工艺研究. 现代食品科技，30（10）：172-175

赵家和，刘媛媛，姚丹，等. 2023. 固体脂质纳米颗粒与纳米脂质载体的研究进展. 中国油脂，DOI：10.19902/j.cnki.zgyz.1003-7969.230028

赵愉涵，秦畅，孙斐，等. 2022. 超微粉碎处理对八宝粥粉理化特性及功能特性的影响. 食品工业科技，43（18）：21-28

赵愉涵. 2022. 芹菜叶超微粉的制备及性质研究. 济南：齐鲁工业大学硕士学位论文

郑万琴，魏枭，谢勇，等. 2020. 超微粉碎薯渣纤维对小麦面团流变特性的影响. 食品与发酵工业，46（8）：192-198

Chen Y R, Lian X M, Li Z Y, et al. 2015. Effects of rotation speed and media density on particle size distribution and structure of ground calcium carbonate in a planetary ball mill. Advanced Powder Technology, 26: 505-510

Feng L, Xu Y, Xiao Y, et al. 2021. Effects of pre-drying treatments combined with explosion puffing drying on the physicochemical properties, antioxidant activities and flavor characteristics of apples. Food Chemistry, 338: 128015

Gao W, Chen F, Zhang L, et al. 2020. Effects of superfine grinding on asparagus pomace. Part I: Changes on physicochemical and functional properties. Journal of Food Science, 85（6）: 1827-1833

Ghodki B M, Goswami T K. 2016. Effect of grinding temperatures on particle and physicochemical characteristics of black pepper powder. Powder Technology, 299: 168-177

Huang X, Dou J Y, Li D, et al. 2018. Effects of superfine grinding on properties of sugar beet pulp powders. LWT-Food Science and Technology, 87: 203-209

Jin S Y, Chen H Z. 2006. Superfine grinding of steam-exploded rice straw and its enzymatic hydrolysis. Biochemical Engineering Journal, 25（3）: 225-230

Lu M Q, Yan L, Wang B, et al. 2018. Effect of vibrating-type ultrafine grinding on the physicochemical and antioxidant properties of Turkish galls in Uyghur medicine. Powder Technology, 339: 560-568

Mau J, Lu T, Lee C C, et al. 2014. Physicochemical, antioxidant and sensory characteristics of chiffon cakes fortified with various tea powders. Journal of Food Processing and Preservation, 39（5）: 443-450

Naguib Y W, Rodriguez B L, Li X. 2014. Solid lipid nanoparticle formulations of docetaxel prepared with high melting point triglycerides: in vitro and in vivo evaluation. Journal of Molecular Pharmacology, 11（4）: 1239-1249

Rosa N N, Barron C, Gaiani C, et al. 2013. Ultra-fine grinding increases the antioxidant capacity of wheat bran. Journal of Cereal Science, 57: 84-90

Zhao X Y, Ao Q, Du F L, et al. 2010a. Surface characterization of ginger powder examined by X-ray photoelectron spectroscopy and scanning electron microscopy. Colloids and Surfaces B: Biointerfaces, 79: 494-500

Zhao X Y, Ao Q, Yang L W, et al. 2009a. Application of superfine pulverization technology in Biomaterial Industry. Journal of the Taiwan Institute of Chemical Engineers, 40: 337-343

Zhao X Y, Du F L, Zhu Q J, et al. 2010b. Effect of superfine pulverization on properties of Astragalus membranaceus powder. Powder Technology, 203: 620-625

Zhao X Y，Liu H K，Zhang X W，et al. 2018. Effect of pressure grinding technology on the physicochemical and antioxidant properties of *Tremella aurantialba* powder. Journal of Food Processing and Preservation，42（12）：13833

Zhao X Y，Yang Z B，Gai G S，et al. 2009b. Effect of superfine grinding on properties of ginger powder. Journal of Food Engineering，91：217-222

Zhao X Y，Zhu H T，Zhang G X，et al. 2015. Effect of superfine grinding on the physicochemical properties and antioxidant activity of red grape pomace powders. Powder Technology，286：838-844

第 2 章　食品粉体的加工

有些食品粉碎以后不仅可以拓宽它的使用价值和应用范围，还有利于食品资源的综合合理利用（郭妍婷等，2017）。食品粉体技术发展越来越精细化，为了满足不同粉体粒度的要求，可以制备不同粒度的食品粉体，如普通粉体、微米粉体和纳米粉体。特别是食品超微粉碎可作为食品原料添加到糕点、糖果、果冻、果酱、冰淇淋、酸奶等多种食品中，增加食品的营养，增进食品的色香味，改善食品的品质，增添食品的品种。并且鉴于超微粉食品的溶解性、吸附性、分散性好，容易消化吸收，超微粉食品可作为减肥食品、糖尿病患者专用食品、中老年食品、保健食品、强化食品和特殊营养食品。可见，超微粉碎技术在食品领域的应用相当广泛。

本章主要从粉碎的概念及粉碎原理、粉体分级的原理及方法、粉碎与分级设备、常见食品粉体的制备过程等四个方面来介绍食品粉体的制备。粉碎过程不仅涉及物料的特性，还包括具体的耗能理论以及粉碎模型。粉碎设备主要包括：①传统破碎机械。颚式破碎机、锤式破碎机、圆锥破碎机、反击式破碎机、辊式破碎机。②传统粉磨设备。球磨机、立式磨、高压辊压机。③超细粉磨设备。高速机械冲击式粉磨机、气流磨、振动磨、胶体磨、搅拌磨。分级设备主要包括：筛分设备、重力分级设备、离心分级设备、超细分级设备。在本章的最后部分介绍了一些食品微米粉体及纳米粉体的制备过程。

2.1　粉碎的原理

2.1.1　粉碎的概念

粉碎是指固体物料在外力作用下，克服内聚力，粒度变小或比表面积变大的过程。因粉碎的目的不同，其工艺过程是有差异的，如粉碎产品便于加工、使用、输送及储存；粉碎产品可改善反应速率、溶解速度、催化剂活性等。

不同工艺过程可以得到不同粒度分布的粉体，根据粒度大小将粉碎过程依次分为破碎、粉碎、超微粉碎；其中破碎又可分为粗破碎和细破碎，粉碎可分为粗粉碎、细粉碎、微粉碎。目前，对粒径界限并未形成统一的认识，比较一致认同和较为合理的划分方法见表 2-1。

表 2-1　粉碎程度与粉体制品粒度对照

粉碎程度	粗破碎	细破碎	粗粉碎	细粉碎	微粉碎	超微粉碎/超细粉碎		
粒径（d_{50}）	250～25mm	25～1mm	1～0.5mm	0.5～0.1mm	100～50μm	50～1μm	1～0.1μm	0.001～0.1μm
制品称谓	大块	颗粒	普通粉	细粉	微细粉	微米粉	亚微米粉	纳米粉

值得注意的是，由于不同的行业、不同的产品对成品粒度的要求不同，因此不同的行业有不同的划分范围。如饲料的超微粉碎要比化妆品、超微食品等的粗。超细粉碎几乎应用于国民经济的所有行业。它是改造和促进油漆涂料、信息记录介质、精细陶瓷、电子技术、新材料和生物技术等新兴产业发展的基础，是现代高新技术的起点。

2.1.2　物料的基本特性

物料粉碎方法的选择取决于原料的粉碎特性，即抗拉（折、弯）、抗压（挤）和抗剪切（磨、撕）等特性，表现在其强度、硬度、脆性、韧性、易磨性、磨蚀性等（盖国胜，2009）。

1. 强度

强度是指材料承受外力而不被破坏的能力，通常以材料破坏时单位面积上所受的力表示。根据受力种类的不同分为：①抗压强度。材料承受压力的能力，也称压缩强度。②抗拉强度。材料承受拉力的能力，也称拉伸强度。③抗弯强度。材料对致弯外力的承受能力，也称弯曲强度。④抗剪强度。材料承受剪切力的能力，也称剪切强度。强度的单位为 N/m^2 或 Pa。

通常，如果不特别指明，材料的强度用其抗压强度表示。材料受外力作用达到破坏时的应力称为破坏应力。材料的强度是指材料破坏前能够承受的最大应力。根据受力种类的不同有相应的同名应力。材料的破坏应力以抗拉应力为最小，它只有抗拉应力的 1/20～1/30，为抗剪应力与抗拉应力的 1/15～1/20，为抗弯应力的 1/6～1/10。

从理论上讲，材料的强度取决于结合键的类型。因为不同的结合键，其结合强度不同。离子键和共价键结合能力最大。一般为 1000～3000kJ/mol，故离子键和共价键为最强的键。金属键的结合能仅次于离子键和共价键，为 100～800kJ/mol，故其强度略低于前二者。氢键的结合能为 20～30kJ/mol，其强度比金属键还低。范德华力的结合能仅 0.3～3.2kJ/mol，故其强度最小。根据材料结合键的类型所计算的材料强度，称为理论强度。换句话说，不含任何缺陷的完全均质材料的强度为理论强度。

　　事实上自然界中不含任何缺陷的、完全均质的材料是不存在的，所以材料的实际强度或实测强度要远低于其理论强度。一般实测强度约为理论强度的 1/100～1/1000。

　　同一种材料，在不同的受载环境下，其实测强度不同，如与粒度、加载速度和所处介质环境有关。粒度小时内部缺陷少，因而强度高；加载速度快时比加载速度慢时强度高；同一材料在空气中和在水中所测得抗破坏强度也不一样。尽管自然界中材料的实际强度与理论强度相差甚大，但两者之间存在一定的内在联系，所以了解材料的结合类型还是非常有必要的，毕竟理论强度的高低是物料内部价键结合能的体现。

　　粉碎是对材料的一种破坏行为，材料的强度是反映材料性能的指标之一，显然材料的强度越大，粉碎施加的外力也应越大。

2. 硬度

　　硬度是衡量材料软硬程度的一项重要性能指标，它既可理解为是材料抵抗弹性变形、塑性变形或是破坏的能力，也可表述为材料抵抗残余变形或抵抗破坏的能力。硬度不是一个简单的物理概念，而是材料弹性、塑性、强度和韧性等力学性能的综合指标。硬度实验根据其测试方法的不同可分为静压法（如布氏硬度、洛氏硬度、维氏硬度等）、划痕法（如莫氏硬度）、回跳法（如肖氏硬度）及显微硬度、高温硬度等多种方法。

3. 脆性

　　材料在外力作用下被破坏时，无显著的塑性变形或仅产生很小的塑性变形就断裂破坏，其断裂处的端面收缩率和延伸率都很小，断裂面较粗糙，这种性质称为脆性。在常温、静载荷下具有脆性的材料，如铸铁、砖石、玻璃等，其抗拉能力远低于抗压能力，一般不能进行模锻、冲压等加工。

　　脆性是与塑性相反的一种性质，从微观看，塑性固体受力发生变形，是由于晶格内出现了滑移和双晶。如果永久变形仅由双晶造成，变形量不大，仅有原长的百分之几；而滑移则可产生大得多的永久变形。无论滑移或双晶，都只有在作用于滑动面上的切应力超过临界值时才会发生。许多因素都影响着所需的临界切应力，塑性变形的许多现象皆可由此获得解释。

　　提高温度将增加固体中的质点的动能，所需引起滑移的临界切应力相应减小，至熔点即突然降低为零。塑性变形发生时，由于阻碍滑移的位错增多，滑移将在不均匀界面上受到拦截，表现出抗拉强度低和屈服极限上升，使晶体硬化，提高了进一步滑移所需要的临界切应力，这就是预变形会使塑性减弱的原因。已经硬化了的材料，可加热至一定温度并维持足够长的时间，使它"恢复"原性，这是由于重结晶使位错回复原来状态。塑性行为的特征是变形不能恢复和变形与时间有关,后一种特征效应有蠕变、松弛和弹性后效等。

当不变的载荷长时间作用于固体而使之变形,应变又随时间增加而增加,此种现象称作蠕变,蠕变的速率与温度有关。松弛现象是由物质内部的质点做热运动引起的,一切物质的内部质点都在做热运动,故一切物质都具有松弛现象,只不过它们的松弛期有长短之别。

在弹性体范围内,对于完全弹性体,除去应力,变形立即完全消失。但实际物体皆非完全弹性体,除去应力后,变形并不会立即恢复到最初状态,多少会留下残余应变,此部分随时间增长而有减少的倾向。故弹性后效是,在完全除去应力后,应变有缓慢进行弹性恢复的现象。弹性之所以会延迟,是由于物体受力后应力将在其颗粒间重新分布,这就需要一定的时间。塑性行为的时间效应说明,可以将塑性滑移看成与液体流动类似的流动形式,只不过其流动的原子是结晶组织方式的。

脆性和韧性的区别,从宏观上看,是有无塑性变形,而从微观上则是看是否存在晶格面滑移。因此,它们并不是物质不可改变的固有属性,而是随着所处环境相互转化的,在足够高温度和足够慢的速度下变形,任何物料皆有塑性行为。一般情况下为塑性的物料,在低温承受应力,或在常温迅速加载,皆表现出脆性破坏。就温度的影响来说,有一临界温度,高于它,位错易于移动,有利于发生塑性变形。此临界温度,与物质结构、应力状况和应力作用的速度等有关。高速加载的影响,与降低温度相似,因为缩短了位错移动可利用的时间,不利于发挥塑性。冲击加冷却比单纯施加压力可以更有效地粉碎物料,因为在此情况下更易发生脆性破坏。

4. 韧性

材料的韧性是指在外力的作用下,发生断裂前吸收能量和进行塑性变形的能力,吸收的能量越大,韧性越好,反之亦然。与脆性材料相反,材料在断裂前有较大的形变、断裂时断面常呈现外延形变,此形变不能立即恢复,其应力-应变关系呈非线性,消耗的断裂能很大。材料的韧性通常以冲击强度的大小来衡量,韧性越好,则发生脆性断裂的可能性越小。

物料的脆性和韧性无确切的数量概念。粉碎作业的物料多呈现脆性,韧性物料需用特殊方法处理,如高速冲击剪切或超低温粉碎以使物料进入脆性区。

5. 易磨性

易磨性根据不同的工艺过程又称可碎性或可磨性,它反映的是矿石被粉碎和磨碎的难易程度,取决于矿石的机械强度、形成条件、化学组成和物质结构。同一破碎机械在同一条件下，处理坚硬矿石比处理软矿石生产率要低些，功率消耗要大些。为此，工程上结合碎矿石工艺，提出了矿石的可碎性系数和可磨性系数（或易磨系数、可磨度），以反映矿石的坚固程度，同时用来定量地衡量破碎和磨碎机械的工艺指标。

可碎性系数和可磨性系数表示方法很多，不同的行业有不同的实验方法。如用邦德指数表示物料的易磨性，为许多行业所采用，具体实验方法可参考相关手册。

6. 磨蚀性

物料的磨蚀性是物料对粉碎工件包括齿板、板锤、钢球、衬板、棒和叶片等产生磨损的一种性质。工件被磨损的程度称为钢耗，钢耗通常以粉碎 1t 物料时工件的金属消耗量表示（g/t）。

物料的磨蚀性与材料的强度、硬度有关，但并不存在必然的比例关系，同时还受其他因素的影响。例如，对硬质物料而言，表面形状及颗粒大小是影响磨蚀性的重要因素。所以磨蚀性是材料本身所固有的属性。

矿石中石英的含量与其磨蚀性密切相关，石英含量越高，物料的磨蚀性越强。所以，矿石中二氧化硅或二氧化硅等效含量是判别物料磨蚀性大小的主要依据。

2.1.3　粉碎机理

1. 材料破坏的概念

材料破碎是粉碎的基本过程。为了论述材料的破碎及粉碎过程，首先要讨论材料的破坏。由材料力学可知，材料承受外力作用达到一定值时，就会在某个断面产生断裂，材料断裂的实质可由断裂理论做出解释。根据现代断裂理论，对固体材料的断裂研究分宏观和微观两个层次。前者称为断裂力学，由格里菲斯所开创；后者称为断裂物理，其渊源久远，起步于理论断裂强度的研究。断裂物理早期研究未曾致力于宏观力学氛围的定量联系，所以一度进展不及断裂力学迅速。断裂力学的发展在近年来出现了由宏观至细观，再由细观至微观，由微观至纳观的势头。断裂力学与断裂物理相结合而形成宏微观断裂力学（盖国胜，2009）。根据宏微观断裂力学的观点，断裂行为是由宏-细-微多层次多种破坏机制相耦合而发生发展的，宏观偶然发生的灾难性行为是由细微观尺度内确定的力学过程所制约的（盖国胜，2009）。

当材料受到力学的作用时，首先产生弹性形变，这时材料并未被破坏。当变形达到一定值后，材料硬化、应力增大，因而变形还可继续进行。当应力达到弹性极限时，开始出现永久变形，材料进入塑性变形状态。当塑性变形达到极限时，材料才产生破坏。

对结构中受载荷作用而引起的构件断裂，称为破坏；对固体材料在外力作用下产生的破裂，称为破碎。尽管它们关注的焦点和观察的视角不同，但实质都是一样的，即材料的断裂，而这个断裂是对单个材料而言的。

粉碎则与单个材料的断裂不同，它是指对于集合体的作用，即被粉碎的材料是粒度和形状不同的颗粒体的集合体。当然，该颗粒集合体的粉碎总量与加于它的能量大小有关，但是，终究粉碎还是以单个颗粒体的破碎为基础的，其破碎的总和就是粉碎的总量。

由于不同的物料往往具有不同的粉碎力学特性，因此，不同的物料往往要用不同的粉碎方法。不同的粉碎方法或设备往往兼具两种或两种以上的粉碎形式。对于特别坚硬的物料不易剪碎，而用冲击性的折断或压碎比较有效；对于韧性物料不易撞碎或击碎，而用剪切研磨较合适。因此，对于特定的物料，可以找到一种较为合适的粉碎方法，使粉碎效率最高。

2. 物料的粉碎过程

目前，人们对粉碎机理的认识尚不彻底，通常认为物料受到不同粉碎力作用后，首先要产生相应的变形或应变，并以变形能的形式积蓄于物料内部（盖国胜，2009）。当局部积蓄的变形能超过某临界值时，裂解就发生在脆弱的断裂线上。从这一角度分析，粉碎至少需要两方面的能量：一是裂解发生前的变形能，这部分能量与颗粒的体积有关；二是裂解发生后出现新表面所需的表面能，这部分能量与新出现的表面积的大小有关。到达临界状态（未裂解）变形能随颗粒体积的减小而增大，这是因为颗粒越小，颗粒表面或内部存在缺陷可能性就越小，受力时颗粒内部应力分布比较均匀，这就使得小颗粒所需的临界应力比大颗粒所需的大，因而消耗的变形能也较大。这就是粉碎操作随着粒度减小而变得困难的原因。

在粒度相同的情况下，物料的力学性质不同，所需的临界变形能也不同。物料受到应力作用时，在弹性极限力以下则发生弹性形变；当作用的力在弹性极限力以上则发生永久变形，直至应力达到屈服应力。在屈服应力以上，物料开始流动，经历塑变区域直至达到破坏应力而断裂。对于任何一个颗粒来说，都存在着一个临界粉碎能量。但粉碎条件纯粹是偶然的，许多颗粒受到的冲击力不足以使其粉碎，而是在一些特别有力的猛然冲击下才粉碎的。因此，最有效的粉碎机只利用不到1%的能量去粉碎颗粒和产生表面。

大部分粉碎为变形粉碎，即通过施力，使颗粒变形，当变形量超过颗粒所能承受的极限时，颗粒就破碎。在上述常用的粉碎方法中，根据变形区域的大小（与材料特性和所用的粉碎方法，如力的大小、作用面积及施力速度等有关），可分为整体变形破碎、局部变形破碎和不变形或微变形破碎三种。

（1）整体变形破碎：塑性或韧性材料在受力速度慢、受力面积大时的粉碎，此时，材料变形范围大，吸收能量多。这是一种效率最低的粉碎，应尽量避免。

（2）不变形或微变形破碎：脆性物料的粉碎，此时，材料几乎没有来得及变形或只有很小区域的微量变形就破碎了。

（3）局部变形破碎：力学性质介于上述两者之间的材料在受力速度较快、受力面积较小时的粉碎。大部分粉碎过程属于这种粉碎。值得指出的是，并不是所有的变形都能使颗粒破碎。在粉碎过程中，有相当部分的颗粒受到不充分力的作用而不能破碎，只能发生可恢复的弹性变形。在此恢复变形的过程中，能量以热量的形式释放出来，无谓地消耗了能量。例如对于塑性或韧性材料，很大部分变形不能起到破碎作用；对于非塑性或非韧性材料也会由于颗粒变形量不够而不都能导致颗粒破碎。

此外，由于变形需要消耗能量，变形越大，消耗能量越多，因此，理想的情况是只在要破坏的地方产生变形或应变。其实，物料的粉碎可以使用非变形或在很小的范围内变形或应变的方法来粉碎，以降低能耗。

3. 粉碎的能耗理论

在物料粉碎过程中，粉碎机消耗的能量主要包括以下几点（盖国胜，2009；赵冰龙，2020）：①颗粒经过粉碎，比表面积增大，将一部分输入能量转化为颗粒的表面能；②颗粒在受力的作用包括拉（折、弯）、压（挤）和剪切（磨、撕）等过程中的塑性变形，弹性变形的恢复将机械能转变为热量，塑性变形消耗的能力以颗粒内部及表面结构和形状的变化表现出来；③颗粒、流体介质和器壁自身及相互之间的摩擦，将输入的能量转变为热量或噪声；④机械运动件之间的摩擦，将输入的能量转变为磨损和发热；⑤电机的发热等，表面能的需要是不可避免的，其他能耗通过改善粉碎方式、工艺和设备得到降低。

粉碎机消耗的能量大约只有 10%有效地消耗在物料的粉碎上。

1）粉碎过程热力学分析

热力学是研究宏观体系的能量转换的科学，因此，研究粉碎过程的效率即有效能量转换的程度，诸如粉碎功耗、吸附降低硬度及粉碎过程中的机械化学作用等问题，皆可通过热力学原理来解释（盖国胜，2009；赵冰龙，2020）。

一种实际过程的热力学分析，目的在于从能量利用观点来确定过程的效率，并找出各种不可逆性对过程总效率的影响。

设有一稳定过程，根据热力学第一定律，其能量平衡关系为

$$\Delta U = Q + W \tag{2-1}$$

式中：ΔU——系统内能的增量，J；

Q——环境对系统输入的热能，J；

W——环境对系统所做的功，J。

实际过程绝大多数是不可逆的，热力学第二定律指出其系统的熵值会增大，即 $\Delta S > 0$，意味着在此过程中存在着无功能量 $\Delta E_无$。无功能量的增量与熵的增量存在如下关系：

$$\Delta E_无 = T\Delta S \qquad\qquad (2\text{-}2)$$

式中：T——环境温度，℃。

根据热力学分析，过程中的无用功（即损失功）W_L 为

$$W_L = T\Delta S = T（\Delta S_物 + \Delta S_环） \qquad\qquad (2\text{-}3)$$

式中：$\Delta S_物$ 和 $\Delta S_环$——体系的熵增量和环境的熵增量，二者之和为过程总的熵增量。

由此可知，熵变为过程可逆的判据，若过程不可逆，则 $\Delta S > 0$，且无用功与其成正比。

对于热机设备，若从损失功角度讨论其效率，因

$$W_T = W_E + W_L \qquad\qquad (2\text{-}4)$$

则其效率为

$$\eta = \frac{W_E}{W_L} = 1 - \frac{W_L}{W_T} \qquad\qquad (2\text{-}5)$$

式中：W_T——设备接受的总能量，J；

W_E——设备所做的有效功，J。

由以上公式可知，能量利用率降低的直接原因是无用功的增加。粉碎过程中，粉碎机对物料做功，制品粒度减小，比表面积增大，同时伴随着温度的升高，物料粒度减小是粉碎机对物料粉碎做出的有用功，而温度升高则是粉碎机做的无用功，这是工艺中不希望出现的，提高粉碎机的效率就是尽量减小无用功所占的比例。大部分的粉碎操作，其能量利用率都很低，绝大部分能量输入都转化成热量而散失。如何改善粉碎条件，改变被粉碎物料的物性，是提高粉碎效率，特别是微粉碎效率的重要措施。

2）粉碎功耗理论

粉碎过程所需的能量是一个极其复杂的问题，因为粉碎过程能量的消耗与诸多因素有关，如所采用的粉碎方法、粉碎设备、物料性质等，要用一个完整的数学式来描述粉碎过程的能耗几乎是不可能的。人们根据实际经验提出了一些有指导意义的学说。目前，经典功耗粉碎理论主要有体积粉碎学说、裂缝学说和表面积粉碎学说。

体积粉碎学说是俄国学者基尔皮切夫（Kirpichev）在 1874 年与基克（Kick）在 1885 年先后独立提出的，他们认为外力作用于物体发生变形，外力所做的功储存在物体内，成为物体的变形能。但一些脆性物料，在弹性范围内，它的应力与应变并不严格遵从胡克定律（又称弹性定律，由英国科学家胡克发现），变形能储至极限就会破裂。可以这样描述：在相同条件下，将物料破碎成与原物料几何形状相似的成品时，所消耗的能量与物料的体积或质量成正比。

裂缝学说是 1952 年由邦德（Bond）和中国留美学者王仁东提出的。他们认为物体在外力作用下先产生变形，当物体内部的变形能积累到一定程度时，在某些薄弱点或面首先产生裂缝，这时变形能集中到裂缝附近，使裂缝扩大而形成破碎，输入功的有用部分转化为新生表面上的表面能，其他部分因分子摩擦转化为热能释放。因此，破碎功包括变形能和表面能。变形能和体积成正比，表面能和面积成正比。

表面积学说是在 1867 年由雷廷格尔（Rittinger）提出的，破碎消耗的有用功与新生成的物料的表面积成正比。他认为物料粉碎时外力做的功用于产生新表面，即粉碎功耗与粉碎过程中物料新生的表面积成正比。裂缝学说在碎矿及磨矿过程得以成功应用：在处理不均匀嵌布矿石段含有大密度矿物的矿石时，在磨矿循环中采用选别作业，可以及时地将已单体解离的矿物分选出来，小型选矿厂在处理细粒或粗粒不均匀嵌布的矿石时，有时从经济角度考虑，常常采用简单的一段磨矿流程，以便简化操作和管理，从而降低基建投资和生产成本。

这三个学说由于提出的时间较早，所以对物料粒度小于 10μm 的超细粉碎作业的功耗计算来说不太适应。通常认为，Kick 学说适用于物料粒度大于 50mm 的粗粉碎；Bond 学说适用于物料粒度为 0.5～50mm 的细粉碎和粗粉碎；Rittinger 学说适用于物料粒度为 0.5～0.074mm 的细粉碎（文中流，2012）。

（1）经典粉碎功耗理论（盖国胜，2009）。

Lewis 公式：粉碎过程粒径的减小所耗能量与粒径的 n 次方成反比，即

$$dE = -C_L \frac{dx}{x^n} \tag{2-6}$$

或

$$\frac{dE}{dx} = -C_L \frac{1}{x^n} \tag{2-7}$$

式中：E——粉碎功耗，kW·h；

x——粒径，m；

C_L、n——常数。

上式是粉碎过程中粒径与功耗关系的通式。

上式若取 $n = 2$ 积分，便得到表面积粉碎学说，其内容是粉碎过程所需功与材料新生表面积成正比：

$$E = C_R \left(\frac{1}{x_2} - \frac{1}{x_1} \right) = C_R (S_2 - S_1) = C_R \Delta S \qquad (2\text{-}8)$$

式中：x_1、x_2——粉碎前后的粒径，可用平均粒径或特征性粒径表示；

S_1、S_2——粉碎前后的比表面积。

若取 $n = 1$ 积分，便得到体积粉碎学说，其内容是在相同技术条件下，使几何相似的同类物体的形状发生同一变化所需的功与物料的体积或质量成正比，或者说同一质量、相似物体发生同一变化时所需功只与粉碎比有关，即

$$E = C_K' \lg \frac{x_1}{x_2} \qquad (2\text{-}9)$$

若取 $n = 1.5$ 积分，便得到裂缝学说，其内容是粉碎功耗与颗粒粒径的平方根成正比，即：

$$E = C_B' \left(\frac{1}{\sqrt{x_2}} - \frac{1}{\sqrt{x_1}} \right) = C_B (\sqrt{S_2} - \sqrt{S_1}) \qquad (2\text{-}10)$$

以上是传统的粉碎功耗三定律。其中 Kick 定律适用于破碎过程，Rittinger 定律适用于粉磨过程及微细粉碎，Bond 定律的适用范围则介于二者之间。

粉碎比 Z：粉碎物在粉碎前和粉碎后的粒度比。一般采用 d_{80}（也可使用 d_{50}）表示为

$$Z = d_{80,1} / d_{80,2} \qquad (2\text{-}11)$$

（2）新近粉碎功耗理论。

A. 田中达夫定律（盖国胜，2009）。

由于颗粒形状、表面粗糙度等因素的影响，上述各式中的平均粒径或特征粒径很难精确测定，比表面积测定技术比用平均粒度表示更精确些，因此用比表面积来表示粉碎过程已得到广泛的应用。田中达夫提出了带有结论性的用比表面积表示粉碎功的定律，比表面积增量对功耗增量的比与极限比表面积和瞬时比表面积的差成正比，即：

$$\frac{dS}{dE} = K(S_\infty - S) \qquad (2\text{-}12)$$

式中：S_∞——极限比表面积，与粉碎设备、工艺及被粉碎物料的性质有关，m^2；

S——瞬时比表面积，m^2；

K——常数，水泥熟料、玻璃、硅砂和硅灰的 K 值分别为 0.7、1.0、1.35 和 3.2。

此式意味着物料越细，单位能量所产生的新表面积越小，即越难粉碎。

将上式积分，当 $S \ll S_\infty$ 时，可得：

$$S = S_\infty (1 - e^{-kE}) \qquad (2\text{-}13)$$

上式相当于 Lewis 公式中 $n > 2$ 的情形，适用于微粉碎及超微粉碎。

B. Hiorns 公式（盖国胜，2009）。

英国的 Hiorns 在假定粉碎过程符合 Rittinger 定律及粉碎产品粒度符合 Rosin-Rammler-Bennet（RRB）分布的基础上，设固体颗粒间的摩擦系数为 k_R，导出了功耗公式：

$$E = \frac{C_R}{1-k_R}\left(\frac{1}{x_2} - \frac{1}{x_1}\right) \tag{2-14}$$

由此可见，颗粒间的摩擦系数越大，粉碎所需能耗越大。

由于粉碎的结果是增加固体的比表面积，则将固体比表面能 γ 与新生比表面积相乘可得粉碎功耗计算式：

$$E = \frac{\gamma}{1-k_R}(S_2 - S_1) \tag{2-15}$$

因为此式适用于微细粉碎场合，而颗粒间的摩擦系数体现为物料的流动性、休止角等参数，一般流动性较好的物质粉碎性能优于流动性较差的物质。

RRB 模型为

$$R = 100 \cdot \exp\left[-\left(\frac{D}{D_e}\right)^n\right] \tag{2-16}$$

$$\ln\ln\frac{100}{R} = n\ln D - n\ln D_e \tag{2-17}$$

式中：R——粒径 D（μm）的筛余质量百分数，%；

D_e——特征粒径，表示颗粒群的粗细程度，其物理意义为 $R = 36.8\%$ 时的颗粒粒径，μm；

n——均匀性系数，表示粒度分布的宽窄程度，n 值越小，粒度分布范围越广。

常见的 RRB 分布模型存在两种形式，一种是 RRB 分布方程的原型，其具体表达式见式（2-16）；另一种是为便于数据处理而实行了线性变换的"lnln-ln"形式，见式（2-17）。

RRB 模型可以获得用以表征粉体粒度分布特征的特征粒径（D_e）和均匀性系数（n）这两个重要参数。利用 D_e 和 n 可以方便地研究和分析粉体粒度分布对材料性能的影响。

C. Rebinder 公式（盖国胜，2009；陶珍东和郑少华，2010）。

该公式是由苏联的 Rebinder 和 Chodakow 提出的，在粉碎过程中，固体粒度变化的同时还伴随着其晶体结构及表面物理化学性质等的变化。他们在 Kick 定律和田中达夫定律结合的基础上，考虑增加表面能 σ、转化为热能的弹性能的储存及固体表面某些机械化学性质的变化，提出了如下功耗公式（又称列宾捷尔公式）：

$$\eta_m E = \alpha \ln \frac{S}{S_0} + [\alpha + (\beta + \sigma)S_\infty] \ln \frac{S_\infty - S_0}{S_\infty - S} \qquad （2-18）$$

式中：η_m——粉碎机械效率；

　　　α——与弹性有关的系数；

　　　β——与固体表面物理化学性质有关的常数；

　　　S_0——粉碎前的初始比表面积。

以上三定律从极限比表面积角度或从能量平衡角度反映了粉碎过程中能量消耗与粉碎粒度的关系，而这在几个经典理论中是未涉及的，从这个意义上讲，这些新观点弥补了经典粉碎功耗定律的不足，是对它们的修正。

3）粉碎能量平衡论

研究和利用能量过程的效率，首先要分析过程进行时能量的转换和平衡，明确哪些项目对过程是有用的，哪些属于损失，这正是热力学第一定律的具体应用（盖国胜，2009；赵冰龙，2020）。

对大部分粉碎操作，其能量的利用率都很低。不同的设备和操作工艺，其能量的利用率都有所不同，需具体分析（盖国胜，2009；赵冰龙，2020）。如传统的球磨机，一般认为其能量利用率只有 2%左右。而测定数据显示，磨机的能量利用率只有 0.6%。这个检测仅包含几个主要的和明显的项目，实际情况较此测定复杂得多。但作为一个分析的例子，分析能量转换问题是足以说明问题的。由数据可以看出输入的机械能呈热能散出一大部分，而此部分热能又可为物料吸收再转换为机械能；能量转换可引起物质结构变化、吸着和化学反应，而这些发生后的结果又引起能量转换（盖国胜，2009；赵冰龙，2020）。当然，全面地做出这些变化的测定是困难的，但对重要的、局部的研究仍是有用的。

2.1.4　粉碎过程物理模型

粉碎过程就是大块物料变成小颗粒的过程，这个变化过程有可能有很多种方式。Huting 等提出了以下三种粉碎模型（李春华，2002）。

1. 体积粉碎模型

整个颗粒均受到破坏（粉碎），粉碎后生成物多为粒度大的中间颗粒，随着粉碎过程的进行，这些中间粒径的颗粒依次被粉碎成具有一定粒度的中间粒径颗粒，最后逐渐积蓄成细粉（即稳定成分），冲击粉碎和挤压粉碎与此模型较为接近。

2. 表面积粉碎模型

在粉碎的某一时刻，仅是颗粒表面产生破坏，从颗粒表面不断削下微粉成分，这一破坏作用基本不涉及颗粒内部，这种情形是典型的研磨和磨削粉碎方式。

3. 均一粉碎模型

施加于颗粒的作用力使颗粒产生均匀的分散性破坏，直接粉碎成微粉。

上述三种模型中，均一粉碎模型仅符合结合极其不紧密的颗粒集合体的特殊粉碎情形，一般情况下可不考虑这一模型。实际粉碎过程往往是前两种粉碎模型的综合，前者构成过渡成分，后者形成稳定成分。

体积粉碎与表面粉碎所得的粉碎产物的粒度分布不同，体积粉碎后的粒度较窄、较集中，但细颗粒比例较小；表面粉碎后细粉较多，但粒度分布范围较宽，即粗颗粒较多。

应该说明，冲击粉碎未必能造成体积粉碎，因为当冲击力较小时，仅能导致颗粒表面的局部粉碎；而表面粉碎伴随的压缩作用力如果足够大时也可产生体积粉碎。

2.2　粉体的分级

2.2.1　基本概念

不同材料或制品对粉体的粒度要求不尽相同，致密度较高的制品要求粉体原料具有较宽的粒度分布；而轻质、多孔材料或制品，则希望粉体原料具有相对较集中的颗粒粒度分布，且颗粒形状尽可能接近于球形。一般而言，利用机械方法生产的超细粉体，较难使物料一次通过机械粉碎就能达到所需粒度的要求，产品往往处于一较大的粒度分布范围，难以满足下游产品的工艺要求。而在现代各工业领域的使用中，往往要求超细粉体产品处于一定的粒度分布范围。另外，在粉碎过程中，粉体中往往只有一部分产品达到了粒度要求，而另一部分产品却未能达到粒度要求，如果不将这些已达到要求的产品及时分离出去，而将它们与未达到要求的产品一道再粉碎，则会造成能源浪费和部分产品的过粉碎问题。为此，在超细粉体生产过程中要对产品进行分级处理。一方面控制产品粒度处于所需分布范围，另一方面使混合粉料中粒度已达到要求的产品及时地被分离出去。因此，实际生产中往往需要将粉体按不同的粒度区间进行分级（有时也称选粉），以保证后续制品的质量。

广义的分级是利用颗粒粒径、密度、颜色、形状、化学成分、磁性、放射性等特性的不同而把颗粒分为不同的几个部分；狭义的分级是根据不同粒径颗粒在介质（通常采用空气和水）中受到离心力、重力、惯性力等的作用，产生不同的运动轨迹，从而实现不同粒径颗粒的分级（盖国胜，2009）。

分级是根据物料在介质（液体或气体）中的运动差异而实现粗、细颗粒分离的作业。根据物料所处介质的不同可以分为干法分级、湿法分级和超临界分级（介于干法和湿法之间）；按分级力场不同可分为：重力场分级、离心力场分级、惯性力场分级、电场力分级、磁场力分级、热梯度力场分级、色谱分级等；按使用设备类型可分成旋流式分级（常用的水力旋流器）、干式机械分级（常用的叶轮分级机、涡流分级机等）、碟式分级、卧螺式分级、静电场分级、超界分级等；按分级粒度的大小不同可分为普通分级和超细分级（李翔，2011）。

2.2.2 分级原理

在工业中，各种原料性状各异，粉碎粒度要求也是相差甚大。常用的分级设备有筛机和空气分级机两种，筛机有回转筛、振动筛等；空气分级机分为离心分级机、射流分级机、惯性分级机等，离心分级机有自由涡、半自由涡、强制涡三种（盖国胜，2009；李晓旭，2016；李翔，2011；叶坤，2003）。一般来说粗粉分级适合于用筛机，微粉分级适合于使用空气分级机。

空气分级机的适用范围一般按照分级粒径 d_{50} 来选取，而分级机的优劣则采用牛顿分级效率 η_N 和分级精度 $\chi = d_{75}/d_{25}$ 两个指标进行考核。

1. 分级效率（η）

分级后获得的某种成分的质量与分级前粉体中所含该成分的质量之比称为分级效率，表示为

$$\eta = \frac{m}{m_0} \times 100\% \qquad (2\text{-}19)$$

式中：m_0——分级前粉体中某成分的质量，kg；

m——分级后获得的该成分的质量，kg；

η——分级效率。

该式能明显反映分级效率的实质，但并不方便使用，原因是工业连续生产中处理的物料量一般较大，m_0 和 m 不易称量，即使能够称量，分级产品中也不可能全部是要求粒度的颗粒，粗级产品中总有少量粒度较小的颗粒，细级产品中总有少量粒度较大的颗粒。

下面以粒度分级为例推导分级效率的实用公式，假设分级前粉料、分级后的细粉和粗粉的总质量分别为 F、A、B，其中合格细颗粒的含量分别为 X_f、X_a、X_b。假定分级过程中无损耗，并根据物料质量平衡，则有公式：

$$F = A + B \qquad (2\text{-}20)$$

$$X_f = X_a A + X_b B \tag{2-21}$$

将式（2-20）和式（2-21）联立，可得到：

$$\eta = \frac{X_a A}{X_f F} \times 100\% = \frac{X_a (X_f - X_b)}{X_f (X_a - X_b)} \times 100\% \tag{2-22}$$

上式表明，分级效率与分级前后三种粉体中合格颗粒的百分含量有内在的联系。换言之，分级效率的提高有赖于 X_a 的增大和 X_b 的减小。

1）综合分级效率（牛顿分级效率）（η_N）

牛顿分级效率是综合考察合格细颗粒的收集程度和不合格粗颗粒的分级程度，它更能确切反映分级设备的分级性能，其定义为合格成分的收集率减去不合格成分的残留率。数学表达式为

$$\eta_N = \frac{(X_f - X_b) - (X_a - X_f)}{X_f (1 - X_f)(X_a - X_b)} \tag{2-23}$$

牛顿分级效率的意义是：分级物料中能实现理想分级（即完全分级）的质量比。

2）部分分级效率（η_ρ）

将粉体按照粒度特性分为若干粒度区间，分别计算出的各区间颗粒的分级效率称为部分分级效率，以 η_ρ 表示。假设分级前粉体的总质量为 W_a，分级后粗粉的质量为 W_b，以 $W_b/W_a \times 100\%$ 为纵坐标，粉碎粒度为横坐标做出的曲线即为部分分级效率曲线。

2. 分级粒径（切割粒径）（d_{50}）

习惯上，将部分分级效率为 50%的粒径称为切割粒径，用 d_{50} 来表示。对于粗粉碎物采用标准筛理想筛分情况来说，此时 d_{50} 的值就相当于重量几何平均粒度 d_{gw}。在饲料工业中，论文或资料中经常说的"细度是多少目"一般是指 d_{50} 或 d_{gw} 的值，而在饲料行业生产实际交流中，则常采用 d_{80} 的值作为粉体的通称粒度。

3. 分级精度（χ）

实际分级结果与理想分级效果存在偏离，二者之间的偏离程度定义为分级精度。量化起见，取部分分级效率 75%和 25%的粒度 d_{75} 与 d_{25} 表示。

$$\chi = \frac{d_{75}}{d_{25}} \text{ 或 } \chi = \frac{d_{25}}{d_{75}} \tag{2-24}$$

当粒度分布较宽时，分级精度可用 $\chi = d_{90}/d_{10}$ 或 $\chi = d_{10}/d_{90}$ 表示。当粒度分布较小时，$\chi = (d_{90} - d_{10})/d_{50}$。对于理想分级，$\chi = 1$。实际分级中，$\chi$ 值越接近于 1，其分级精度越高，反之亦然。分级精度对于评判有筛式粉碎机的粉碎效果有指导

意义。采用标准筛筛分粉碎物，可以简单算出 d_{75}/d_{25} 或 d_{90}/d_{10} 的值。而此值也可以替代国家标准规定的表示粉碎均匀度的 S_{gw} 值。

4. 分级效果的综合评价

判断分级设备的分级效果需从上述几个方面综合考虑。譬如，当 η_N、χ 相同时，d_{50} 越小，分级效果越好；当 η_N、d_{50} 相同时，χ 值越小，即部分分级效率曲线越陡峭，分级效果越好。如果按粒度将物料分为两级以上，则在考察牛顿分级效率的同时，还应分别考察各级别的分级效率。

2.2.3　分级方法

1. 筛分

筛分一般适用于较粗物料的分级（盖国胜，2009；李晓旭，2016）。在筛分过程中，大于筛孔尺寸的物料颗粒被留在筛面上，这部分物料称为筛上物；小于筛孔尺寸的物料颗粒通过筛孔筛出，这部分物料称为筛下物。筛分之前的物料称为筛分物料。

由粗到细的筛序可以将筛面由粗到细重叠布置，节省厂房面积，粗物料不接触细筛网可减轻细筛网的磨损。较难筛的细颗粒很快能通过上层粗筛筛面，因而筛面不易堵塞，有利于提高筛分质量。缺点是维修不方便。一般采用混合筛序。预筛分是在给料进入粉碎机之前进行的筛分作业。作业是：预先分级出给料中的细颗粒，防止过粉碎，并提高粉碎机的生产能力。但设置预筛分会增大厂房的高度，所以在粉碎机生产能力较大时，一般不设预筛分。

2. 离心分级

在离心力场中，颗粒可获得比重力加速度大得多的离心加速度，故同样的颗粒在离心场中的沉降速度远大于重力场情形（盖国胜，2009；李晓旭，2016）。换言之，即使较小的颗粒也能获得较大的沉降速度。如果颗粒的运动角速度足够大时，即可获得足够小的分级粒径。

3. 惯性分级

主气流通过喷射器携带颗粒高速喷射至分级室，辅助控制气流及颗粒的运动方向发生偏转（盖国胜，2009；李晓旭，2016）。粗颗粒由于惯性大，故运动方向偏转较小，而进入粗粉部分分级装置；细颗粒及微细颗粒则发生不同程度的偏转，随气流沿不同的运动轨迹进入相应的出口被分别收集。主气流的喷射速度，气流的入射初速度、入射角度，各出口支路的位置与引风量对分级粒径及分级精度都有重要影响。

4. 迅速分级

微细颗粒的巨大表面积能使之具有强烈的聚附性。在分级场中，这些颗粒可能由于流场不均匀及碰撞等原因聚集成表观尺寸较大的团聚颗粒，并且它们在分级室中滞留的时间越长，这种团聚现象发生的概率越大（盖国胜，2009；李晓旭，2016）。迅速分级就是为了克服这种现象而提出来的，即采用适当的分级室，应用恰当的流场使微细颗粒尤其是临界分级粒径附近的颗粒一经分散就立即离开分级区，以避免分级区内的浓度不断增大而聚集。

2.3　粉碎与分级的制备

2.3.1　粉碎机的施力作用分类及选择

粉碎过程是固体物料在外力作用下，克服内聚力使颗粒变小的过程。这个外力有很多种，如电力、机械力、爆破等。就机械力而言，基本的粉碎方式有挤压粉碎、冲击粉碎、摩擦粉碎、剪切粉碎和劈裂粉碎等（宋海兵，2003；盖国胜，2009）。

1. 挤压粉碎

挤压粉碎是粉碎设备的工作部件对物料施加挤压作用，作用较缓慢和均匀，物料的粉碎过程也较均匀。挤压粉碎通常多用于物料的粗碎，如矿山行业常用的颚式破碎机、圆锥破碎机等。挤压粉碎属于有支承粉碎型式，粉碎效率较高，饲料行业的对辊粉碎机、辊式碎粒机中都含有挤压粉碎作用。

2. 冲击粉碎

冲击粉碎包括高速运动的粉碎体对物料的冲击和高速运动的物料向固定壁或靶的冲击。一般冲击作用频度高，作用时间短，粉碎体与被粉碎物料的动量交换非常迅速。饲料行业的许多磨粉设备主要采用冲击粉碎原理设计而成，如锤片式粉碎机、齿爪式粉碎机、立轴式超微粉碎机等。冲击粉碎的频度及力度对制品的粒度影响很大。

3. 摩擦粉碎

摩擦粉碎的主要表现形式是粉碎工件对物料的磨削、碾磨，包括研磨介质对物料的粉碎、齿板或齿圈对高速流动物料的碾磨以及物料和物料之间的摩擦作用。

锤片式粉碎机的粗糙筛片对物料的作用属于摩擦粉碎，齿爪式粉碎机和立轴式超微粉碎机的齿圈也是利用和物料之间的摩擦来粉碎物料。摩擦粉碎是一种高效的粉碎形式，但当粉碎构件变得光滑时，摩擦作用的效率就会大大降低，产生大量的热量浪费，所以应该及时更换配件以保持摩擦面粗糙度。

4. 剪切粉碎

剪切粉碎的主要表现形式是两面构件对物料形成剪应力造成物料粉碎，剪切形成的基础条件是两个构件同时对物料的作用且互相支承，如同剪刀的两个刃口。剪切粉碎是一种高效的有支承粉碎型式。粉碎机械中利用剪切原理的主要是粗碎机，采用厚长的刀刃及外部支承共同作用，剪断韧性大块物料，饲料行业常用的辊式碎粒机除了挤压作用外，在快辊和慢辊的速度差下，也会形成对物料的剪切作用。

5. 劈裂和弯折粉碎

利用楔形工件切入物料，称为劈裂粉碎，劈裂粉碎一般需要对物料进行支承才能发挥高效率，如同切肉时使用砧板。当楔形工件不锋利时，对材料会形成弯折作用，此时材料受到弯应力而断裂。锋利的楔形物造成的劈裂粉碎是一种介于弯折粉碎和剪切粉碎之间的作用。一般材料的抗弯应力低于抗剪应力，所以劈裂、弯折是一种更为高效的有支承粉碎型式。

2.3.2　粉碎机械

1. 传统破碎机械的类型

按构造与工作原理的不同，破碎机械有如下类型：①颚式破碎机；②锤式破碎机；③圆锥破碎机；④反击式破碎机；⑤辊式破碎机（窦照亮，2010；梁春鸿，2003；李旭，2015；林如海，1980；宋海兵，2003；孙成林，2001；郑水林，2004）。

1）颚式破碎机

（1）工作原理及类型。

颚式破碎机是应用比较广泛的粗、中破碎机（图 2-1）（窦照亮，2010）。根据其动颚的运动特征，颚式破碎机可分为简单摆动、复杂摆动和综合摆动型三种形式。

动颚悬挂在悬挂轴或偏心轴上，工作时由传动机构带动偏心轴移动，使之相对于定颚往复运动。当动颚靠向定颚时，落在颚腔中的物料受到颚板的挤压作用而粉碎。当动颚离开定颚时，已破碎的物料在重力作用下经出料口卸出，同时喂入的物料随之进入破碎腔，如此周而复始对物料进行破碎。

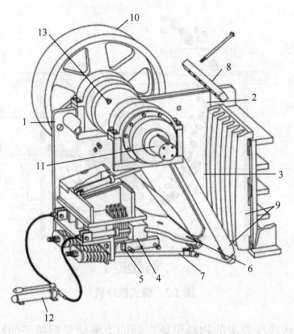

图 2-1 颚式破碎机

1-机架；2-上边护板；3-下边护板；4-调整座；5-调整块；6-肘板；7-拉杆；8-齿条；9-齿板；
10-飞轮；11-偏心轴；12-分离式千斤顶；13-管道

（2）性能及应用。

颚式破碎机的优点是：构造简单，管理和维修方便，工作安全可靠，适用范围广。缺点是：由于工作是间歇的，所以存在空行程，因而增加了非生产性功率消耗。由于动颚和连杆做往复运动，工作时产生很大的惯性力，使零件承受很大的载荷，因而对基础的质量要求也很高。在破碎黏湿性物料时会使生产能力下降，甚至发生堵塞现象，破碎比较小。

2）锤式破碎机

（1）工作原理及类型。

锤式破碎机的主要工作部件为带有锤子的转子，通过高速转动的锤子对物料的冲击作用进行粉碎（图 2-2）（梁春鸿，2003）。锤式破碎机的种类很多，按不同结构特征分类如下：①按转子的数目分为单转子和双转子两类；②按转子的回转方向，分为不可逆式和可逆式两类；③按转子上锤子的排列方式，分单排列和多排列两类，前者锤子安装在同一回转平面上，后者锤子分布在几个平面上；④按锤子在转子上的连接方式，分为固定锤式和活动锤式两类。

转子静止时，由于重力作用锤子下垂；当转子转动时，锤子在离心力作用下向四周辐射伸开。进入机内的物料受到锤子打击而破碎，小于算缝的物料通过算

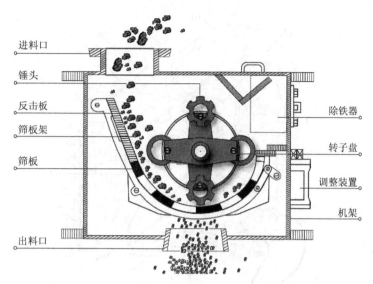

进料口

锤头

反击板

筛板架

筛板

除铁器

转子盘

调整装置

机架

出料口

图 2-2　锤式破碎机

缝向下卸出，未达粒度要求的物料仍留在筛面上继续受到锤子的冲击和剥磨作用，直到达到要求尺寸后卸出。由于锤子是自由悬挂的，当遇到难碎物时，能沿销轴回转，起到保护作用，因而可避免机械损坏。另外，在传动装置上还装有专门的保险装置，利用保险销钉在过载时被剪断，使电动机与破碎机转子脱开从而起到保护作用。此破碎机主要以冲击兼剥磨作用粉碎物料，由于设有算条筛，故不能破碎黏湿物料，若物料水分过大，会发生堵塞现象。

（2）性能及应用。

锤式破碎机的优点是：生产能力高，破碎比大，电耗低，机械结构简单，紧凑、轻便，投资费用少，管理方便；缺点是：粉碎坚硬物料时锤子和算条磨损较大，金属消耗较大，检修时间较长，需均匀喂料，粉碎黏湿物料时生产能力降低明显，甚至会因堵塞而停机。为避免堵塞，被粉碎物料的含水量应不超过10%。锤式破碎机的产品粒度组成与转子圆周速度及算缝宽度等有关。转子转速较高时，产品中细粒较多。减小卸料算缝宽度可使产品粒度变细，但生产能力随之降低。

3）圆锥破碎机

（1）工作原理及类型。

圆锥破碎机分为粗碎圆锥破碎机和中细碎圆锥破碎机两大类型。

粗碎圆锥破碎机又称旋回破碎机（图 2-3）（潘伟桥等，2022）。在破碎物料时，由于破碎力的作用，在动锥表面产生了摩擦力，其方向与动轴运动方向相反。因为主轴上下方均为活动连接，这一摩擦力对于主轴的中心线所形成的力矩使动锥在绕主轴中心线做偏转运动的同时还做方向相反的自转运动,此自转运动可使产品粒度更均匀,并使动锥表面的磨损也较均匀。粗碎圆锥破碎机的工作原理与颚式破碎机有相似之处,即都对物料施加挤压力,破碎后自由卸出。不同之处在于圆锥破碎机的工作过程是连续进行的,物料夹在两个锥面之间同时受到弯曲力和剪切力的作用而破碎,故破碎较易进行。因此其生产能力较颚式破碎机大,动能消耗低。

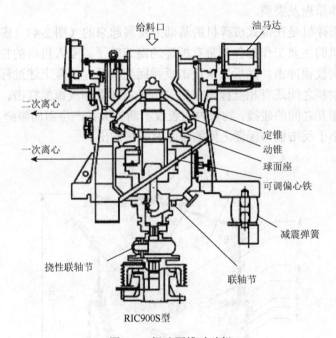

给料口

油马达

二次离心

定锥
动锥
球面座
可调偏心铁

一次离心

减震弹簧

挠性联轴节

联轴节

RIC900S型

图 2-3　粗碎圆锥破碎机

中细碎圆锥破碎机,又称菌形圆锥破碎机。它所处理的一般是经初次破碎后的物料,故进料口不必太大,但要求卸料范围宽,以提高生产能力,并要求破碎产品的粒度较均匀,所以动锥和定锥都是正置的。动锥制成菌形,在卸料口附近,动、定锥之间有一段距离相等的平行带,以保证卸出物料的粒度均匀。这类破碎机因为动锥体表面斜度较小,卸料时物料是沿着动锥斜面滚下,所以卸料会受到斜面摩擦阻力作用,同时也会受到锥体偏转、自转时的离心惯性力的作用。故这类破碎机并非自由卸料,因而工作原理及有关计算与粗碎圆锥破碎机有所不同。

（2）性能及应用。

圆锥破碎机和颚式破碎机都可用作粗碎机械。二者相比较,粗碎圆锥破碎机的特点是:破碎过程是沿着圆环型破碎腔连续进行的,因此生产能力较大,单位电耗较低，工作较平稳，适于破碎片状物料，破碎产品的粒度也较均匀。同时，料块可直接从运输工具倒入进料口，无须设置喂料机。

圆锥破碎机的优点是：生产能力大，破碎比大，单位电耗低；圆锥破碎机的缺点是：结构复杂，造价较高，检修较困难，机身较高，使厂房及基础构筑物的建筑费用增加。因此，圆锥破碎机适合在生产能力较大的工厂中使用。

4）反击式破碎机

（1）工作原理及类型。

反击式破碎机是在锤式破碎机的基础上发展起来的（图2-4）（廖科，2022）。反击式破碎机的主要工作部件为带有板锤的高速转子。喂入机内的物料在转子回转范围内受到板锤冲击，然后又从反击板弹回到板锤，重复上述过程。在如此往返过程中，物料之间还有相互撞击作用。由于物料受到板锤的打击、与反击板的冲击及物料相互之间的碰撞，物料内的裂纹不断扩大并产生新的裂缝，直至粉碎。当物料粒度小于反击板与板锤之间的缝隙时即被卸出。

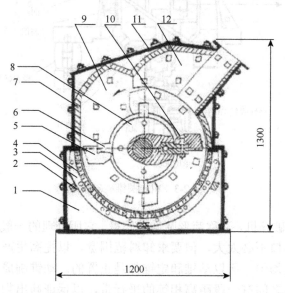

图2-4 反击式破碎机（单位：mm）

1-下箱体；2-方钢；3-篦条组合件；4-篦条；5-锤头；6-锤体；7-反击板；8-轮毂；9-第二细碎腔；10-锤头螺栓；11-顶衬板；12-第一破碎腔

反击式破碎机的破碎作用主要分三个方面：自由破碎、反弹破碎和铣削破碎。实践证明，上述三种破碎作用中以物料受板锤冲击的作用最大，反击板与板锤间的缝隙、板锤露出转子体的高度以及板锤数目等因素对物料的破碎比也有一定影响。由于锤式破碎机和反击式破碎机主要是利用高速冲击能量的作用使物料在自由状态下沿其脆弱面破坏，因而粉碎效率高，产品粒度多呈立方块状，尤其适合于粉碎脆性物料。

反击式破碎机与锤式破碎机工作原理相似，均以冲击方式粉碎物料，但结构和工作过程有所差异。其主要区别在于：前者的板锤是自下而上迎击喂入的物料，并将其抛掷到上方的反击板上；而后者的锤头则顺着物料下落方向打击物料。由于反击式破碎机的板锤固定安装在转子上，并有反击装置和较大的破碎空间，可更有效地利用冲击作用，充分利用转子能量，因而其单位产量的动力和金属消耗均比锤式及其他破碎机少。另外，此破碎机主要是利用物料所获得的动能进行撞击粉碎，因而工作适应性强，并且大块物料受到较大程度的粉碎，而小块物料则不至粉碎过小，因此产品粒度均匀，破碎比较大，可作为物料的粗、中和细碎机械。反击式破碎机一般没有算条筛，产品粒度一般均为 5mm 以上；而锤式破碎机则大都有底部算条筛，因而产品粒度较小，较均匀。反击式破碎机按其结构特征可分为单转子式和双转子式两大类。

（2）性能及应用。

反击式破碎机结构简单，制造、维修方便，工作时无显著不平衡振动，无需笨重的基础。它比锤式破碎机更多地利用了冲击和反击作用，物料自击粉碎强烈，因此，粉碎效率高，生产能力大，电耗低，磨损少，产品粒度均匀且多呈立方块。不设下算条的反击式破碎机难以控制产品粒度，产品中有少量大块。另外，防堵性能差，不适宜破碎塑性和黏性物料；在破碎硬质物料时，板锤和反击板磨损较大，运转时噪声大，产生的粉尘也大。

5）辊式破碎机

（1）双辊破碎机。

常用的辊式破碎机是双辊破碎机（图 2-5）（李晓旭，2016），其破碎机构是一对圆柱形辊子，它们相互平行水平安装在机架上，前辊和后辊做相向旋转。物料加入到喂料箱内，落在转辊的上面，在辊子表面的摩擦力作用下被拉进两辊之间，受到辊子的挤压而破碎。粉碎后的物料被转辊推出向下卸落。因此，辊式破碎机是连续工作的，且有强制卸料的作用，粉碎黏湿的物料也不造成堵塞。

根据使用要求，辊子的工作表面可选用光面、槽面和齿面的。光面辊子主要以挤压方式粉碎物料，它适合于破碎中硬或坚硬物料。

带有沟纹的槽形辊子破碎物料时除施加挤压作用外，还兼施剪切作用，适用于强度不大的脆性或黏性物料的破碎，产品粒度也较均匀。槽面辊子有助于物料的拉入，当需要较大的破碎比时，宜采用槽面辊子。

齿面辊子破碎物料时，除施加挤压作用外，还兼施劈裂作用，故适用于破碎具有片状结构的软质和低硬度的脆性物料，产品粒度也较均匀。齿面辊子和槽面辊子都不适合于破碎坚硬物料。

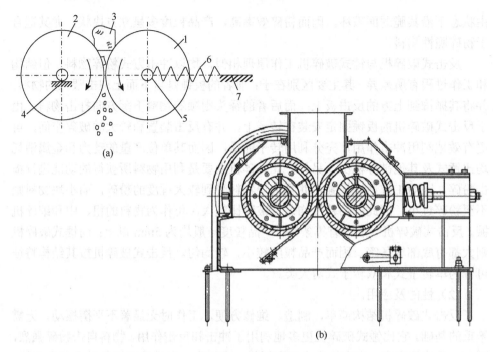

图 2-5 双辊破碎机
（a）工作原理；（b）结构
1，2-辊子；3-物料；4-固定轴承；5-可动轴承；6-弹簧；7-机架

辊式破碎机的主要优点是：结构简单，机体不高，紧凑轻便，造价低廉，工作可靠，调整破碎比方便，能粉碎黏湿物料；主要缺点是：生产能力低，要求将物料均匀连续地喂到辊子全长上，否则辊子磨损不均，且所得产品粒度也不均匀，须经常修理。对于双面辊式破碎机，喂入物料的尺寸要比辊子直径小得多，故不能破碎大的物料，也不适宜破碎坚硬物料，通常用于中硬或松软物料的中、细破碎。齿面辊子破碎机虽可钳进较大的物料，但也限于在中破碎时使用，且物料的强度不能过大，否则齿棱易折断。

（2）单辊破碎机。

单辊破碎机又称颚辊破碎机。该破碎机实际上是将颚式破碎机与辊式破碎机的部分构组合在一起，因而具有这两种破碎机的特点。单辊破碎机进料口较大，另外辊子表面装有不同的破碎齿条，当大块物料落入时，较高的齿条将其钳住并以劈裂和冲击方式将其破碎，然后落到下方。较小的齿条将进一步破碎到要求的尺寸。破碎腔中分预破碎区和二次破碎区，所以可用于破碎物料，破碎比可达 15 左右。破碎时料块受到辊子上齿棱拨动而卸出机外，因而具有强制卸料作用。

单辊破碎机的优点是：用较小直径的辊子即可处理较大的物料，且破碎比大，产品粒度也较均匀，这是一般大型双辊破碎机所不具备的。当物料较黏湿时，其粉碎效果比颚式破碎机和圆锥破碎机都好，与颚式和圆锥式相比，其机体也较紧凑。

2. 传统粉磨设备

1）球磨机
（1）工作原理及特点。

球磨机的主要工作部件是回转圆筒，在筒内钢球、钢锻或瓷球、刚玉球等研磨介质（或称研磨体）的冲击和研磨作用下将物料粉碎与磨细（图 2-6）（李旭，2015；缪秋华，2021；Shi，2016）。球磨机的规格用筒体的直径（m）和长度（m）来表示。

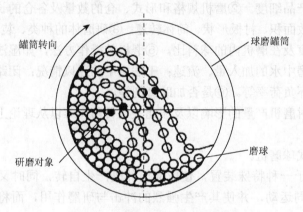

图 2-6　普通球磨机工作原理图

球磨机在工业中应用极为广泛。其特点如下：对物料的适应性强，能连续生产，且生产能力大，可满足现代大规模工业生产的需要；粉碎比大，可达 300 目以上，并易于调整产品的细度；结构简单、坚固，操作可靠，维护管理简单，能长期连续运转；密封性好，可负压操作，防止粉尘飞扬；工作效率低，其有效电利用率仅为 2%左右，其余大部分电能都转化为热量而损失；机体笨重，大型磨机重达几百吨，投资大；由于筒体转速较低，一般为 15~30r/min，若用普通电机驱动，则需要配置昂贵的减速装置；研磨体和衬板的消耗量大，操作时噪声大。

磨机筒体以不同的转速回转时，磨机内研磨体可能出现三种基本运动状态：一是转速太快，此时研磨体与物料贴附筒体与之一起转动，称为"周转状态"，此情形时，研磨体对物料无任何冲击和研磨作用；二是转速太慢，研磨体和物料因摩擦力被筒体带至等于动摩擦角的高度，然后在重力作用下下滑，称为"泻落状态"，此情形时，对物料有研磨作用，但无冲击作用，对大块物料的粉碎效果不好；三是转速适中的情形，研磨体被提升至一定高度后以接近抛物线轨迹落下来，称为"抛落状态"，此时研磨体对物料有较大的冲击和研磨作用，粉碎效果较好。

实际上，磨机内研磨体的运动状态并非如此简单，既有贴附在磨机筒壁向上的运动，也有沿筒壁和研磨体层的向下滑动、类似抛射体的抛落运动以及自身轴线的自转运动和滚动等。研磨体对物料的基本作用是上述各种运动对物料综合作用的结果，其中以冲击和研磨作用为主。

分析研磨体粉碎物料的基本作用的目的就是根据磨机内物料的粒度大小和填满情况，确定合理的研磨体运动状态。这是正确选择和计算磨机工作转速、需用功率、生产能力以及磨机机械设计计算的依据。

（2）影响球磨机产量的主要因素。①粉磨物料的种类、物理性质、入磨物料粒度及要求的产品细度。②磨机规格和形式、仓的数量及各仓的长度比例、隔仓板形状及其有效面积、衬板形状、筒体转速。③研磨体的种类、装载量及其级配。④加料均匀程度及在磨机内的球料比。⑤磨机的操作方法，如湿法或干法、开路或闭路；湿法磨中水的加入量、流速；干法磨中的通风情况；闭路磨中选粉机的选粉效率和循环负荷率等。⑥是否加助磨剂等。

上述因素对磨机产量的影响以及彼此关系目前尚难以从理论上进行精确、系统的定量描述。

（3）行星式球磨机。

该机借助于一种特殊装置，使球磨筒体既产生自转，同时又可以带动磨腔内研磨介质共同运动，并使其产生强烈的冲击与研磨作用，而将磨介间的物料超微化。

该机的工作原理是：电机带动传动轴旋转，连接杆带动筒体绕传动轴旋转；同时随传动轴运动的固定齿轮带动传动齿轮运动，而使装有磨介的筒体绕轴心自转。这种由传动轴带动的公转和由传动齿轮带动的自转使腔体内的磨介产生剧烈的冲击与摩擦作用，而将物料彻底粉碎。

该机可看作是普通球磨机与离心式球磨机相结合而开发出的一种新机型，磨腔内衬及磨球可以是钢材也可以是陶瓷或玛瑙等多种材质。

2）立式磨

立式磨又称辊式磨。其工作原理为：被喂入磨辊与磨盘之间粉碎区的物料受到辊压而粉碎，并在离心力作用下从盘缘溢出，被磨盘周边环形进风口通入的热气吹起，经上部分级器分级，粗颗粒返回继续粉碎（图2-7）。

目前世界上著名的立式磨主要有德国的莱歇磨、MPS磨、伯力鸠斯磨，丹麦的ATOX磨，美国的雷蒙磨等，这些磨的工作原理都是类似的，其不同之处是磨辊的形式、个数和磨盘的形状等。

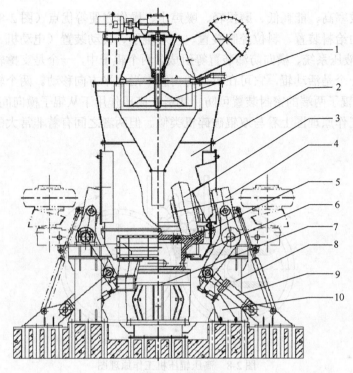

图 2-7　立式磨

1-分离器；2-上壳体；3-磨辊；4-传动臂；5-磨盘；6-下壳体；7-传动装置；8-机架；9-加压装置；10-复位装置

立式磨与球磨机相比，优点如下：一是入磨物料粒度大，大型立式磨的入磨物料粒度可达 50～80mm，因而可省去二级粉碎系统，简化粉磨流程；二是带烘干装置的立式磨可利用各种余热处理含水量达 6%～8%的物料，加辅助热源则可处理含水量高达 18%的物料，因而可省去物料烘干系统；三是由于磨机本身带有选粉装置，物料在磨内停留时间短（一般仅为 3min 左右），能及时排出细粉，减少过粉磨现象，因而粉磨效率高，电耗低，产品粒度较均齐，此外，粉磨产品的细度调整较灵活，便于自动控制；四是结构紧凑，体积小，占地面积小，约为球磨机的 1/2，因而基建投资省，基建投资约为球磨机的 70%，噪声小，扬尘少，操作环境清洁。其缺点如下：一是一般只适合于粉磨中等硬度的物料；粉磨硬度较大的物料时，磨损大；二是制造技术要求较高，辊套一旦损坏一般不能自给，须由制造厂提供，且更换较费时，要求高，影响运转率；三是操作管理要求较高，不允许空磨启动和停止，物料太干时还需喷水湿润物料，否则物料太松散而不能被"咬"进辊子与磨盘之间进行粉碎。

3）高压辊压机（程相文，2015）

高压辊压机又称挤压磨，是 20 世纪 80 年代中期开发的一种新型节能粉碎设

备，具有效率高、能耗低、磨损轻、噪声小、操作方便等优点（图2-8）。高压辊
压机主要由给料装置、料位控制装置、一对辊子、传动装置（电动机、皮带轮、
齿轮轴）、液压系统、横向防漏装置等组成。两个辊子中，一个是支撑轴承上的固
定辊，另一个是活动辊，它可在机架的内腔中沿水平方向移动。两个辊子以同速
相向转动，辊子两端的密封装置可防止物料在高压作用下从辊子横向间隙中排出。
因此，从工作原理图上看与双辊破碎机类似。但两者之间有着非常大的区别，见
表2-2。

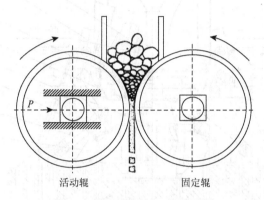

活动辊　　　　　　　　　固定辊

图 2-8　高压辊压机工作原理图

表 2-2　挤压磨与双辊破碎机比较

项目	双辊破碎机	挤压磨
粉碎力	低	高
喂料方式	自由	连续
粉碎比	小（3）	大（60）
加压方式	弹簧	液压
辊轴转速	快	慢

高压辊压机物料由辊压机上部通过给料装置（重力或预压螺旋给料机）均匀
喂入，在相向转动的两个辊的作用下，将物料拉入相向挤压的高压区进行粉碎，
而实现连续的高压料层粉碎。

在高压区上部，所有物料首先进行类似于辊式破碎机的单颗粒粉碎，随着两
辊的转动，物料向下运动，颗粒间的孔隙率减小，这种单颗粒的破碎逐渐变为对
物料层的挤压粉碎。物料层在高压下形成，压力迫使物料之间相互挤压，因而即
使是很小的颗粒也要经过这一挤压过程，这是其粉碎程度比较大的主要原因。料
层粉碎的前提是两辊间必须存在一层物料，而粉碎作用的强弱主要取决于颗粒间

的压力。由于两辊间系的压应力高达 50～3000MPa（通常为 150MPa 左右），故大多数被粉碎物料通过辊隙时被压成了料饼，其中含有大量细粉，并且颗粒中产生大量裂纹，这对进一步粉磨非常有利。在辊压机正常工作过程中，施加于活动辊的挤压粉碎力是通过物料层传递给固定辊的，不存在球磨机中的无效撞击和摩擦。实验表明，在料层粉碎条件下，利用纯压力粉碎比剪切和冲击粉碎耗能小得多，大部分能量用于粉碎，因而能量利用率高，这是辊压机节能的主要原因（程相文等，2015）。

3. 超细粉磨设备

高速机械冲击式粉碎机：是指利用围绕水平或垂直轴高速旋转的回转体（棒、锤和叶片等）对物料进行强烈的冲击碰撞，以较强大的力量使颗粒粉碎的超细粉碎设备（陈猛等，2013；Sadrai et al.，2011）。

冲击式磨机与其他形式的磨机相比，具有单位功率粉碎能力大，易于调节粉碎产品粒度，应用范围广，占地面积小，可进行连续、闭路粉碎等优点。但由于机件的高速运转及颗粒的冲击、碰撞，磨损较严重，因而不宜用于粉碎硬度太高的物料。

1）超细粉碎机

将小于 10mm 的颗粒物料由加料器经加料装置连续加于第一粉碎室内，第一段粉碎叶轮的五只叶片具有 30°的扭转角，它有助于形成螺旋风压，但第二段分级叶轮相对应的五只叶片不具有扭转角，所以形成气流阻力。这样，由于第一段叶轮形成的风压在第一粉碎室引起气流循环，随气流旋转的颗粒之间相互冲击、碰撞、摩擦、剪切，同时受离心力的作用，颗粒冲向内壁受到撞击、摩擦、剪切等作用，被反复地粉碎成细粉。第二段分级叶轮还具有分级作用。细粉在分级叶轮端部的斜面和衬套锥面之间的间隙也进行较有效的粉碎。但最有效的粉碎作用是在第一、二段叶轮之间的滞留区。由于叶轮高速旋转，物料被急剧搅拌，强制颗粒相互冲击、碰撞、摩擦而粉碎。

由于上述作用，颗粒被粉碎至数十微米到数百微米，细粒和较粗的颗粒同时旋转于第一粉碎室内，在离心力的作用下，粗颗粒沿第一粉碎室内壁旋转，与加入的新物料一起继续被粉碎，而细颗粒则随气流趋向中心部位，并由鼓风机吸入的气流带入第二粉碎室。

分级是由第二段分级叶轮所产生的离心力和隔环内径之间产生的气流吸力来决定。若颗粒所受的离心力大于气流吸力，则颗粒继续留下来被粉碎；反之，若颗粒所受离心力小于气流吸力，则被吸向中心随气流进入第二粉碎室。

细颗粒进入第二粉碎室内同样被反复粉碎和分级。由于第二粉碎室的粉碎叶轮和分级叶轮直径比第一粉碎室的大，因此旋转速度更高，又因第三段叶轮叶片扭转角也大，所以形成的风压更大，颗粒相互冲击力也更大，粉碎效果更强，这样使细颗粒粉碎成几微米至数十微米的超细粉。同时通过该室内的风速因粉碎室直径增大而减缓，分级精度提高。超细粉被气流吸出经鼓风机室排出机外进行捕集和筛析。

超细粉碎机粉碎产品的细度可通过风量、分级叶轮与隔环的间隙、隔环直径的调整来调节。由此可见，超细粉碎机具有以下特点：动力消耗低，粉碎产品粒度小，纯度高，操作环境好，调节容易，操作方便。

2）气流磨（蔡艳华等，2008；刘雪东和卓震，2001；俞成蛟等，2017；张华谷等，1989）

气流磨又称流能磨或喷射磨，是利用压缩空气或过热蒸汽为工作介质产生高压并通过喷嘴产生超音速气流作为物料颗粒的载体，使颗粒获得巨大的动能。两股相向运动的颗粒发生相互碰撞或与固定板冲击，从而达到粉碎的目的。与普通机械式超微粉碎机相比，气流粉碎机可将产品粉碎得很细，粒度分布范围更窄，即粒度更均匀。又因为气体在喷嘴处膨胀可降温，粉碎过程不产生热量，所以粉碎温升很低，这一特性对于低熔点和热敏性物料的超微粉碎特别重要。

气流磨的工作原理：将无油的压缩空气通过拉瓦尔喷管加速成亚音速或超音速气流，喷出的气流带动物料做高速运动，使物料碰撞、摩擦、剪切而破碎。被粉碎的物料随气流至分级区进行分级，达到颗粒要求的物料由收集器收集下来，未达到粒度要求的物料再返回粉碎室继续粉碎，直到达到要求的粒度并被捕集。气流磨主要有以下几种：扁平式气流磨、循环管式气流磨、耙式气流磨、对喷式气流磨。

耙式气流磨是利用高速气流夹带物料冲击在各种形状的耙板上进行粉碎的设备（图2-9）。除物料与耙板发生强烈冲击碰撞外，还发生物料与粉碎室壁多次的反弹粉碎，因此，粉碎力特别大，尤其适合于粉碎高分子聚合物、低熔点的热敏性物料以及纤维状物料。

对喷式气流磨是利用一对或若干对喷嘴相互喷射时产生的超音速气流，使物料彼此从两个或多个方向相互冲击和碰撞而粉碎的设备。由于物料高速直接对撞，冲击强度大，能量利用率高，产品粒度可达亚微米级。同时还克服了耙式耙板和循环式磨体易损坏的缺点，减少了对产品的污染，延长了使用寿命，是一种较为理想和先进的气流磨，现有布劳-诺克斯型气流磨、特劳斯特型气流磨、马亚克型气流磨、流体床对喷式气流磨等。

3）振动磨

振动磨是用弹簧支撑磨机体，由一带有偏心块的主轴使其振动，磨机通常是圆柱形或槽形（图2-10）（盖国胜，2009；郑水林，2004）。振动磨的效率比普通磨高10～20倍，其粉磨速度比常规球磨机快得多，而能耗比普通球磨机低数倍。

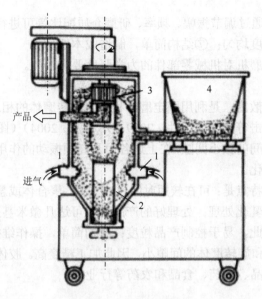

图 2-9　耙式气流磨

1-喷嘴；2-耙；3-转轮分级机；4-给料槽

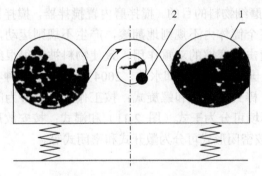

图 2-10　振动磨工作原理图

1-磨筒；2-偏心激振装置

振动磨内研磨介质的研磨作用有：①研磨介质受高频振动；②研磨介质循环运动；③研磨介质自转运动等。这些作用使研磨介质之间以及研磨介质与筒体内壁之间产生强烈的冲击、摩擦和剪切作用，从而在短时间内将物料研磨成细小颗粒。

与球磨机相比，振动磨机有以下特点：①入磨物料的粒度不宜过大，一般在 2mm 以下；②由于高速工作，可直接与电机相连接，省去了减速设备，故机器质量小，占地面积小；③筒内研磨介质不是呈抛落或泻落状态运动，而是通过振动旋转与物料发生冲击、摩擦及剪切而将其粉碎及磨细；④由于介质填充率高，振动频率高，所以单位筒体体积生产能力大，处理量较同体积的球磨机大 10 倍以上；

⑤单位能耗低；⑥通过调节振幅、频率、研磨介质配比等可进行微细或超细粉磨，所得粉磨产品的粒度均匀；⑦结构简单，制造成本低。

但大规模振动磨机对机械零部件的力学强度要求较高。

4）胶体磨

胶体磨又称分散磨，是利用固定磨子和高速旋转磨体的相对运动而产生强烈的剪切、摩擦和冲击等力（盖国胜，2009；郑水林，2004）（图2-11）。被处理的浆料通过两磨体之间的微小间隙，在上述各力及高频振动的作用下被有效地粉碎、混合、乳化及微粒化。

胶体磨的主要特点是：可在较短时间内对颗粒、聚合体或悬浊液等进行粉碎、分散、均匀混合、乳化处理；处理好的产品粒度可达几微米甚至亚微米；由于两磨体间隙可调，因此，易于控制产品粒度；结构简单，操作维护方便；占地面积小；由于固定磨体和旋转磨体的间隙小，因此加工精度高。胶体磨广泛用于化工、涂料、染料、化妆品、医药、食品和农药等行业。

5）搅拌磨

搅拌磨是超细粉碎机中最有发展前途而且是能量利用率最高的一种超细粉磨设备，它与普通球磨机在粉碎机理上的不同点是：搅拌磨的输入功率直接高速推动研磨介质来达到磨细物料的目的。搅拌磨内置搅拌器，搅拌器的高速回转使研磨介质和物料在整个筒体内不规则地翻滚，产生不规则运动，使研磨介质与物料之间产生相互撞击和摩擦的双重作用，致使物料被磨得很细，并得到均匀分散的良好效果（盖国胜，2009；郑水林，2004）。搅拌磨的种类很多，按照结构形式可分为盘式、棒式、环式和螺旋式；按工作方式可分为间歇式、连续式和循环式；按工作环境可分为干式（图 2-11）和湿式；按安放形式可分为立式和卧式（图2-12）；按密闭形式可分为敞开式和密闭式等。

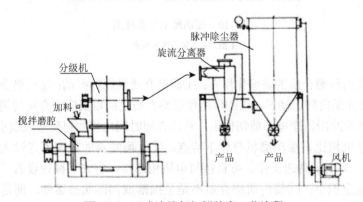

图2-11 干式连续超细搅拌磨工艺流程

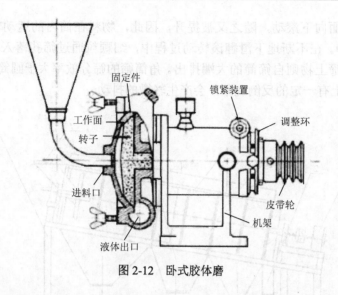

图 2-12 卧式胶体磨

搅拌磨的主要特点是：能量利用率高，能获得较高的功率密度，所以节能；产品粒度容易调节，可通过调节物料在筒体滞留时间保证最终细度；振动小、噪声低；结构简单、易操作；可以很好地实现各种工艺要求，根据需要进行连续或间歇生产；由于球磨筒带有夹套，可以很好地控制研磨温度；可以根据需要制作带有各种特殊功能的设备，如定时、调速、循环、调温等；可以选择不同材质（不锈钢、刚玉陶瓷、聚氨酯、氧化锆等）的磨筒和搅拌装置。

2.3.3 分级设备

1. 筛分设备

筛分一般适用于较粗物料的分级。在筛分过程中，大于筛孔尺寸的物料颗粒被留在筛面上，这部分物料称为筛上物；小于筛孔尺寸的物料颗粒通过筛孔筛出，这部分物料称为筛下物。筛分之前的物料称为筛分物料。

筛分机械的类型很多，按筛分方式可分为干式筛和湿式筛。按筛面的运动特性，可分为：振动筛（包括旋摆运动、直线运动和圆运动振动筛）、摇动筛（包括旋动筛和直线摇动筛）、回转筛（包括圆筒筛、圆锥筛、角筒筛和角锥筛）、固定筛（包括固定弧形筛、固定格筛和固定棒条筛）（李文英，2004；毛会庆，2011）。

1）回转筛

回转筛是由筛网或筛板制成的回转筒体、支架和转动装置等组成。按筒形筛面的形状有圆筒筛、圆锥筛、角筒筛和角锥筛四种。

工作原理：物料在回转筒内由于摩擦作用而被提升至一定高度，然后因重力作用沿筛面向下滚动，随之又被提升，因此，物料在筒内的运动轨迹呈螺旋形（图 2-13）。在不断地下滑翻滚转动过程中，细颗粒通过筛孔落入筛下，大于筛孔尺寸的筛上物则自筛筒的大端排出。角筒筛的筛分效率大于圆筒筛，原因是物料在筛面上有一定的反倒现象，会产生轻微的抖动。

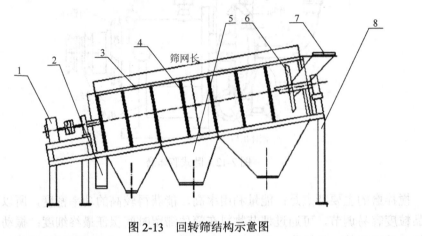

图 2-13　回转筛结构示意图

1-驱动装置；2-粗料出料口；3-密封罩；4-筒体；5-筛下物出料口；6-挡料板；7-进料口；8-支架

回转筛具有工作平稳、冲击和振动小、易于密封收尘、维修方便等特点；主要缺点是筛面利用率较低，与同等处理量的其他筛分机械相比较，它的体积较大，筛孔易堵塞，筛分效率低。

2）振动筛

振动筛是目前工业上应用最广泛的一种筛机，与摇动筛的主要区别在于振动筛的物料振动方向与筛面呈一定角度（图 2-14）；而摇动筛的运动方式基本平行于筛面。

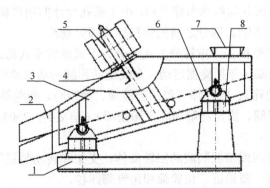

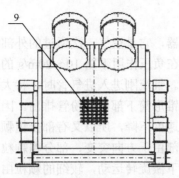

图 2-14　振动筛结构示意图

1-支腿；2-出料口；3-筛体；4-电机座；5-振动电机；6-上弹簧座；7-入料口；8-弹簧；9-筛网

　　振动筛工作时，物料在筛面上主要是做相对滑动。振动筛的运动特性有助于筛面上的物料分层，减少筛孔堵塞现象，强化筛分过程。这类筛机有如下优点：筛体以小振幅、高频率做强烈振动，可以消除物料堵塞现象，使筛机具有较高的筛分效率和处理能力；动力消耗小，构造简单，维修方便；使用范围广，不仅可以用于细筛，也可用于中粗筛分，还可用于脱水和脱泥等分级作业。振动筛主要有单轴惯性振动筛、双轴惯性振动筛、电磁振动筛等几种。

2. 重力分级设备（周兴龙等，2005）

重力分级设备包括水平流型重力分级机和垂直流型重力分级机。

1）水平流型重力分级机

水平流型重力分级机也称沉降室。空气从水平方向进入分级室，粉体自分级室上部进入。空气在沉降室内水平流动时，对颗粒施加水平力作用，颗粒同时受重力作用。两力作用的结果是不同大小的颗粒沿不同轨迹做近似抛物线运动，从粗到细的颗粒依次降至收集器中，更细的颗粒随气流由沉降室进入气固分离装置。

2）垂直流型重力分级机

垂直流型重力分级机气流自底部进入，在分级室内自下而上运动，喂入分级室的粉体中沉降速度大于气流速度的粗颗粒沉降至底部的粗粉收集器；沉降速度小于气流速度的细颗粒随气流进入气固分离装置。该分级机可获得粗、细二级粉体。

3. 离心分级设备

离心分级设备包括粗分级机、离心式选粉机、旋风式选粉机和 MDS 型组合式选粉机（盖国胜，2009）。

1）粗分级机

粗分级机也称粗分级器，它是空气一次通过的外部循环式分级设备。其工作原理是：携带颗粒的气流在负压作用下以 10～20m/s 的速度由下向上从进气管进入内外锥形筒之间的空间。气流刚进入进气管时，特大颗粒由于惯性作用碰到反射棱锥体首先被撞落到内锥形筒下部由粗粉管排出。因两锥形筒间继续上升的气流上部截面积扩大，气流速度下降，所以又有部分粗颗粒再次被分出并落下至粗粉管排出。气流上升至顶部由于方向突变，部分粗颗粒再次被分出落下。同时由于气流在导向叶片的作用下做旋转运动，较细的颗粒由于离心力作用而甩向内锥形筒内壁落下，最后进入细粉管。

粗分级机的优点是：结构简单、操作方便、无运动部件、不易损坏、要与收尘器等细分级装置配合使用。

2）离心式选粉机

离心式选粉机是第一代选粉机，也称内部循环式选粉机。

工作原理是：物料由加料管经中轴周围落至撒料盘上，受离心惯性力作用向周围抛出。在气流中较粗颗粒迅速撞到内筒内壁，失去速度，沿壁滑下。其余较小颗粒随气流向上经小风叶时，又有一部分颗粒被抛向内筒壁被收下。更小的颗粒穿过小风叶，在大风叶的作用下经内筒上部出口进入两筒之间的环形区域。由于通道扩大，气流速度降低，同时外旋气流产生的离心力使细小颗粒离心沉降到外筒内壁并沿壁下沉，最后由细粉出口排出。内筒收集的粗粉由粗粉出口排出。

改变主轴转速、大小风叶片数或挡风板位置即可调节选粉细度。

离心式选粉机的分级和分离过程是在同一机体内的不同区域进行的，流体速度场和抛料方式都很难保证设计很理想，同时由于循环气流中大量细粉的干扰降低了选粉效率，实际生产中，其选粉效率一般为 50%～60%（图 2-15）。欲提高产量，只能增大体积，但又限制了选粉机单位体积的产量。同时小风叶受物料磨损大，风叶设计间隙大，空气效率较低。

3）旋风式选粉机

旋风式选粉机属第二代选粉机，也称外循环式选粉机。其内部设计保持了离心式选粉机的特点，但外部设有独立的空气循环风机，取代了离心式选粉机的大风叶。细粉分级过程在外部旋风分级器中进行。

工作原理是：空气在循环风机的作用下以切线方式进入选粉机，经滴流装置的间隙旋转上升进入选粉室。物料由进料管撒到撒料盘后向四周甩出与上升气流相遇。物料中的粗颗粒由于质量大，受撒料盘及小风叶的作用时产生的离心惯性力大，被抛向选粉室内壁而落下，至滴流装置处与此处的上升气流相遇，再次分选。粗粉最后落到内锥形筒下部经粗粉出口排出。物料中的细颗粒因质量小，进入选粉室后被上升气流带入旋风分级器被收集下来落入外锥形筒，经细粉出口排

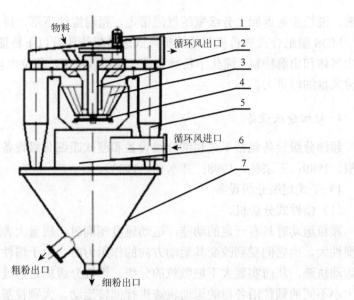

图 2-15　离心式选粉机

1-传动装置；2-主轴；3-笼型转子；4-撒料盘；5-旋风筒；6-滴流装置；7-集灰斗

出。气固分级后的净化空气出旋风分离器后经集风管和循环风管返回循环风机，在选粉室外部形成循环气流。通常主要靠调节气流速度的调节阀来控制细度，这种方法调节方便且稳定。

与离心式选粉机相比，旋风式选粉机有以下优点：转子和循环风机可分别调速，既易于调节细度，也扩大了细度的调节范围；小型的旋风筒代替大圆筒，可提高细粉的收集效率，选粉效率可达 70%以上，因而减少了细粉的循环量；细粉集中收集，大大减轻了叶片等的磨损；结构简单，轴受力小，振动小；机体体积小，质量小；运转平稳，易于实现大型化。但也存在以下缺点：外部风机及风管占用空间大；系统密封要求高，粗细粉出口均要求严密锁风，否则会明显降低选粉效率等。

4）MDS 型组合式选粉机

MDS 型组合式选粉机兼有粗粉分级器和选粉机双重功能。其结构分为上下两个分级室。上分级室内装有回转叶片和撒料盘，类似于旋风式选粉机；下分级室内装有可调风叶，作为风量和细度的辅助调节。这种选粉机主要用于中细粉磨系统。出磨含尘气体从选粉机下部入口吸入，经可调导向叶片进入下分级室形成旋转气流，使出磨气流中的粉尘得到预分级。粗粉被分级并返回磨机，细粉和气流一起进入上部分级室。出磨物料由上部分级室喂料口喂入，分级后的细粉随气流被风机抽出。粗粉沿内壁沉降，经下分级室的导向叶片处被旋转上升的气流再次冲洗，细粉重新返回上分级室随气流带走，粗粉继续下落，排出后返回磨内。

MDS 型组合式选粉机与传统旋风式选粉机相比有以下特征：可同时处理出磨含尘气体和出磨物料，简化了粉磨系统；选粉效率高，单位电耗低；处理能力大，单位风量细粉量大。

4. 超细分级设备

超细分级设备包括干式超细分级设备和湿式超细分级设备（李翔，2011；陈炳辰，1989；王宗林，1998；郑水林，1993）。

1）干式超细分级设备

（1）惯性式分级机。

颗粒运动时具有一定的动能，运动速度相同时，质量大者其动能也大，即运动惯性大。当它们受到改变其运动方向的作用力时，由于惯性的不同会形成不同的运动轨迹，从而实现大下坡颗粒的分级。惯性分级机是通过导入二次控制气流使大小不同的颗粒沿各自的运动轨迹进行偏转运动。大颗粒基本保持入射运动方向，粒径小的颗粒则改变其初始运动方向，最后从相应的出口进入收集装置。该分级机二次控制气流的入射方向和入射速度以及各出口通道的压力可灵活调节，因而可在较大范围内调节分级粒径。另外，控制气流还可起一定的清洗作用。目前这种分级机的分级粒径已经能达到 1μm，若能有效避免颗粒团聚和分级室内涡流的存在，分级粒径可望达到亚微米级别，分级精度和分级效率也会明显提高。

（2）离心式分级机。

离心式分级机由于易于产生远强于重力场的离心力场，因而是迄今为止开发较多的一大类超细分级机。按照离心力场中流型的不同，离心式分级机可分为自由涡（或准自由涡）型和强制涡型两类。

DS 型离心式分级机（图 2-16）：是一种无转子的半自由涡式分级机，该分级机无运动部件，二次空气经可调角度的叶片全圆周进入，粉体随气流进入分级室后，在离心力和重力作用下，粗颗粒离心沉降至筒壁并落至底部粗粉出口，细颗粒经分级锥下面的细粉出口排出。该分级机的分级粒径可在较宽范围（1～300μm）内调节，分级精度也较高，并允许有较高的气固比。

SLT 型分级机：是一种自由涡式分级机，该分级机特点是分级区内设有两组方向相反的导向叶片，借以实现两次分级。从气流进口上面进入的给料在切向进口气流的作用下被迅速吹散并随气流进入分级区，粗颗粒在较大离心作用下直接沉降至壁面，运动至粗粉出口卸出。其余颗粒随气流通过外导向叶片进入两组导向叶片之间的环形区域，并继续其圆周运动，最后细颗粒随近 180°转向的气流通过内导向叶片进入中心类似旋风分级器的装置，经气固分级后由细粉出口排出，较粗颗粒由于惯性作用被隔于叶片外，从而与气流分级，经粗粉出口卸出。

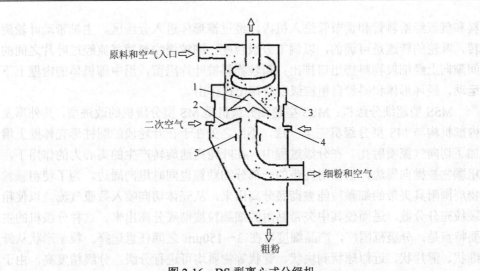

原料和空气入口 ⇒

⇒ 细粉和空气

二次空气 ⇒

粗粉 ⇓

图 2-16　DS 型离心式分级机

1-中心锥；2-分级锥；3-调整环；4-导向阀；5-环体

（3）强制涡分级机的类型有：MS 型分级机和 MSS 型超细分级机。

MS 型分级机：主要由进料管、调节管、中部机体、斜管、环形体以及装载旋转主轴上的叶轮构成（图 2-17）。主轴由电动机通过皮带轮带动旋转。待分级物

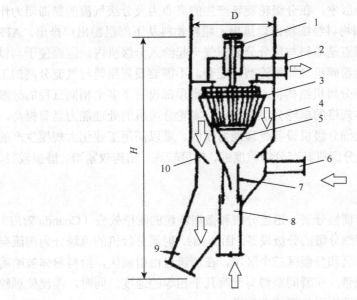

图 2-17　MS 型叶轮分级机

1-旋转轴；2-细料出口；3-分级叶轮；4-圆柱形壳体；5-气流分配堆；6-二次进风口；7-位置调节管；8-进料管；9-粗料排出口；10-环形体

料和气流经给料管和调节管进入机内，经过锥形体进入分级区。主轴带动叶轮旋转，叶轮的转速是可调的，以调节分级粒度。细粒级物料随气流经过叶片之间的间隙向上经细粒物料排出口排出；粗粒物料被叶片阻留，沿中部机体的内壁上下运动，经环形体和斜管自粗粒级物料排出口排出。

MSS 型超细分级机：MSS 型超细分级机是 MS 型分级机的改进型，其外形及内部机构与 MS 型分级机完全一致，不同之处在于在叶轮段的圆柱形壳体壁上增加了切向气流喷射孔。在分级过程中，在叶轮高速旋转产生的离心力的作用下，粗颗物被抛向周边，被黏附夹带的一部分细颗粒也同时甩向周边。为了使粗颗粒物周围附具夹带的细颗粒能被彻底分离出来，从壳体切向喷入数股气流，以使粗颗粒充分分散，进而使其中夹带黏附的细颗粒被彻底分离出来。这种分级机的主要特点是：分级范围广，产品细度可在 3～150μm 之间任意选择。粒子形状从纤维状、薄片状、近似球状到块状、管状等物质均可进行分级；分级精度高，由于分级叶轮旋转形成稳定的离心力场，分级后的细粒级产品中不含粗颗粒；结构简单，维修、操作、调节容易；可以与高速机械冲击式磨机、球磨机、振动磨等细磨与超细磨设备配套，构成闭路粉碎工艺系统。

（4）ATP 型超微细分级机。

这是德国 Apline 公司制造的涡轮式微细分级机。这种分级机有上部给料式和物料与空气一起从下部给入式两种装置，单轮和多轮两种形式。其工作原理是物料通过给料器给入分级室，在分级轮旋转产生的离心力及分级气流的黏滞阻力作用下进行分级，微细物料经细粉出口排出，粗粒物料从下部粗粉出口排出。ATP 型超微细分级机的特点是原料与部分分级空气一起给入分级机内，因而便于与以空气输送产品的超细粉碎机（如气流磨）配套，不需要设置原料与气流分离的工序。ATP 多轮超微细分级机结构特点是在分级室顶部设置了多个相同直径的分级轮。这一特点与同样规格的单轮分级机相比，多轮分级机的处理能力显著提高，从而解决了以往超微细分级机设备处理能力较低、难以满足工业化大规模生产的问题。ATP 型超微细分级机具有分级粒度细、精度较高、结构较紧凑、磨损较轻、处理能力大等优点。

（5）射流分级机。

射流分级机是集惯性分级、迅速分级和微细颗粒的附壁效应（Coanda 效应）等原理于一身进行超细分级的分级设备（图 2-18）。射流分级机的流场分为湍流自由射流区、附壁效应区和分级区三个区域。在湍流自由射流区，给料粉体被喷嘴喷出的高速射流所携带，在瞬间获得与气流几乎相等的速度。同时，湍流使颗粒团发生碰撞及受到剪切作用从而使之分级。

射流分级机与其他分级机相比具有以下特点：①分级部分无运动部件，维护工作量小，工作可靠；②喷射喷流可使粉体得到良好的预分散；③颗粒一经分散，

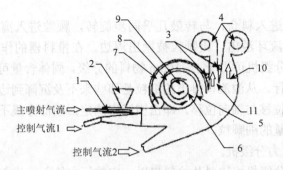

图 2-18　射流分级机

1-引射粉料喷嘴；2-下料斗；3-分级刀刃；4-悬浮式分离器；5-圆形筛板；6-内置多孔式悬浮分离器；7～11-通道

立即进入分级区进行迅速分级，最大限度地避免了颗粒的二次团聚；④可获得多级产品，且各级产品的粒度可通过分级刀刃角度和出口压力来灵活调节；⑤分级效率和分级精度高。

2）湿式超细分级设备

（1）重力沉降分级设备。

A. 重力分级机。

重力分级机由上下两个沉降池组成。待分级物料加入沉降池，溢流由虹吸管排出，粗粒级由底部排出至第二沉降池继续分级。沉降池内部设有循环分散系统，该设备遵循逆流式分级原理，颗粒所受上升流体阻力与重力的平衡决定平衡粒度，小于该粒度的颗粒进入溢流。

该分级机的优点是分级过程平稳，全过程自动控制，溢流中粗粒混入量少，可用于高级颜料、研磨料的分级。其缺点是由于重力场中的重力加速度较小，因而进行微米级颗粒的分级时分级速度太慢，效率太低。

B. 错流式分级机。

错流式分级机介质运动方向与分级物料的给入方向所呈夹角大多为 90°。黏滞阻力与重力方向相反，此两种力确定颗粒下降的速度和时间；由水平方向颗粒的运动速度确定颗粒的水平运动距离。粒径不同，抛物线的轨迹不同。从理论上分析，错流式分级机可以一次实现多粒级的分级。该分级机的分级原理与干式水平流型重力分级机类似。

（2）离心式分级设备。

微细粒分级需要很高的分离因素，使流体产生高速旋转形成较强的离心力场，达到较高的分离因素。微米级的分级需要分离因素为 10^3 级。

A. 卧式螺旋离心分级机。

卧式旋转离心分级机主要由转鼓、螺旋推料器、差速器、机壳、机座等部分组成。转鼓和螺旋推料器安装在差速器内，二者同向旋转且差速很小。待分级物料由进料管进入料仓，与转鼓几乎同步旋转，颗粒进入离心力场，迅速分层，细颗粒由溢流环溢出，粗颗粒被抛出周边，在推料器的作用下向前运动由排渣口排出。该分级机可用于 $1\sim10\mu m$ 物料的分级，固体含量可高达 50%，进料和出料均连续进行。从溢流口排出的细粒是那些来不及沉降到边沿的颗粒，分级平衡粒度由径向位移与轴向位移，即由横流来确定，因而分级不完全，粗颗粒产品中存在相当数量的细颗粒。

　　B. 叶轮式水力分级机。

　　叶轮式水力分级机将物料从给料口以一定的压力给入，进入工作空间。受粗粒排出口的限制，部分给料将被迫进入分离间隙，物料沿径向向内运动，且在旋转盘的作用下加速到几乎与叶片的周边线速度相同。颗粒在此区域获得离心加速度，由颗粒所受流体阻力与离心力的平衡可知，如果某一颗粒的径向沉降速度大于分离间隙中流体向内的流速，该颗粒将向外运动，反之向内运动，从而达到逆流分离的目的。该分级机与干式分级机有些类似，优点在于：连续性；可以通过调整叶轮的速度及径向流速方便地改变分离粒度；溢流中最大颗粒尺寸可达 $137\mu m$。它的缺点也很明显：只有一部分给料可以通过分离区，分离区的悬浮液速度低于叶轮周边速度，因而是不完全加速，若叶轮转速足够高，悬浮液的速度将滞后许多。

　　C. 碟式离心分级机。

　　碟式离心分级机由碟式离心机演变而成，主要工作部件是一组锥形碟片，碟片与碟片之间距离很小，中空轴与碟片高速旋转，产生离心力场（图 2-19）。料浆由中空轴给入，经底部向上运动，到达一定区域，在离心力的作用下即发生粗细颗粒分级，细颗粒与介质向内向上运动，在碟片与碟片之间的狭小区域再次发生分级：较细颗粒沉积在碟片的下表面，呈单颗粒或颗粒团向下向外运动；微细颗粒随介质从中心环排出，达到粗细分级的目的。

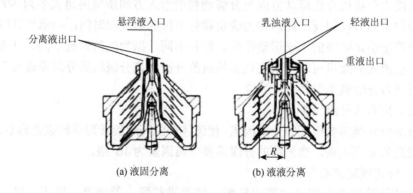

(a) 液固分离　　　　　　　　(b) 液液分离

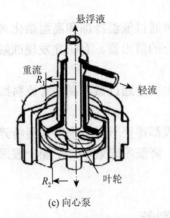

(c) 向心泵

图 2-19　碟式离心分级机

2.4　食品粉体的制备

有些食品粉碎以后可以拓宽它的使用价值和应用范围，有利于食品资源的综合合理利用（郭妍婷等，2017）。食品粉体技术发展越来越精细化，为了满足不同粉体粒度的要求，可以制备不同粒度的食品粉体，如普通粉体、微米粉体和纳米粉体。特别是食品超微粉碎后可作为食品原料添加到糕点、糖果、果冻、果酱、冰淇淋、酸奶等多种食品中，增加食品的营养，增进食品的色香味，改善食品的品质，增添食品的品种。并且鉴于超微粉食品的溶解性、吸附性、分散性好，容易消化吸收，可作为减肥食品、糖尿病患者专用食品、中老年食品、保健食品、强化食品和特殊营养食品。可见，超微粉碎技术在食品领域的应用相当广泛。

2.4.1　前处理

在制备食品粉体之前一般需要对原材料进行前处理，根据具体需要主要包括原材料的初选分级、清洗、去皮、切片、冻融、熟化处理、干燥等操作。

初选分级：根据不同产品的要求选择原料，一般包括原料的大小、色泽、均匀程度等。首先挑出枯枝烂叶或泥沙颗粒物质，防止损坏破碎机；挑出损坏、腐烂及颜色不正的原料；选择原料间大小差别较小、均匀的原料。这一步操作主要影响产品的质量，同时保护粉碎机，保证破碎均匀。

清洗：不同的原料需要不同的清洗方法，有的使用普通清水清洗即可，有的则需要热碱水清洗。清洗的目的主要也是清除灰尘污物等。

去皮、切片：这两步主要是根据需要选择。在切片时要保证切片厚度均匀。切片目的之一是干燥得更快，同时也可方便粉碎操作。

冻融：冻融处理是一种通过低温冷冻和高温融化对原料进行的一种细胞破壁技术。有利于提高有效成分的溶出量。有研究发现冻融处理后的胡萝卜片的胡萝卜素含量提高。

熟化处理：熟化处理主要是通过微波高温对原料细胞壁产生破坏作用，同时达到灭酶的目的。

干燥：食品粉碎前一般都需要干燥，物料太湿粉碎粒径可能会达不到要求，并且容易造成粉碎机堵塞，降低粉碎效率。干燥一般采用热风干燥、真空冷冻干燥、微波干燥等方式。

2.4.2　食品普通粉体的制备

食品普通粉体的制备，通常只需一步粉碎操作，使用普通的粉碎机即可，如多功能粉碎机。下面以荞麦面粉的制作过程为例讲述普通粉体的制备基本过程（郑慧，2007）。

精制荞麦面粉加工的过程是原粮由初清筛初步清理后，经振动筛、打麦机、精选机和洗麦机等清除各种杂质和黏附在麦粒表面的泥垢污物。清理后的净麦再经磁选设备除去磁性杂质后进入磨粉机研磨成粉，经平筛筛理后提取面粉，中间物料再进入另一台磨粉机研磨，如此反复提取面粉，最后将麸皮经刷麸机和圆筛处理后排出。

2.4.3　食品微米粉体的制备

食品微米粉体的制备一般需要在粗粉碎的基础上进行进一步的超微粉碎分级。初粉碎的目的主要通过打磨、剪切的作用，使原料破碎，并在颗粒内部产生微裂纹和内应力，以利于下一步的超细粉碎。主要使用气流粉碎机、球磨机等。

1. 巧克力

巧克力属于超微颗粒的多相分散体系，糖和可可以细小的质粒作为分散相分散于油脂连续相中（张敏和王亮，2003）。巧克力的一个重要质构特征是口感特别细腻滑润，作为一种固态混合物，所有的干涸物都被分散为非常细小和光滑的质粒，这些质粒同时被均匀地分布于油脂内，成为高度乳化的乳浊液。

研究和实际生产表明，尽管巧克力细腻润滑的口感特性是由多种因素造成的，但起决定性作用的因素是巧克力配料的粒度。分析表明，当配料的平均粒径在25μm 左右且其中大部分质粒的粒径在 15～20μm 之间时，产品就有细腻润滑的口感特性；而当平均粒径超过 40μm 时，产品有明显的粗糙感，巧克力的感官品质也就明显变差。因此，只有超微粉碎加工巧克力配料才能保证巧克力的质量。瑞士、日本等国家主要采用五辊精磨机和球磨精磨机。工艺流程如下：可可豆→清理→焙炒→簸筛→初磨（初粉碎）→混合配料→精磨（超微粉碎）→精炼→调温→浇模→振模→硬化→脱模→包装→成品。

在整个生产过程中，粉碎操作占据着极其重要的地位，初磨与精磨均属于粉碎操作，特别是精磨（超微粉碎）对巧克力的质量起着举足轻重的作用。

2. 畜骨粉

畜骨是钙、磷营养要素的丰富来源，并含有蛋白质、脂肪和维生素等多种营养物。为了更有效地获取这些营养成分，需要采取一定的措施使之更利于人体吸收（马峰等，2014），超微粉碎技术提供了一种理想的解决方法。经过超微粉碎的畜骨，比表面积和孔隙率大幅增加，因此具有良好的溶解性、吸附性与流动性。

传统的骨粉加工方法大致可分为蒸煮法、高温高压法、生化法等几种。蒸煮法是将鲜骨经蒸煮，去除油脂、肌腱、骨髓等，然后洗净烘干，再粉碎细化，可制得极细的干骨粉，由于高温蒸煮脱去了大部分的有机成分，因此鲜骨营养成分丢失严重，能利用的仅仅是骨钙。高温高压法是将鲜骨经高温高压蒸煮，使骨组织酥软，然后通过胶体磨、斩拌机细化成骨泥，再经干燥成粉，具体工艺为：选骨→烫漂→预煮→切块→高温高压→微细化→干燥成粉，由于高温蒸煮很难使动物腿骨骨干变酥软而磨细，因此，骨粉粒度较粗，影响食用，此外，高温高压也会使鲜骨中的许多营养成分被破坏，同时还存在耗能大、成本高等问题。生化法是将鲜骨粉碎后，通过化学水解法及生物学酶解法使骨钙、蛋白质、脂肪等营养物质变成易于人体直接吸收的营养成分，该法产品粒度细，营养物质吸收率高，缺点是采用化学及生物学方法处理引入新的杂质，破坏了鲜骨营养成分的全天然性及完整性，而且生产成本也很高。

超微粉碎技术是利用各种超微粉碎设备，通过一定的加工工艺流程，使产品加工成微细粉末的过程。与传统的粉碎、破碎、碾碎等技术相比，超微粉碎技术的主要特点是产品粒度小，一般小于 $10\mu m$，利于人体消化系统吸收。该技术主要是根据鲜骨的构成特点，针对不同组成部分的性质，采用不同的粉碎原理和方法进行细化处理，从而达到超微细加工的目的。对于刚性骨骼，主要通过冲击、挤压、研磨等作用进行粉碎及细化；对于肉、筋类柔韧性部分主要通过强剪切、研磨作用，使之被反复切断及细化；整个粉碎过程可通过一套具有冲击、剪切、挤压和研磨等多种作用力组成的复合力场的粉碎机组来实现。考虑到鲜骨中含有的丰富的脂肪及水分对保质、保鲜不利，因此，该技术中还应包括一套脱脂脱水的装置，以便直接制得超细脱脂鲜骨粉。

畜骨被粉碎的粒度越小，其比表面积就越大，当粒度小到微米级或更小时，表面态物质的量占整个颗粒物质总量的百分比将大大增加，而且表面态物质的内部物质在理化性质上的差异显著。由此可见，当骨粉被超微粉碎至10μm以下时，表面态物质的量激增，将使超微骨粉在宏观上表现出独特的物化性质，呈现出许多特殊性能，如骨粉的分散性、吸附性、溶解度提高，热、电、光、磁性能发生显著变化，而且化学反应性明显增强。其工艺流程可简示为：鲜骨→清洗→破碎→粗碎→细碎→脱脂→超细粉碎→干燥灭菌→成品。该工艺技术的特点如下。

（1）原料选择面宽。各种动物的各部分骨骼均可，无须剔除坚硬的腿骨及骨骼上附着的骨膜、韧带、碎肉，且营养成分保存充分、完全，对鲜骨的利用度高。

（2）根据鲜骨各组成部分的不同性质，采用不同的粉碎原理及方法，使其得到最有效的粉碎及细化，所得产品粒度极细。

（3）鲜骨经清洗后直接粉碎，属于纯物理性加工，保存了鲜骨中的各种营养成分，又不添加任何添加剂，因而保证了产品的全天然、全营养。

（4）不需蒸煮和冷冻，常温粉碎，工艺简单、能耗低。

（5）附加脱脂（脱水）过程，确保产品长时间保质保鲜（1年以上），储存、运输、使用均十分方便。

（6）可生产各种超细动物鲜骨，也可制备超细鲜骨泥，产品脂含量可根据需要灵活调节。

（7）产品中的有效物质含量高，蛋白质、钙、磷等元素含量均高于同类鲜骨产品，是一种新型全天然、全营养高钙产品。

骨粉的营养成分主要为蛋白质、脂肪、水和矿物质。其中蛋白质含量丰富，而脂肪含量则相对较低，是一种典型的高营养热能食品。与其他方法生产出的骨粉相比蛋白质含量明显高于其他几种，而脂肪含量也很低，灰分含量显著高于后几类。这就是超细鲜骨粉的优势。

超微粉碎畜骨粉技术，克服了传统加工方法的不足，保存了鲜骨中的全部营养物质，且产品粒度超细，有利于人体吸收，既可直接食用，亦可添加于汤料、调味品、肉制品、糖果、糕点、饼干、面条和乳制品等食品中制成各种骨味保健食品，使用极为方便，这种新型补钙产品，已为消费者所接受，必将成为新的需求热点，市场需求量大，前景十分广阔。该技术的推广应用，对充分利用国内丰富的鲜骨资源具有十分重要的意义。

3. 花生壳、菜壳等食品加工下脚料

膳食纤维已受到世界各国营养学家的关注，被列为"第七大营养素"。膳食纤维是指不被人体消化的以多糖碳水化合物与木质素为主体的高分子物质的总称。按其溶解特性可分为水溶性纤维和水不溶性纤维两大类。水溶性纤维是指植物细胞壁内的储存物质和分泌物，主要包括果胶、树胶、葡聚糖、瓜尔豆胶和羧甲基

纤维素等；水不溶性纤维素是细胞壁的组成成分，包括纤维素、半纤维素、木质素和壳聚糖等。

我国年产花生约 1000 万吨，而花生壳占总重的 25%，其中含粗蛋白质 4.9%、粗纤维 68.4%。经处理加工可作为膳食纤维食用，如制作蜜糖载体或加工成特效食品等，其中最常见的是制作膳食纤维饼干和高纤维低热能的面包以及制作韧性良好的面制品。

花生壳粉的制取多采用以下的工艺流程：花生壳→浸泡→水洗→碱浸→澄清→漂洗→沉淀→过滤→烘干→粗粉→过筛→漂白→酸洗→水洗→烘干→超微粉碎→筛分→成品包装。其中水洗需除去壳外泥沙，反复清洗直至澄清为止；碱浸是用 pH 值为 12 的碱液浸泡 1h 左右，重复 1~2 次，以溶解除去蛋白质；漂洗是通过多次水洗，除去加入的强碱，使溶液呈中性；粗粉采用滞塞式进料粉碎法，可获取较好的微粒，因而有利于超微粉碎，过筛采用的是 40 目的标准筛；漂白采用硫磺进行熏蒸，使得黄褐色变浅直至变白；酸洗时用酸性洗涤剂（2.8%硫酸 1000mL，加入十三烷基三甲基溴化铵 2g，投入 500mL 水中），煮沸 10min，再用酸式漏斗减压过滤，并用热水进行漂洗；干燥温度控制在 70℃以下；超微粉碎采用双筒式振动磨经 14h 粉碎，过 400 目筛以达到一定标准；最后用标准筛进行筛分以获取不同目数的产品。

颗粒密度测量结果表明，花生壳粉目数对堆密度影响最大，对粗密度影响次之，而真密度几乎不受影响。随着颗粒粒径的减小，粗密度减小，颗粒沉降速率降低，在加入食品时均匀度得到提高。

休止角与滑角的测定实验表明，不同目数花生壳粉的平均休止角和滑角分别如下。360 目：0.7833°和 0.8585°；300 目：0.7294°和 0.8301°；200 目：0.6871°和 0.7086°；100 目：0.6157°和 0.6053°；60 目：0.5547°和 0.5509°。由此可见，目数越大，颗粒的休止角和滑角越大，因此表面聚合力和表面活性也越大，更有利于肠胃蠕动吸收，而且颗粒吸附性能也越好，产品质量越稳定。采用激光测粒仪测定颗粒直径，以 360 目花生壳膳食纤维粉为例：平均直径为 88.43μm，集合度为 1.14。

花生壳和菜壳经超微粉碎后，在不同的粒度范围内，比较其纤维素含量的变化，以及持水力、膨胀力和阳离子交换能力的变化，以便选择出粒度较为适宜的花生壳和菜壳粉粒（张敏和王亮，2003）。通过实验可知，粒度为 260μm 的菜壳粉体的持水力、膨胀力最大，阳离子交换能力最弱，因此可挑选粒度为 260μm 的花生壳和菜壳进行工业化生产。

经过超微粉碎的膳食纤维不再具有粗糙的颗粒感，可更广泛地应用于各类食品，制取良好的低热食品。但由于纤维素组织的特殊性，其微细化后极易形成一种半透明膜，虽可顺利通过标准筛，但入水后则体积膨胀，膜随之舒展。经测定，通过 360 目筛的膳食纤维粉，其粒径大于 50μm 的仍占 32.5%，无法得到较为稳定的产品。因此，上述工艺仍有待完善。

4. 鹿茸

鹿茸营养价值高，保健功能强，具有促发育、养气血、抗衰老、强筋骨等功效。我国鹿茸资源虽然丰富，但大多以原料形式销往国外，应用形式单一。鹿茸的深加工研究少，产品附加值低，未被充分利用。为了使鹿茸资源得到充分利用，解决其口感差、有效成分难以溶出及难以被吸收等问题，将超微粉碎技术应用到鹿茸的加工中，通过对鹿茸微粉进行应用研究（姚晓云，2014），增加了鹿茸功能性食品种类，这对提高鹿茸的利用率、提升鹿茸产品的科技含量、增加鹿茸产品的附加值等都具有积极的意义。

（1）清洗：用温碱水将新鲜的鹿茸冲洗干净，再用柔软的毛刷蘸取温碱水，反复刷洗，直至将表面的绒毛刷洗干净，之后用清水冲洗 2 次，最后用灭菌纱布擦干；

（2）切片干燥：用切片机将鹿茸切成 3mm 薄片，用真空冷冻干燥机干燥；

（3）初粉碎：将干燥后的鹿茸片，用中药粉碎机通过打磨、剪切的作用，使原料破碎，过500μm（32 目）筛，得到的粉体定义为普通粉；

（4）微粉碎：将普通粉进一步投放到球磨机中，在 390r/min 条件下研磨一定时间得到鹿茸微细粉体。

随着粉碎时间的增加，不仅粉体粒径有所减小，其粒径分布的范围也逐渐变小，粒度集中度越来越大，可见粉碎不仅具有细化粉体的作用，也具有匀化粉体的作用。对鹿茸微粉及普通粉的粉体进行表征观察，发现鹿茸微粉相比于普通粉，平均粒径小，粒度分布窄，均匀度高；普通粉颜色为深黄色，颗粒较大，而鹿茸微粉颜色为浅黄色，粉体细腻，且有明显的团聚现象，这是粒径减小、比表面积增大、表面能较高的原因。

粉末的松密度主要取决于颗粒大小、形状、粒度分布及彼此间的黏附趋势，鹿茸微粉的松密度，相对于鹿茸普通粉明显变大，即孔隙率降低，这对于胶囊等容积已确定的包装物，装填微粉的量要高于普通粉，有利于制剂的生产。

测定鹿茸微粉与鹿茸普通粉氨基酸成分，从各种氨基酸的含量看，鹿茸微粉中较多，这是因为鹿茸微粉粒径小，比表面积大，有利于氨基酸溶出；从氨基酸的种类看，二者之间没有差别，说明对鹿茸进行微粉碎，不会破坏其主要的营养成分。

以鹿茸微粉的抗氧化活性为指标，研究了鹿茸微粉的储藏条件，结果显示鹿茸微粉的最佳储藏条件为：0~4℃冷藏，添加 0.06%抗氧化剂（维生素 C），真空包装，相对湿度在 72%以下，这样可以保证鹿茸微粉性质的稳定性。

2.4.4　食品纳米粉体的制备

纳米科技（nano science and technology）是 20 世纪 80 年代诞生并正在崛起的新技术，它的基本含义是在纳米尺寸（$10^{-9}\sim10^{-7}$m）范围内，认识和改造自然，通过直接操作和安排原子、分子，创制新物质。当物质加工到纳米尺寸时，由于它的尺寸已接近光的波长，往往具有小尺寸效应、表面效应、量子尺寸效应和宏观量子隧道效应。

1. 类球红细菌纳米粉的制备

在国外，光合细菌已应用于保健食品中，在国内光合细菌沼泽红假单胞菌获准用于饲料添加剂。光合细菌在保健食品和药品中的应用具有一定基础。类球红细菌（*Rhodobacter sphaeroides*）是一种光合成细菌，属于细菌域中紫色细菌群的 α 亚群，具有广泛的代谢方式，可在多种条件下生长。大量文献表明，类球红菌已成为一种极具工业化开发潜力的微生物（方立超等，2010）。辅酶 Q10 在体内呼吸链中质子移位及电子传递中起重要作用，是细胞呼吸和细胞代谢的激活剂，也是重要的抗氧化剂和免疫增强剂，对清除体内自由基及稳定生物膜功能有重要作用，还可延缓机体衰老。类胡萝卜素是维生素 A 原，具清除自由基，抗氧化，增强免疫力，防癌等多种功能，然而化学合成类胡萝卜素因毒性使其应用受到限制。辅酶 Q10 和类胡萝卜素广泛应用于食品、医药和化妆品等领域，而类球红细菌是其良好生产菌。纳米技术作为 21 世纪科学研究的前沿技术，许多国家投入了大量科研经费和人力资源来研究（张文林等，2013；Morris，2014）。由于其尺寸上的微观性，纳米材料具有与传统材料不同的表面效应、小尺寸效应、量子尺寸效应及宏观量子隧道效应，所以被广泛应用于原料化工、食品、农业、纺织、电子电器、机械、医学等众多领域。

将冰箱内保存的类球红细菌 3757 菌株划线于固体培养基平板上，32℃活化 3～5d，挑选单菌落进一步纯化，最后再筛选出单菌落保存于斜面固体培养基上。用无菌接种环从活化后的类球红细菌斜面中取菌体一环，接种到盛有灭菌后的液体种子培养基的三角瓶中，于 32℃，180r/min 摇床振荡培养 24h，得到液体种子。然后将得到的液体种子按 5%的接种量接种于灭菌后的种子培养基中，于 32℃，180r/min 摇床振荡培养 24h，得到扩大培养的液体种子。按 10%接种量将扩大培养的液体种子接种到盛有灭菌后 100L 液体发酵培养基的 150L 发酵罐中。发酵过程参数为：温度 32℃；转速 98r/min；pH 不控制，初始 pH 6.45，发酵过程 pH 不断增加，最后达到 7.80；初始通气量为 20L/min，通过控制通气量来控制溶氧 20%左右；空气压力 0.02MPa，发酵时间 13h。类球红细菌发酵液采用管式离心机收集菌体，离心条件为 16 000r/min。将类球红细菌湿菌体在-50℃，压力小于 1Pa 的条件下冷冻干燥得干菌体，将干菌体放入高能纳米冲击磨罐中，于 1～8℃下震磨 8h，将干菌体磨成纳米粉（孔丽娜等，2016）。

类球红细菌干菌经纳米磨法处理后，其辅酶 Q10 和类胡萝卜素的提取效果明显好于超声波法；其提取液中辅酶 Q10 和类胡萝卜素含量分别是超声波法的 3.96 倍和 2.43 倍（孔丽娜等，2016）。采用纳米磨法对类球红细菌进行破壁提取较超声波法更容易实现放大和产业化，有利于将类球红细菌纳米粉研究开发为功能（保健）食品，并实现工业化生产，有益人们身体健康。经口给予小鼠 12g/kg BW 的类球红细菌纳米粉 36d 后，与对照组比较，类球红细菌纳米粉能提高小鼠淋巴细胞增殖能力（$P<0.05$）、提高小鼠半数溶血值（$P<0.05$）、提高小鼠的碳廓清能力（$P<0.05$）、提高小鼠巨噬细胞吞噬鸡红细胞吞噬率（$P<0.01$）和吞噬指数（$P<0.01$）。

2. 珍珠、雄黄和黄连纳米粉体的制备

珍珠、雄黄和黄连制备成纳米粉体是使其更加充分地被吸收利用的必然选择（丁志平，2005）。

（1）分拣杂质：通过分拣、精选去除泥土等杂质与劣质品。

（2）初粉碎：主要通过打磨、剪切的作用，使原料破碎，并在颗粒内部产生微裂纹和内应力，以利于下一步的超细粉碎，其中雄黄原料已粉碎，故不进行初粉碎。

（3）筛分：选用不同目数的标准筛，筛选不同目数的粉体。黄连先用 40 目标准筛进行筛分，然后把其筛下物过 60、80、100、120、160、200 和 220 目筛；珍珠先用 100 目标准筛进行筛分，然后把其筛下物过 120、140、160、180、200、220、240 和 260 目筛；雄黄先用 160 目标准筛进行筛分，然后把其筛下物过 180、200、220、240 和 260 目筛，筛分后取筛上物备用。

（4）干燥：把原料置于真空干燥箱中，持续不断抽真空，真空度为 0.09MPa，温度为 65℃进行干燥，根据要求调节物料含水量。

（5）纳米粉碎：打开空气压缩机，压缩空气冷却、除水除油后送至储气罐，待储气罐中空气压力达 1.0MPa 时，打开粉碎气流管道，使从储气罐出来的压缩空气经过滤除尘后进入粉碎室，并使粉碎气流压力为 0.8MPa；开启粉碎轮驱动电机，使其转速达到 12 000r/min，然后打开进料气流管路，并使进料气流保持在 0.4MPa。待两股气流稳定后，打开并调整震动加料器，使物料连续进入气流粉碎室。粉碎后的颗粒由废气流送至旋风分离器，经分离后分别进入初级收集器和二级收集器，废气流经布袋除尘过滤后排空。将收集器中所得粉体送入风选分级器再进行风选分级，收集纳米级粉体真空包装。

　　药效学实验表明黄连纳米粉体体外对金黄色葡萄球菌、福氏痢疾杆菌、变形杆菌和大肠杆菌的最低抑菌浓度均小于常规粉体，体内抑菌作用与抗炎作用明显强于常规粉体；珍珠纳米粉体的镇静和镇痛作用明显强于常规粉体；雄黄纳米粉体的体外抗肿瘤作用明显强于超微粉体和常规粉体。

　　通过对加工设备的改进发明了旋转碰撞式超音速气流粉碎机，制备了珍珠、雄黄和黄连纳米粉体，纳米粉体在外观、显微特征、吸湿性和流动性上发生了改变，而主要化学成分未出现明显变化，该方法对常见中药纳米粉体的加工有示范意义；在珍珠和雄黄纳米粉体中加入适当的分散剂可增加其分散稳定性，这对解决中药纳米粉体的分散稳定性问题提供了思路。三种中药加工成纳米粉体后，可以增加浸出物含量与化学成分溶出量，提高生物利度与药效，对中药疗效的发挥具有积极的意义。

参 考 文 献

蔡艳华, 马冬梅, 彭汝芳, 等. 2008. 超音速气流粉碎技术应用研究新进展. 化工进展, (5): 671-676

陈炳辰. 1989. 磨矿原理. 北京: 北京冶金工业出版社

陈猛, 邹伟斌, 尹日新, 等. 2013. 物料颗粒组成对粉磨能效和操作的影响. 四川水泥, (5): 115-118

程相文, 鲍万臣, 杜海彬. 2015. 高压辊压机的参数研究. 煤矿机械, 36 (1): 78-79

丁志平. 2005. 珍珠、雄黄和黄连纳米粉体的制备与特性研究. 北京: 北京中医药大学博士学位论文

窦照亮. 2010. 颚式破碎机机构参数优化和破碎力仿真分析. 昆明: 昆明理工大学硕士学位论文

方立超, 魏泓, 郑峻松. 2010. 8 株光合细菌的鉴定及其系统进化关系分析. 中国微生态学杂志, 22 (5): 439-443

盖国胜. 2009. 粉体工程. 北京: 清华大学出版社

郭妍婷, 黄雪, 陈曼. 2017. 超微粉碎技术在食品加工中的应用. 仲恺农业工程学院学报, 30 (3): 60-64

孔丽娜, 李祖明, 高丽萍, 等. 2016. 类球红细菌纳米粉免疫调节作用研究. 中国食品学报, 16 (6): 44-50

李春华. 2002. 中药超微细化及有效成分溶出特性研究. 昆明: 昆明理工大学博士学位论文

李文英. 2004. 大型振动筛动力学分析及动态设计. 太原: 太原理工大学博士学位论文

李翔. 2011. 超细分级磨粉碎分级机理研究及装备设计. 绵阳: 西南科技大学硕士学位论文

李晓旭. 2016. 基于层料粉碎理论的简辊磨结构设计理论及设计方法研究. 哈尔滨: 哈尔滨理工大学硕士学位论文

李旭. 2015. 超声振动超细粉碎系统的设计方法与实验研究. 太原: 太原理工大学硕士学位论文

梁春鸿. 2003. 锤片式粉碎机的演变与发展. 饲料广角, (14): 22-23

廖科. 2022. 反击式破碎机破碎作用分析及对集料颗粒形状的影响研究. 重庆: 重庆交通大学硕士学位论文

林如海. 1980. 大型回转碾压粉碎机. 辽宁机械, (1): 120-123, 128

刘雪东, 卓震. 2001. 超细气流粉碎分级系统产品粒径的确定与控制. 石油化工高等学校学报, (1): 59-63

马峰, 周倩, 李梦洁, 等. 2014. 普通骨粉和超细骨粉改善骨密度功能比较. 食品研究与开发, 35 (2): 17-21

毛会庆. 2011. 基于有限元法大型直线振动筛动态性能的分析. 青岛: 青岛科技大学硕士学位论文

缪秋华. 2021. 基于 DEM 的颗粒轴向偏析行为及球磨机破碎效率研究. 南京: 东南大学硕士学位论文

潘伟杯, 马立峰, 吴凤彪, 等. 2022. 圆锥破碎机破能的分析与腔型优化. 机械设计与制造, (6): 48-53

宋海兵. 2003. 机械冲击式超细粉碎设备. 佛山陶瓷, (10): 34-35

孙成林. 2001. 冲击式粉碎机在超细粉碎中的应用. 硫磷设计与粉体工程, (6): 31-37

陶珍东，郑少华. 2010. 粉体工程与设备. 2 版. 北京：化学工业出版社

王宗林. 1998. 螺旋分级筛分机的研制及工业实验. 金属矿山，（2）：27-29

文中流. 2012. 表面活性剂在石墨微粉粒度分析与超细粉碎中的应用. 长沙：湖南大学硕士学位论文

姚晓云. 2014. 鹿茸微粉碎工艺及新产品的开发研究. 长春：吉林大学硕士学位论文

叶坤. 2003. 超微粉体分级设备的优选设计. 成都：西南交通大学硕士学位论文

俞成蛟，代颖军，刘爱琴. 2017. 超细气流粉碎设备的现状及发展趋势. 海峡科技与产业，（6）：110-111

张华谷，林悦，万晋. 1989. 超微粉碎的得力手段——气流粉碎. 化学工程与装备，（4）：19-21

张敏，王亮. 2003. 超微粉碎在食品加工中的研究进展. 无锡轻工大学学报，22（4）：106-110

张文林，席万鹏，赵希娟，等. 2013. 纳米技术在果蔬产品中的应用及其安全风险. 园艺学报，40（10）：2067-2078

赵冰龙. 2020. 矿物颗粒微细化机理及应用研究. 哈尔滨：哈尔滨工业大学博士学位论文

郑慧. 2007. 苦荞麸皮超微粉碎及其粉体特性研究. 咸阳：西北农林科技大学硕士学位论文

郑水林. 1993. 超细粉碎原理工艺设备及应用. 北京：中国建材工业出版社

郑水林. 2004. 超细粉碎设备现状与发展趋势. 中国非金属矿工业导刊，（3）：3-7

周兴龙. 张文彬，王文潜. 2005. 国内外水力重力分级设备研究应用进展. 矿冶工程，25（1）：23-26，30

Morris V J. 2014. Food technologies: nanotechnology and food safety. Encyclopedia of Food Safety, 3: 208-210

Sadrai S, Meech J A, Tromans D. 2011. Energy efficient comminution under high velocity impact fragmentation. Minerals Engineering, 24（10）：1053-1061

Shi F N. 2016. A review of the applications of the JK size-dependent breakage model part3: Comminution equipment modelling. International Journal of Mineral Processing, 157: 60-72

第3章 食品粉体的性能与表征

粉体是指由大量的固体颗粒及颗粒间的空隙所构成的集合体，而组成粉体的最小单位或个体称为粉末颗粒（powder particle），简称颗粒，一般小于 1000μm。粉末颗粒是构成粉体的基本单位，其许多性质都由颗粒的大小及分布状态所决定。颗粒的大小和形状是粉体材料最重要的物性特性表征量。食品粉末颗粒的大小、形状、表面性质、堆积特性等不仅关系到食品粉体的应用，也直接取决于并影响生产食品粉体的单元操作过程。因此，研究食品粉体的性能及表征是食品粉体加工利用的基础。

3.1 粒径与粒度

粉末颗粒的大小统称为粒度。球形颗粒的大小可用直径表示，正立方体颗粒的大小可用其边长来表示，圆锥体颗粒的大小可用直径和高度来表示，长方体颗粒的大小可用长、宽和高来表示。这些表示颗粒大小的直径、边长和宽等称为"粒径"，即粉体中颗粒的大小用其在空间范围所占据的线性尺寸表示，称为粒径。粒径是比粒度更为具体、更为准确的物理概念，粒度则是一种概括的说法，习惯上可将粒径与粒度通用。

3.1.1 单个颗粒的粒径

多数情况下，颗粒是不规则的，其粒径可以用球体、立方体或长方体等相关尺寸来表示。对于单个颗粒的粒径，人为规定了一些尺寸的表征方法，如三轴径、投影径、筛分径和当量径等。

1. 三轴径

当对一不规则颗粒做三维尺寸测量时，可作一个外接的长方体，如图 3-1 所示。若将长方体放在笛卡儿坐标系中，其长、宽、高分别为 l、b、h，可表示为颗粒的三轴径。

根据该长方体的三维尺寸可计算不规则颗粒的平均径，用于比较不规则颗粒的大小。常见的外接长方体表示的颗粒平均径如表 3-1 所示。

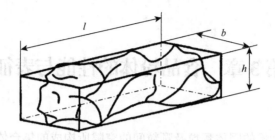

图 3-1　不规则颗粒的外接长方体

表 3-1　以三轴径计算的平均径

序号	名称	物理意义	计算式
1	长轴平均径 二轴平均径	二维图形的算术平均	$\dfrac{l+h}{2}$
2	三轴平均径	三维图形的算术平均	$\dfrac{l+b+h}{3}$
3	三轴调和平均径	与外接长方体比表面积相同的球体直径	$\dfrac{3}{\dfrac{1}{l}+\dfrac{1}{b}+\dfrac{1}{h}}$
4	二轴几何平均径	平面图形上的几何平均	$\sqrt{lb}$
5	三轴几何平均径	与外接长方体体积相同的立方体的一条边	$\sqrt[3]{lbh}$
6	三轴等表面积平均径	与外接长方体表面积相同的立方体的一条边	$\sqrt{\dfrac{2lb+2bh+2lh}{6}}$

2. 投影径

利用显微镜测量颗粒的粒径时，可观察到颗粒的投影。此时的颗粒以重心最低的状态稳定地处在观察平面上。可根据其投影的大小定义粒径。

（1）费雷特（Feret）径：用与颗粒投影相切的两条平行线之间的距离来表示的颗粒粒径，记为 D_F（图 3-2）。比较粒径的大小应取某一特定方向的平行线，如垂直或平行。

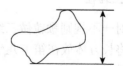

图 3-2　Feret 径的图示

（2）马丁（Martin）径：用在一定方向上将颗粒的投影面积分为两等份的直

径来表示的颗粒粒径，记为 D_M（图 3-3）。比较粒径的大小时，其分割的方向也应一致。

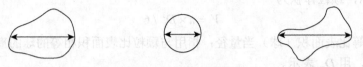

图 3-3　Martin 径图示

（3）投影面积相当（Heywood）径：用与颗粒投影面积相等的圆的直径来表示的颗粒粒径，记为 D_H。

（4）投影周长相当径：用与颗粒周长相等的圆的直径来表示的颗粒粒径，记为 D_c。

3. 筛分径

当颗粒通过两个连续标准筛，通过上层粗孔筛网并停留在下层细孔筛网上时，以粗细筛孔径的算术平均值或几何平均值表示的颗粒粒径，记为 D_A（图 3-4）。

$$D_A = \frac{a+b}{2} \text{ 或 } \sqrt{ab} \tag{3-1}$$

式中：a——粗筛的筛孔尺寸；

b——细筛的筛孔尺寸。

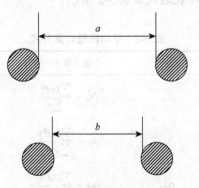

图 3-4　粗细筛的筛孔尺寸

4. 当量径

用球体直径表示不规则颗粒的粒径，称为当量直径或相当径。

（1）等表面积当量径：指用与颗粒具有相同表面积的球的直径表示的颗粒粒径。用 D_S 表示，颗粒的表面积为

$$S = \pi \times D_S^2 \qquad (3-2)$$

（2）等体积（球）当量径：指用与颗粒体积相等的球的直径表示的颗粒粒径。用 D_V 表示，颗粒体积为

$$V = \pi \times D_V^3 / 6 \qquad (3-3)$$

（3）等比表面积（球）当量径：指用与颗粒比表面积相等的球的直径表示的颗粒粒径，用 D_{sv} 表示。

（4）Stokes 径：指在斯托克斯定律适用的条件下，即悬浊液的雷诺数小于 1 时，用与颗粒具有相同沉降速度的球的直径表示的颗粒粒径。它是通过离心沉降或重力沉降方法获得的，记为 D_{stk}，此时颗粒与球体的密度应相同。

（5）光散射当量径：指用能给出相同的光散射密度的标准颗粒球直径表示的颗粒粒径，记为 D_L。

3.1.2　颗粒群体的平均粒径

对于一个由大小和形状不相同的粒子组成的实际粒子群，与一个由均一的球形粒子组成的假想粒子群相比，如果两者的粒径全长相同，则称此球形粒子的直径为实际粒子群的平均粒径。颗粒群可以被认为由粒径为 $d_1, d_2, \cdots, d_i, \cdots, d_n$ 许多粒径间隔不大的粒级组成，相对应的颗粒个数为 $n_1, n_2, \cdots, n_i, \cdots, n_n$，总个数 $N = \sum n_i$；相对应的颗粒质量为 $w_1, w_2, \cdots, w_i, \cdots, w_n$，总个数 $W = \sum w_i$。以颗粒个数和质量为基准的粒径表达式如表 3-2 所示。

表 3-2　平均粒径计算公式

平均粒径名称	记号	个数基准平均径	质量基准平均径
个数长度平均径	D_{nL}	$D_{nL} = \dfrac{\sum(nd)}{\sum n}$	$D_{nL} = \dfrac{\sum(w/d^2)}{\sum(w/d^3)}$
长度表面积平均径	D_{LS}	$D_{LS} = \dfrac{\sum(nd^2)}{\sum(nd)}$	$D_{LS} = \dfrac{\sum(w/d)}{\sum(w/d^2)}$
表面积体积平均径	D_{SV}	$D_{SV} = \dfrac{\sum(nd^3)}{\sum(nd^2)}$	$D_{SV} = \dfrac{\sum w}{\sum(w/d)}$
体积四次矩平均径	D_{Vm}	$D_{Vm} = \dfrac{\sum(nd^4)}{\sum(nd^3)}$	$D_{Vm} = \dfrac{\sum(w/d)}{\sum w}$
个数表面积平均径	D_{nS}	$D_{nS} = \sqrt{\dfrac{\sum(nd^2)}{\sum n}}$	$D_{nS} = \sqrt{\dfrac{\sum(w/d)}{\sum(w/d^3)}}$

续表

平均粒径名称	记号	个数基准平均径	质量基准平均径
个数体积平均径	D_{nV}	$D_{nV}=\sqrt[3]{\dfrac{\sum(nd^3)}{\sum n}}$	$D_{nV}=\sqrt[3]{\dfrac{\sum w}{\sum(w/d^3)}}$
长度体积平均径	D_{LV}	$D_{LV}=\sqrt{\dfrac{\sum(nd^3)}{\sum(nd)}}$	$D_{LV}=\sqrt{\dfrac{\sum w}{\sum(w/d^2)}}$
调和平均径	D_h	$D_h=\dfrac{\sum n}{\sum(nd)}$	$D_h=\dfrac{\sum(w/d^3)}{\sum(w/d^4)}$

3.2　粉体粒度与粒径分布

若粉体是由大小相等的颗粒组成的，这时粉体称为单颗粒体系。在实际生产过程中粉体是由许多粒径大小不一的颗粒组成的多分散体，这时粉体称为多颗粒体系。对于多颗粒体系，其颗粒大小服从统计学规律，具有明显的统计效果。如果将该粉体的粒径看成是连续的随机变量，那么，从一堆粉体中按照一定方式取出一个分析样本，只要这个样本的量足够大，完全能够用数理统计的方法，通过研究样本的各种粒径大小的分布情况，来推断出总体的粒径分布。有了粒径分布数据，便可求出这种粉体的某些特征值，从而较全面地描述样品颗粒的整体大小（李化建等，2002）。

粒径分布又称粒度分布，是指若干个按大小顺序排列的一定范围内颗粒量占总颗粒量的百分数。粉体的粒径分布常表示为频率分布和累积分布的形式。

在粉体样品中，在第 i 个粒径范围内（ΔD_i）的颗粒（与之相对应的颗粒个数为 n_i）在样品中出现的百分含量（%），即为频率，用 $f(\Delta D_i)$ 表示。样品中的颗粒总数用 N 表示，则有如下关系

$$f(\Delta D_i)=\frac{n_i}{N}\times100\% \tag{3-4}$$

这里应满足

$$\sum f(\Delta D_i)=1 \tag{3-5}$$

这种表示粒径分布的方式，又称为粒径的频率分布。

累积分布表示大于（或小于）某代表粒径 D_i 的颗粒占颗粒总数的百分比。其中按粒径从小到大进行的累积，称为筛下累积，用 $D(D_i)$ 表示；按粒径从大到小进行的累积，称为筛上累积，用 $P(D_i)$ 表示。

3.2.1　粒径分布的表示方法

粒径分布的表示方法有特性函数法、列表法和图示法 3 种。

1. 特性函数法

特性函数法是用特性数学函数形式表示粒度分布的方法。特性函数法是对粒径分布最精确、最简便的描述。粒径分布函数是颗粒粒度分布与粒径关系的数学表达式，它不仅可以表示粒径的分布状态，还可求出各种平均粒径、比表面积等粉末特性参数，也可进行各种基数的换算。粒径分布函数有很多种，以下为 3 种基本的分布函数。

1）正态分布

在自然界中，随机事件的出现具有偶然性，但就总体而言，一切随机事件又有其必然性，即这些事件出现的频率总是有统计规律地在某一常数附近摆动。这种分布规律就是正态分布。正态曲线呈钟形，两头低，中间高，左右对称，在统计学上也称为高斯曲线。当用正态分布函数表征粉体粒径时，若以个数为基准，颗粒粒径（D）的概率密度函数（频率分布函数）可表示为

$$f(D) = \frac{1}{\delta\sqrt{2\pi}}\exp\left[-\frac{(D-\bar{D})^2}{2\delta^2}\right] \tag{3-6}$$

$f(D)$ 为双参数函数，第一个参数 $\bar{D}$ 是粉体的平均粒径，第二个参数 δ 是此随机变量的标准偏差。后者是分布宽度的一种量度，用以表达分布范围的宽窄。δ 越小，频率分布曲线越窄。当 $\bar{D}=0$，$\delta=1$，称为标准正态分布，即：

$$f(D) = \frac{1}{\sqrt{2\pi}}\exp\left(-\frac{D^2}{2}\right) \tag{3-7}$$

除了自然界中花粉和单纯含孢子类中药的粉体粒度分布符合正态分布外，大多数颗粒粒度分布是不对称的，很少符合正态分布。

2）对数正态分布

大多数情况的粉体和分散系，尤其是粉碎法制备的粉体，其粒度分布曲线是不对称的。往往因为细粒偏多、粗颗粒较少而向细粒一侧倾斜，曲线顶峰偏于小颗粒一侧。如果将正态分布函数中的 D、$\bar{D}$ 和 δ 分别用 $\ln D$、$\ln\bar{D}$ 和 $\ln\delta$ 取代，分布曲线 $f(\ln D)$ 便具有对称性，这种分布为对数正态分布。

$$f(\ln D) = \frac{1}{\sqrt{2\pi}\ln\delta}\exp\left[-\frac{(\ln D - \ln\bar{D})^2}{2(\ln\delta)^2}\right] \tag{3-8}$$

3）罗辛-拉姆勒（Rosin-Rammler）分布

对数正态分布在解析法上是方便的，因此应用广泛。但计算像粉碎产物等颗粒群粒径分布范围很宽的粉体时，在对数正态分布图上作图所得的直线偏差很大。Rosin、Rammler 和 Sperling 等通过对煤粉、水泥等物料粉碎实验的概率和统计理论的研究，归纳出用指数函数表示的粒径分布关系式，即 RRS 方程：

$$R(D) = 100\exp(-bD^n) \tag{3-9}$$

后经 Bennet 研究，取 $b = \dfrac{1}{D_e^n}$ 代入上式，则指数一项改写成无因次项，即得 RRB 方程：

$$R(D) = 100\exp\left[-\left(\frac{D}{D_e}\right)^n\right] \tag{3-10}$$

式中：$R(D)$——大于某一粒级 D 的累积筛选质量分数，%；

D_e——特征粒径，表示颗粒群的粗细程度；

n——均匀性系数，表示粒度分布范围的宽窄程度，n 值越小，粒度分布范围越广，对一种粉碎产品，n 为常数，而对于粉尘及粉碎产物，往往 $n \leqslant 1$。

当 $D = D_e$ 时，则 $R(D = D_e) = 1/e = 36.8\%$，即 D_e 可定义为累积分数达 36.8% 时的粒径。如粉体粒径的 Rosin-Rammler 累积分布为一条直线，则说明粒径分布能完全遵守 Rosin-Rammler 分布。

2. 列表法

列表法是用表格的方法将粒径区间分布、累计分布一一列出的方法。其特点是量化特征突出，但变化趋势规律不是很直观。该方法是在表格中将所有粒径区间及其所对应的含量百分数一一列出，分区间分布和累积分布两种形式。使用列表法时应注意以下规定：①表格中粒度范围，如<20μm 不包括 20μm；20～25μm，应包括 20μm，但不包括 25μm，这样，每个粒度范围的中值，正好为上、下限之和除以 2。例如，20～25μm 的中值应是 22.5μm。②各个粒度范围的中值，可按算术级数递增，也可按几何级数递增，但要使粒度间隔大小除以中值保持常数，例如，筛分法中的筛孔系数按几何级数 $1, \sqrt{2}, 2, 2\sqrt{2}, \cdots, 64$ 递增，粒度范围取 0.84～1.18μm, 1.18～1.68μm, 1.68～2.36μm, $\cdots$, 53.7～75.6μm，间隔大小除以中值为一常数值 0.34。

3. 图示法

图示法是用直方图、区间分布曲线和累积分布曲线等图形方式表示粒度分布的方法。

粒度分布最常见的表达方式是用表格（粒度分布表）或曲线，粒度分布是用离散的代表粒径组成的粒径区间内的颗粒百分比来表示的，目前仪器的测量结果均以这种方式表示。

3.2.2 食品粉体的粒度测量方法

粉末颗粒的粒径和形状会显著影响粉体及其产品的性质和用途，因此，对粉体粒径和形状的测量越来越受到人们的重视。颗粒粒度测量的方法有很多，现已研制并生产了 200 多种基于不同工作原理的测量装置，且不断有新的颗粒粒度测量方法和测量仪器研制成功。传统的颗粒测量方法有筛分法、显微镜法、沉降法、电场感应法等，如表 3-3 所示。近年来随着光电技术、信息技术的发展，发展的方法有激光衍射法、电超声粒度分析法，在显微镜法基础上发展的计算机图像分析法，基于颗粒布朗运动的颗粒测量法及质谱法等。

表 3-3 粒度测量方法及特征

被测参数	分析方法	粒度范围	备注
长度	筛分析	>44μm	
	电沉积筛	10～50μm	
	光学显微镜	0.5～100μm	包括图像分析
	电子显微镜	0.001～5μm	
	全息照相	5～500μm	快速
质量	淘洗法	5～100μm	
	空气中沉降	5～200μm	
	液体中沉降	3～150μm	
	离心沉降	0.01～100μm	
	喷射冲击器	>0.5μm	
	空气中颗粒抛射	>100μm	
横截面积	激光散射	0.005～5μm	快速
	激光衍射	0.05～50μm	快速
	X 射线小角度散射	0.008～0.2μm	
	比浊法	0.1～100μm	带离心装置
表面积	吸附法	>0.001m²/g	平均值
	透过法	0.01～100μm	平均值
	扩散法	0.005～0.1μm	平均值
体积	库尔特计数器	0.2～200μm	快速
	声学法	50～200μm	快速

1. 筛分法

筛分法是粒径分布测量中使用最早、应用最广、简便和快速的粒度分析方法之一，其原理为几何相似，被认为是唯一基于单位体积内的颗粒质量得出粒度分布的方法，即利用筛孔将粉体机械阻挡的分级方法，颗粒尺寸由颗粒可能通过或可能不通过的筛孔定义。将筛由粗到细按筛号顺序上下排列，将一定量粉体样品置于最上层中，振动一定时间，称量各个筛号上的粉体质量，求得各筛号上的不同粒级质量百分数，由此获得以质量基准的筛分粒径分布及平均粒径。筛网的孔径和粉末的粒径通常用毫米（或微米）或目数来表示。目数是指在筛面的 25.4mm 长度上开有的孔数。如开有 100 个孔，称 100 目筛，孔径大小是 25.4mm/100 再减去筛绳的直径。由于所用筛绳的直径不同，筛孔大小也不同，因此必须注明筛孔尺寸，常用筛孔尺寸为微米级。筛孔目数越大，筛孔越细，反之亦然。目前各种类型的筛网的筛分范围为 5μm～4mm，这个下限可以使用微型筛网实现，而上限可以通过冲孔筛网达到厘米范围。最小适用粒度范围主要受限于两个原因：一是不可能生产足够细的筛布，二是非常小的粉末不具有足够强的重力，以抵抗颗粒间的互相黏附及颗粒与筛网间的吸附。图 3-5 为声波筛分器的示意图。

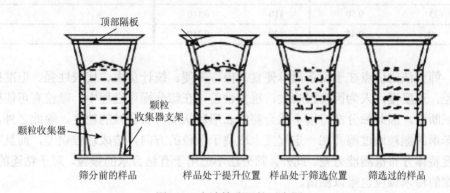

图 3-5　声波筛分器的示意图

筛分法有手工筛、振动筛、负压筛、全自动筛等多种方式。颗粒能否通过筛孔与颗粒的取向和筛分时间等因素有关，不同的行业有各自的筛分方法标准。

目前国际上通行的筛系有：美国 TYLER 筛系、美国 ASTM 筛系、国际标准化组织 ISO 筛系、日本 JIS 筛系、英国 BS 筛系。其中最常用的是美国 TYLER 筛系和国际标准化组织 ISO 筛系。套筛的标准由两个参数决定。一是筛比，指相邻两个筛子筛孔尺寸之比。二是基筛，指作为基准的筛子。美国 TYLER 筛系标准筛有两个序列：一个基本序列，其筛比是 $\sqrt{2}=1.414$；另一个是附加序列，筛比为 $\sqrt[4]{2}=1.189$。基筛为 200 目，筛孔尺寸是 0.074mm。以 200 目为一起点，如以基本筛序而论，则其他筛子尺寸（目数）按照 $200 \times (\sqrt{2})^n$ 计算，$n = \pm 1, \pm 2 \cdots$一般实际使用时只采用基本筛序。

国际标准化组织 ISO 筛系基本沿用美国 TYLER 筛系筛比，不同之处在于直接给出筛孔尺寸，以 $\sqrt{2}$ 为等比系数递增或递减得到其他筛孔尺寸（表 3-4）。

表 3-4 国内常用标准筛

目次	筛孔尺寸/mm	目次	筛孔尺寸/mm	目次	筛孔尺寸/mm
8	2.50	45	0.400	130	0.112
10	2.00	50	0.355	150	0.100
12	1.60	55	0.315	160	0.090
16	1.25	60	0.280	190	0.080
18	1.00	65	0.250	200	0.071
20	0.90	70	0.224	240	0.063
24	0.80	75	0.200	260	0.056
26	0.70	80	0.180	300	0.050
28	0.63	90	0.160	320	0.045
32	0.56	100	0.154	360	0.040
35	0.50	110	0.140		
40	0.45	120	0.150		

筛分法的优点在于设备简单便宜、操作简便、统计量大、代表性强。但准确性差，速度慢，人为因素影响大，重复性差，在筛分操作过程中，颗粒有可能破损或断裂，因此筛分法特别不适合测定长形针状或片状颗粒的粒度。除此之外，非球形的颗粒通过筛孔在一定程度上取决于颗粒的方向，造成颗粒误差，而且对粒度整体分布检测能力差。此外，筛分法不适用于有结合水的颗粒，对于粘连的、团聚的粉末颗粒也难以测量。

2. 沉降法

沉降法是二十世纪七八十年代运用较多的粒度分析技术。沉降法又分为沉降天平法、光透沉降、离心沉降等，它是根据不同粒径的颗粒在液体中的沉降速度不同测量粒度分布的一种方法，基本过程是把样品放到某种液体中制成一定浓度的悬浮液，悬浮液中的颗粒在重力或离心力作用下将发生沉降（图 3-6）。大颗粒的沉降速度较快，小颗粒的沉降速度较慢，沉降速度与粒径的关系由斯托克斯（Stokes）定律来描述。当光照射到悬浮液上时，光的透过量和浓度的关系符合比尔定律。沉降法测定颗粒粒度需满足以下条件：颗粒形状应当接近于球形，并且完全被液体润湿；颗粒在悬浮体系的沉降速度是缓慢而恒定的，而且达到恒定速度的时间较短；颗粒在悬浮体系中的布朗运动不会干扰其沉降速度；颗粒间的相互作用不影响沉降过程。

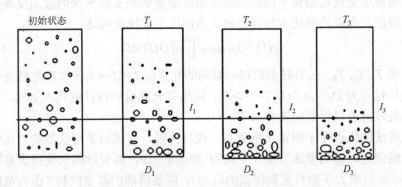

图 3-6　沉降法颗粒沉降状态示意图

1）Stokes 定律

在重力场中，悬浮在液体中的颗粒受重力、浮力和黏滞阻力的作用将发生运动，其运动方程为

$$V = \frac{(\rho_s - \rho_f)g}{18\eta} D^2 \qquad (3-11)$$

式中：V——沉降速度，cm/s；

　　　D——微粒直径，cm；

　　　ρ_s、ρ_f——分别为微粒和介质的密度，g/mL；

　　　g——重力加速度，m/s^2；

　　　η——分散介质的黏度（P，$1P = 0.1Pa·s$）。

Stokes 定律是沉降法粒度测试的基本理论依据。从 Stokes 定律中可以看到，球状的细颗粒在水中的下沉速度与颗粒直径的平方成正比，如两个粒径比为 1∶5 的颗粒，其沉降速度之比为 1∶25，就是说细颗粒的沉降速度要慢很多。为了加快细颗粒的沉降速度，缩短测量时间，现代沉降仪大都引入离心沉降方式。在离心沉降状态下，颗粒的沉降速度与粒度的关系为

$$V_c = \frac{(\rho_s - \rho_f)\omega^2 r}{18\eta} D^2 \qquad (3-12)$$

这就是 Stokes 定律在离心状态下的表达式。由于离心转速都在数百转以上，离心加速度 $\omega^2 r \gg g$，所以 $V_c \gg V$。就是说在相同的条件下，颗粒在离心状态下的沉降速度远远大于在重力状态下的沉降速度，所以离心沉降将大大缩短测试时间。

2）比尔定律

根据 Stokes 定律，只要测量出颗粒的沉降速度，就可以准确地得到颗粒的直径了。但是，要测量悬浮液中成千上万个颗粒的沉降速度是很困难的，所以在实际应用过程中是通过测量不同时刻透过悬浮液光强的变化率来间接地反映颗粒的沉降速度的。光强的变化率与粒径的关系由比尔定律来描述：

$$\lg(I_i) = \lg(I_0) - k \int_0^\infty n(D)D^2 \mathrm{d}D \tag{3-13}$$

设在 T_1, T_2, T_3, $\cdots$, T_i 时刻测得一系列的光强值 $I_1 < I_2 < I_3 \cdots < I_i$，这些光强值对应的颗粒粒径为 $D_1 > D_2 > D_3 > \cdots > D_i$，将这些光强值和粒径值代入上式，再通过计算机处理就可以得到粒度分布了。

沉降法的优点在于测量质量分布、代表性强、测试结果与仪器的对比性好，价格比较便宜。但测量速度慢（平均为 25min～1h，测量时间长使得重复测量更加困难，而且增大了颗粒重新团聚的机会）；需要精确的温度控制（因为温度的变化直接导致黏度发生变化）；不能处理不同密度的混合物；动态测量范围小。

3. 显微镜法

显微镜法是少数能对单个颗粒同时进行观测和测量的方法。除颗粒大小外，它还可以对颗粒的形状（球形、方形、条形、针形、不规则多边形等）、颗粒结构状况（实心、空心、疏松状、多孔状等）以及表面形貌等有一个认识和了解。因此显微镜法是一种最基本也是最实用的测量方法，常被用来作为其他间接测量方法的基准。该法是把待测样品制成分散均匀的样片，置于显微镜下，根据投影像测得粒径，主要测定几何学粒径，从而得出待测样品粒度。目前由于计算机和摄影技术的进步，大多已联合计算机图像解析系统来进行，显微镜法按测试的方法分属于非群体法，即由测量的众多单个粒子的特性而得到样品的特征，其特点是直观性好，可直接观察粒子的大小、形态、外观和分散情况。测定时应避免粒子间的重叠，以免产生测定误差，主要测定以个数、面积为基准的粒度分布。

常采用的仪器有扫描电子显微镜（SEM）、透射电子显微镜（TEM）和原子力显微镜（AFM）。显微镜法测量的下限受到分辨率的限制。SEM 受到分辨率的限制，能够测量的颗粒范围一般是 0.8～150μm，大于 150μm 者可用简单放大镜观察，小于 0.8μm 者必须用电子显微镜观察；TEM 常用于直接观察大小在 1nm～500μm 范围内的颗粒，但它对制样的要求高，操作复杂，价格昂贵；AFM 在得到粒径数据的同时可观察到纳米粒子的形貌，但受观察范围限制，得到的数据不具有统计性，适合测量单个粒子的表面形貌等细节特征，测量直径范围约为 0.1nm 至数十纳米的颗粒。

　　在使用普通光学显微镜测定粒径时，常在目镜中插入标尺和不同大小的直径圆的刻度片（目镜测微尺），可利用这些测微尺（常用的有十字刻度尺、网格刻度尺或花样刻度尺）直接读数（图3-7）。用电子显微镜时常常先将颗粒拍照，然后进行测量。

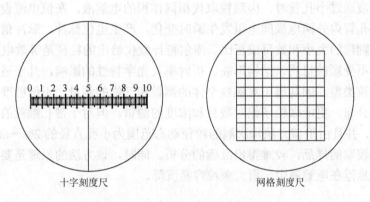

十字刻度尺　　　　　　　　　　　　　　　　　网格刻度尺

图 3-7　十字刻度尺和网格刻度尺

　　采用上述人工计数的方法进行颗粒粒度的分析统计时，测量结果易受主观因素影响，测量精度不高，且操作烦琐费时，容易出错。随着微电子技术和信息技术的发展，显微图像法逐渐地应用于显微镜法中测量和分析统计工作中。显微图像法包括显微镜、CCD 摄像头（或数码相机）、图形采集卡、计算机等部分。它的基本工作原理是将显微镜放大后的颗粒图像通过 CCD 摄像头和图形采集卡传输到计算机中，由计算机对这些图像进行边缘识别等处理，计算出每个颗粒的投影面积，根据等效投影面积原理得出每个颗粒的粒径，再统计出所设定的粒径区间的颗粒的数量，就可以得到粒度分布了。除了进行粒度测试之外，显微图像法还常用来观察和测试颗粒的形貌。该方法减少了人为观测误差，提高了测试速度，因其测量的随机性、统计性和直观性被公认为测定结果与实际粒度分布吻合最好的测试技术，但它的制样要求高、操作复杂且设备昂贵。

　　显微镜法的优点在于直观性强、可直接观察粒子形状和粒子团聚等。显微镜法的缺点是采样量少、代表性差、对粒度整体分布很难量化计算。由于只能检查到比较少的颗粒，有时不能反映整个样品的水平，因此不适用于质量和生产的控制。在用电子显微镜对超细颗粒的形貌进行观察时，由于颗粒间普遍存在范德华力和库仑力，颗粒极易形成球团，给颗粒粒度测量带来困难，需要选用分散剂或适当的操作方法对颗粒进行分散。显微镜观测和测量的只是颗粒的平面投影图像。当颗粒形状不规则时，测量结果主要表征颗粒的二维尺寸，而无法表征其三维尺寸。使用电子显微镜需要精心制备样品，而且速度慢。

4. 电场感应法（库尔特计数法）

电场感应法是一种比较精确且被广泛使用的方法。该法原理是将粒子群混悬在电解质溶液中，隔壁上有一细孔，孔两侧各有电极，电极间有一定电压，当颗粒随电解液通过小孔管时，因颗粒取代相同体积的电解液，在恒电流设计的电路中导致小孔管内外两电极间电阻发生瞬时变化，产生电位脉冲。脉冲信号的大小和次数与颗粒的大小和数目成正比。库尔特计数仪给出的粒径是等效电阻粒径。

该法不受颗粒材质、结构形貌、折射率及光学特性的影响，几乎适用于所有类型的颗粒类型。因其属于对颗粒个体的测量和三维的测量，不但能准确测量物料的粒径分布，更能做粒子绝对数目和浓度的测量。但对于带孔颗粒的测试存在较大误差，并且由于该方法每次测的粒径动态范围为小孔直径的 2%～60%，对于粒度分布较宽的样品，较难得出准确的分析。同时，该方法的原理是要求样品中所有颗粒悬浮在电解液中，而大颗粒容易沉降。

5. 激光散射法

激光散射法是在 20 世纪 70 年代发展起来的一种有效的快速测定粒度的方法。在国外，激光散射法粒度测试仪已取得公认并得到了广泛的应用。激光粒度仪的测量原理是光散射原理。光散射是指粒子将照射到其上的激光向周围散射，颗粒的多少、粒径的大小决定了散射光各个特性参数的变化，因此可以通过测量光强、偏振度、衰减比等激光参数的空间分布来获得待测颗粒的信息（程鹏等，2001；隋修武等，2016）。激光粒度仪因具体用途不同，仪器的构造差异很大，但总体结构基本相同，如图 3-8 所示。

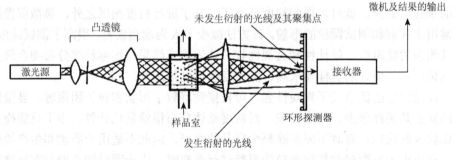

图 3-8　激光粒度仪的原理结构

静态散射和动态散射是两种常用的光散射法，各有自己的特点和应用范围。静态光散射法不适合测量直径在亚微米级及以下的颗粒，因为会发生多重衍射，而使测量结果的准确性明显降低。动态光散射法由于采用光子相关光谱理论，所以只能测出颗粒的统计平均粒径，对粒径的分布参数无能为力。大颗粒的散射角较小，小颗粒的散射角较大，仪器能接收的散射角越大，则仪器的测量下限就越低。

1) 静态光散射法

在光学性质不均匀且物理化学性质不均匀的媒介中，如含有不同大小粉体的介质系统，发射光的频率与入射光的频率相当，此时光散射的模式只取决于所测颗粒尺寸 d 与入射光波长 λ 之间的相对关系。当 $d \ll \lambda$（通常 $d<0.1\lambda$）时，属于 Rayleigh 散射为主的分子散射，散射光强度遵循 Rayleigh 散射定律，与介质粒子的体积平方成正比，与 λ 成反比。当 $d \approx \lambda$ 时，属于 Mie-Gans 散射范围，照在颗粒上的光非均匀地散射。此时相对折射率和粒子半径非常重要。当粒子半径很小时，即 Rayleigh 散射情况；随着半径增大，散射光前向与后向的不对称性增强；当散射角为 180° 时，即沿着入射光方向散射光强为 0。根据不同散射角上的散射光的强度大小，即可得到粒度的信息。当 $d \gg \lambda$（通常 $d>10\lambda$）时，属于 Fraunhofer 衍射范围，关系复杂。颗粒尺寸越小，衍射角越大；颗粒尺寸越大，衍射角越小，通过检测不同衍射角上的光强，可得到粒度的分布。

静态光散射法的优点是测量范围广（1nm~3000μm），自动化程度高，操作简单，测量速度快（1~1.5min），测量准确，重现性好。既可以测粒度分布，同时可计算出体积平均粒径、表面积平均粒径等值，因此可描述颗粒粒度的整体特征。但对高浓度样品无法得到准确的光强信息，测量形状不规则样品时出现误差。

2) 动态光散射法

动态光散射法是通过测量光强随时间的变化来实现粒度测量的，动态光散射也称准弹性光散射或光子相关光谱，动态光散射法可将粒子直径的检测范围延伸到纳米或亚纳米数量级。

通过测量微粒在液体中的扩散系数来测定平均粒度。微粒在溶剂中形成分散系时，由于微粒做布朗运动导致粒子在溶剂中扩散，扩散系数与粒径满足爱因斯坦关系：

$$D = \frac{RT}{N_0} \cdot \frac{1}{3\pi\eta d} = \frac{K_B}{3\pi\eta d} \tag{3-14}$$

只要知道溶剂（分散介质）的黏度 η，分散系的温度 T，测出微粒在分散系中的扩散系数 D 就可求出颗粒粒径 d。

当激光照射到做布朗运动的粒子上时用光电倍增管测量它们的散射光，在任何给定的瞬间这些颗粒的散射光会叠加形成干涉图形，光电倍增管探测到的光强度取决于这些干涉图形。当粒子在溶剂中做混乱运动时，它们的相对位置发生变化，这就引起一个恒定变化的干涉图形和散射强度。布朗运动引起的这种强度变化出现在微秒至毫秒级的时间间隔中，粒子越大，粒子位置变化越慢，强度变化

（涨落）也越慢。动态光散射谱的基础就是测量这些散射光涨落，根据在一定时间间隔中这种涨落可以测定粒子尺寸。即测量出散射光光强随时间变化的关系，从而求出颗粒粒径大小。

激光散射法的优点是样品用量少、自动化程度高、快速、重复性好并可在线分析等，缺点是对样品的浓度有较大限制，不能分析高浓度体系的粒度及粒度分布，分析过程中需要稀释，从而带来一定的误差，必须对被分析体系的粒度范围事先有所了解，否则分析结果将不会准确。

6. 基于布朗运动的颗粒测量法

早在 19 世纪，科学家就观察到了悬浮于介质（气体或液体）中的微小颗粒与介质分子相互作用连续不断地无规则运动（布朗运动），并揭示了布朗运动的某些统计性规律（何振江等，1997），即在一定条件下和在一定时间内，颗粒所移动的平均位移均具有一定的数值，并且平均位移的平方与颗粒的粒径成反比。基于颗粒布朗运动的粒度测定方法为精确测量超细微粒的粒径分布开拓了新的技术领域，测定颗粒的粒度范围一般为 0.1～1μm。该方法的优点是操作简单，对于单分散悬浮液测试效果较好，缺点是对于多分散样本的测试结果较差，分辨率低；会出现大颗粒光信号遮挡小颗粒的情况，会受样本本身性质影响。

7. 电超声粒度分析法

电超声粒度分析法是最新出现的方法之一，电超声粒度分析法测量范围为 5nm～100μm，其原理是当声波在样品内部传导时，仪器能在一个较宽范围超声频率内分析声波的衰减值，通过测得的声波衰减值，可以计算出衰减值与粒径的关系，得到颗粒的粒度分布（图 3-9），同时还可测得体系的固含量。电超声粒度分析法的优点是高灵敏度与信噪比，可分析高浓度分散体系和乳液的特性参数，不需要稀释，避免了激光粒度分析不能分析高浓度样品的缺陷，缺点是分辨率低。

8. 质谱法（mass spectrometry）

质谱法也是新出现的一种方法，主要用于测量气溶胶中颗粒的粒度。其基本原理是测定颗粒动能和所带电荷的比率、颗粒速度和电荷数，从而获得颗粒质量，结合颗粒形状和密度则可求得颗粒粒度。气溶胶样品首先在入口处形成颗粒束，再经差动加压系统进入高真空区，在高真空区中用电子流将颗粒束离子化，然后用静电能量分子仪检测粒子化颗粒动能和电荷之比，检测颗粒的质量和粒度分布。质谱法测定颗粒的粒度范围一般为 1～50nm。质谱法的优点是高度的灵敏度和选择性，适用范围广，可以定性定量分析，检测速度快等，缺点是需要高昂的设备

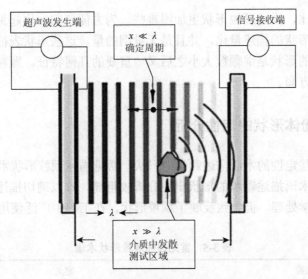

超声波发生端　　　信号接收端

$x \ll \lambda$
确定周期

λ

$x \gg \lambda$
介质中发散
测试区域

图 3-9　超声粒度分析仪原理结构

λ 为波长；x 为粒径

和维护成本，标准品的制备和验证需要一定的时间和资源来验证，对样品的分离和纯化要求高，数据分析需要专业人员。

综上所述，由于各种颗粒粒度测量方法的原理不同，同一样品用不同的测量方法得到的粒径的物理意义甚至大小也不相同，颗粒粒度取决于直接测量（或间接测量）的数值尺寸，也取决于测量方法。此外，不同的颗粒粒度测量方法的使用范围也不同。粒度测定方法的选定主要依据以下一些方面：颗粒物质的粒度范围；方法本身的精度；用于常规检验还是进行课题研究（用于常规检验应要求方法快速、可靠、设备经济、操作方便和对生产过程有一定的指导意义）；取样问题（如样品数量、取样方法、样品分散的难易程度，样品是否有代表性等）；要求测量粒度分布还是仅仅测量平均粒度；颗粒物质本身的性质以及颗粒物质的应用场合。

3.3　食品粉体的形状

颗粒的形状是指一个颗粒的轮廓或表面上各点所构成的图像。颗粒形状直接影响粉体的其他特性，如影响颗粒的比表面积、流动性、磁性、附着力、包装性能、填充性、研磨特性、化学特性等，亦直接与颗粒在混合、储存、运输、烧结等单元过程中的行为有关。科学地描述颗粒的形状对粉体的应用会有很大的帮助。而实际粉末颗粒的形状千差万别，几乎不可能用某一种方法定量、完整地描述。

同颗粒大小相比，描述颗粒形状更加困难些。为方便和归一化起见，人们规定了某种方法，使形状的描述量化，并且是无量纲的量。这些形状表征量可统称为形状因子。颗粒的形状是继颗粒大小之后又一重要的几何特征。颗粒形状的分析有定性和定量两方面。

3.3.1　食品粉体形状的定性分析

通常用一些定性的术语描述颗粒的形状。常见描述颗粒形状术语如表 3-5 所示。尽管定性术语描述颗粒的形状定性分析较粗糙，难以确切描述颗粒的形状，不便于进行数学处理。但大致反映了颗粒形状，在工程中广泛使用。

表 3-5　常见描述颗粒形状术语

名称	定义
球形	圆球形体
滚圆形	表面比较光滑近似椭圆形
多角形	具有清晰边缘或粗糙的多面体
不规则体	无任何对称的形体
粒状体	具有大致相同的量纲的不规则体
片状体	板片状形体
枝状体	形状似树枝体
纤维状	规则或不规则的线状体
多孔状	表面或体内有发达的孔隙

3.3.2　食品粉体形状的定量分析

各种不同意义和名称的形状因子都是一种无量纲的量，其数值与颗粒的形状有关，可以在一定程度上表征颗粒形状对于标准形状（球形）的偏离。很多形状因子是颗粒的不同粒度的无量纲组合，其中不少是两种粒度之比。

1. 形状系数

形状系数指在表示颗粒群性质和具体物理现象、单元过程等函数关系时，把与颗粒形状有关的诸多因素概括为一个修正系数加以考虑，该修正系数即为形状系数，如表 3-6 所示。实际上，形状系数用来衡量实际颗粒与球形颗粒不一致的程度。

表 3-6 一些规则几何体的形状系数

几何形状	φ_S	φ_V	φ_{SV}
球形（d）	π	$\pi/6$	6
圆锥形（$l=b=f=d$）	0.81π	$\pi/12$	9.7
圆 $l=b$, $h=d$	$3\pi/2$	$\pi/4$	6
圆 $l=b$, $h=0.5d$	π	$\pi/8$	8
圆 $l=b$, $h=0.2d$	$7\pi/10$	$\pi/20$	14
圆 $l=b$, $h=0.1d$	$3\pi/5$	$\pi/40$	24
立方体 $l=b=h$	6	1	6
方柱体 $l=b$, $h=b$	6	1	6
方柱体 $l=b$, $h=0.5b$	4	0.5	8
方柱体 $l=b$, $h=0.2b$	2.8	0.2	14
方柱体 $l=b$, $h=0.1b$	2.4	0.1	24

设颗粒的粒径为 D_p，定义：颗粒的表面积 $S=\varphi_S D_p^2$；颗粒的体积 $V=\varphi_V D_p^3$，则表面积形状系数：

$$\varphi_S = S / D_p^2 \tag{3-15}$$

φ_S 与 π 的差别表征颗粒形状对球形的偏离。对于球，$\varphi_S=\pi$；对于立方体，$\varphi_S=6$。体积形状系数：

$$\varphi_V = V / D_p^3 \tag{3-16}$$

φ_V 与 $\pi/6$ 的差别表征颗粒形状对球形的偏离。对于球，$\varphi_S=\pi/6$；对于立方体 $\varphi_S=1$。

比表面积形状系数：

$$\varphi_{SV} = \varphi_S / \varphi_V = S D_p / V \tag{3-17}$$

φ_{SV} 与 6 的差别表征颗粒形状对球形的偏离。对于球，$\varphi_{SV}=6$。

2．形状指数

利用颗粒本身的各种粒径以及表面积等数据进行各种无因次的组合，或与球形颗粒进行比较而定义的表示颗粒形状的各种指标称为形状指数，其本身并不具有特定的物理意义。根据不同的使用目的，先作出理想形状的图像，然后将理想形状与实际形状进行比较，找出两者之间的差异并指数化。常用的形状指数如下。

1）均齐度

均齐度又称为比率，是利用颗粒的三轴径 l、b、h 而导出的最简单的形状指数。

$$长短度 = 长径/短径 = l/b\ (\geqslant 1) \tag{3-18}$$

$$扁平度 = 短径/高度 = b/h\ (\geqslant 1) \tag{3-19}$$

$$Zingg\ 指数\ F = 长短度/扁平度 = lh/b^2 \tag{3-20}$$

2）体积充满度

体积充满度 f_v 又称为容积系数，是颗粒的外接长方体的体积与其本身的体积 V 之比，即：

$$f_v = \frac{lbt}{V}\ (\geqslant 1) \tag{3-21}$$

显然，$f_v \geqslant 1$，而且 f_v 越接近于 1，则表示颗粒越接近于长方体，故体积充满度可以表示颗粒接近于长方体的程度。这个指数可用作磨料颗粒抗碎裂的基准。

舒尔茨指数：$K = nl^2b-100$，$n = 100/V$，表示 $100cm^3$ 中的颗粒数。该指数可用作评价铺路碎石的形状，K 值越小越好；还可用于表示高炉烧结块的形状。

3）面积充满度

面积充满度 f_b 又称为外形放大系数，是颗粒投影的面积 A 与其最小外接矩形的面积之比，即：

$$f_b = \frac{A}{lb}\ (\leqslant 1) \tag{3-22}$$

面积充满度可用于粉末冶金方面。

4）球形度

球形度 ψ 表示颗粒接近于球体的程度，其定义为

$$\psi = \frac{与颗粒体积相等的球体的表面积}{颗粒的表面积}\ (\leqslant 1) \tag{3-23}$$

对于形状不规则的颗粒，由于其表面积、体积的测量非常困难，故常采用实用球形度 ψ_w，其定义为

$$\psi_w = \frac{与颗粒投影面积相等的圆的直径}{颗粒投影的最小外接圆的直径}\ (\leqslant 1) \tag{3-24}$$

球形度常用于讨论颗粒的流动性。颗粒的球形度可由沉降法测量。

5）圆形度

圆形度 ψ_c 又称为轮廓比，表示颗粒的投影与圆接近的程度，其定义为

$$\psi_c = \frac{与颗粒投影面积相等的圆的周长}{颗粒投影轮廓的长度}\ (\leqslant 1) \tag{3-25}$$

圆形度 ψ_c 和实用球形度 ψ_w 都表示颗粒的投影接近于圆的程度，应用非常广泛。但 ψ_c 与 ψ_w 是有区别的，ψ_w 侧重于从整体形状上评价，而 ψ_c 则侧重于评价颗粒投影轮廓"弯曲"（凹凸）的程度。

3. 粗糙度系数

如果微观地观察颗粒，颗粒表面往往是高低不平，有很多微小裂纹和孔洞。其表面的粗糙程度用粗糙度系数 R 来表示：

$$R = \frac{颗粒微观的实际表面积}{外观看成光滑颗粒的宏观表面积} (>1) \qquad (3\text{-}26)$$

颗粒的粗糙程度直接关系到颗粒间和颗粒与固体壁面间的摩擦、黏附、吸附性、吸水性以及孔隙率等颗粒性质，也是影响单元操作设备工作部件被磨损程度的主要因素之一。因此，粗糙度系数是一个不容忽视的参数。

3.4　颗粒形状的测量及数学分析

3.4.1　颗粒形状的测量

颗粒形状的测量主要有两种方法：一是图像分析法，系统由光学显微镜、图像板、摄像机和微机组成，它的测量范围为 1~100μm，若采用体视显微镜，则可以对大颗粒进行测量。电子显微镜配图像分析仪，其测量范围为 0.001~10μm。二是能谱仪，它由电子显微镜与能谱仪、计算机组成，其测量范围为 0.0001~10μm。

上述两种方法，可测量颗粒的面积、周长及各形状参数，由面积、周长可得到相应的粒径，进而可得到粒径分布。优点是：具有可视性，可信程度高。但由于测量的颗粒数目有限，特别是在粒度分布很宽的场合，其应用受到一定的限制。

3.4.2　颗粒形状的数学分析

计算机科学与技术的发展和应用，特别是定量图像分析的出现，使过去只能从几何外形上对颗粒形状进行大致的分类，发展到今天可以在数值化的基础上严格地定义和区分颗粒形状与表征颗粒表面粗糙度。可将颗粒的几何形状用数学函数来表述。

1. 傅里叶分析法（Fourier 分析）

Fourier 分析是一种先进的图像处理技术，为颗粒形态研究提供了现代、科学和方便的方法。自 20 世纪 70 年代开始，美国、加拿大、德国等一些学者对它进行了研究，结果表明，各阶 Fourier 系数可作为形状指数来看待。Fourier 分析法有（R、θ）法和（φ，l）法，分别用于无凹形和凹形颗粒分析。

1）（R、θ）法——极坐标法

先在颗粒轮廓上取点，测量出每个点的（x，y）坐标，求出面积质心作为质点，然后以该质心为极坐标点，把直角坐标转换成（R、θ）极坐标（图 3-10），再将（R、θ）函数按 Fourier 级数展开：

$$R(\theta) = A_0 + \sum_{n=1}^{\infty} A_n \cos(n\theta - \alpha_n)$$

$$= A_0 + \sum_{n=1}^{\infty} \left(a_n \cos n\theta + b_n \sin n\theta \right) \tag{3-27}$$

式中：A_0, A_n, a_n, b_n——Fourier 系数，$A_0 = \dfrac{1}{2\pi} \int_0^{2\pi} R(\theta)\mathrm{d}\theta$，$a_n = \dfrac{1}{\pi} \int_0^{2\pi} R(\theta) \cos n\theta \mathrm{d}\theta$，

$b_n = \dfrac{1}{\pi} \int_0^{2\pi} R(\theta)\sin n\theta \mathrm{d}\theta$，$A_n^2 = a_n^2 + b_n^2$，$\mathrm{tg}\,\alpha_n = b_n / a_n$；

θ——相角；

n——展开系数；

R——随 θ 的变化以 2π 为周期。

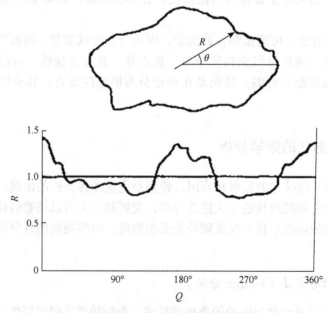

图 3-10　颗粒投影像的极坐标

由若干点的（R、θ）得出 Fourier 系数 A_0、a_n、b_n，这些数值含有颗粒形状与尺寸的所有信息。若各 a_n、b_n 都等于零，则图形为圆，其半径为 A_0。

2）切线法

$R(\theta)$ 是单值函数，而在凹形处的 $R(\theta)$ 是多值函数（图 3-11）。因此，$R(\theta)$ 法不适用于凹形颗粒。对凹形颗粒来说，应使用（φ，l）法，即切线法来计算。

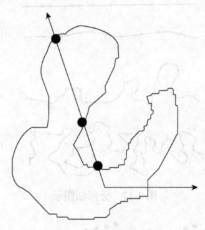

图 3-11　切线法图示

设变量 $t=2\pi\dfrac{l}{L}$，L 表示颗粒轮廓线的总周长，则颗粒投影轮廓线可用 Fourier 级数表征：

$$\varphi(t)=\varphi_0+\sum_{K=1}^{\infty}(\alpha_K\cos Kt+b_k\sin Kt) \tag{3-28}$$

$$\varphi_0=\pi-\frac{1}{L}\sum_{i=1}^{N}l_i\Delta\varphi_i \tag{3-29}$$

$$\alpha_K=\frac{1}{K\pi}\sum_{i=1}^{N}\Delta\varphi_i\sin\frac{2\pi Kl_i}{L} \tag{3-30}$$

$$b_K=\frac{1}{K\pi}\sum_{i=1}^{N}\Delta\varphi_i\cos\frac{2\pi Kl_i}{L} \tag{3-31}$$

$$L=\sum_{i=1}^{2K+1}l_i \tag{3-32}$$

$$l_i=\sum_{i=1}^{N}\sqrt{\Delta x_i^2+\Delta y_i^2}\ (N=1,2,3,\cdots,2K+1) \tag{3-33}$$

2. 分形法（分数维法）

分数维或称分形是一种新的数学方法，如图 3-12 所示，近年来用于描述颗粒的粗糙度和表面结构。一般点是 0 维，曲线是 1 维，曲面是 2 维，空间是 3 维。

对一组数值化了的边界轮廓坐标点采用程序计算图的斜率，有三种处理方法。

（1）严格等步长法（strict equal step size algorithm）。给定起点、步长及计算方向后，由步长控制的多边形的下一个顶点或恰好落在某个数据点上，或落在两个数据点之间，沿边界轮廓一直延续到最后一个数据，如图 3-13 所示。

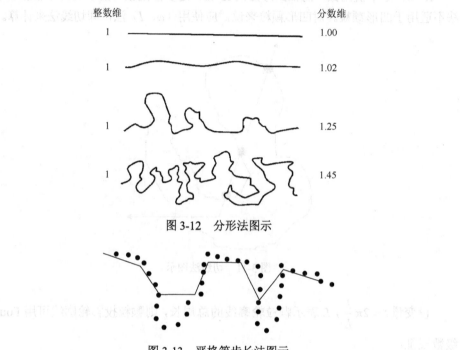

整数维　　　　　　　　　　　　　　　　　　　分数维

1　　　————————————————　　　1.00

1　　　　　　　　　　　　　　　　　　　　　　1.02

1　　　　　　　　　　　　　　　　　　　　　　1.25

1　　　　　　　　　　　　　　　　　　　　　　1.45

图 3-12　分形法图示

图 3-13　严格等步长法图示

按等步长行走，精度较高。但要求计算确定顶点位置而占用较多机时。

（2）等点数法（variable point numeral algorithm）。步长由每步中所跨过的数据点数决定。算法简洁快速，但可能会引起一定误差，如图 3-14 所示。

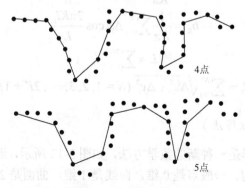

4点

5点

图 3-14　等点数法图示

（3）混合算法（mixed algorithm）。综合前两种算法的优点，从起点算起，多边形下一个顶点为最接近给定步长的那个数据点。该法简便快捷，能避免步长变化太大引起的误差，如图 3-15 所示。

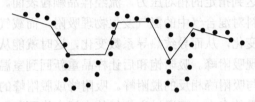

图 3-15　混合算法图示

3.5　粉粒的比表面积

固体有一定的几何外形，借助仪器和计算可求得表面积。但粉末或多孔性物质表面积的测定较困难，它们不仅具有不规则的外表面，还有复杂的内表面。比表面积是表征粉体中粒子粗细的一种量度，也是衡量粉体特性的重要参量，其大小与颗粒的粒径、形状、表面缺陷及孔结构密切相关；同时，比表面积大小对物质其他的许多物理及化学性能会产生很大影响，特别是颗粒粒径越小，粉体的颗粒越细，其比表面积越大，其表面效应，如表面活性、表面吸附能力、催化能力等越强，因而比表面积成为衡量物质性能的一项非常重要的参量。比表面积根据计算基准不同，分为体积比表面积和质量比表面积。体积比表面积指的是单位体积粉体的表面积，常用单位 cm^2/cm^3 表示；质量比表面积是指单位质量粉体的表面积，常用单位 cm^2/g 表示。

比表面积测试方法有两种分类标准。一种是根据测定样品吸附气体量多少的不同，可分为：连续流动法、容量法及重量法。重量法是根据吸附前后样品质量变化来确定被测样品对吸附质分子（N_2）的吸附量，由于分辨率低、准确度差、对设备要求很高等缺陷已很少使用。另一种是根据计算比表面积理论方法不同可分为：直接对比法比表面积分析测定、朗缪尔（Langmuir）法比表面积分析测定和 BET 法比表面积分析测定等。同时这两种分类标准又有着一定的联系，直接对比法只能采用连续流动法来测定吸附气体量的多少，而 BET 法既可以采用连续流动法，也可以采用容量法来测定吸附气体量。

3.5.1　连续流动法

连续流动法是相对于静态法而言，整个测试过程是在常压下进行，吸附剂是在处于连续流动的状态下被吸附。连续流动法是在气相色谱原理的基础上发展而来，由热导检测器来测定样品吸附气体量的多少。

连续动态氮吸附是以氮气为吸附气，以氦气或氢气为载气，两种气体按一定比例混合，使氮气达到指定的相对压力，流经样品颗粒表面。当样品管置于液氮环境下时，粉体材料对混合气中的氮气发生物理吸附，而载气不会被吸附，造成混合气体成分比例变化，从而导致热导系数变化，这时就能从热导检测器中检测到信号电压，即出现吸附峰。吸附饱和后让样品重新回到室温，被吸附的氮气就会脱附出来，形成与吸附峰相反的脱附峰。吸附峰或脱附峰的面积大小正比于样品表面吸附的氮气量的多少，可通过定量气体来标定峰面积所代表的氮气量。通过测定一系列氮气分压 P/P_0 下样品吸附氮气量，可绘制出氮等温吸附或脱附曲线，进而求出比表面积。通常利用脱附峰来计算比表面积。连续流动法测试过程操作简单，消除系统误差能力强，同时可采用直接对比法和 BET 方法进行比表面积理论计算。

3.5.2　容量法

容量法中，测定样品吸附气体量多少是利用气态方程来计算。在预抽真空的密闭系统中导入一定量的吸附气体，测定样品吸脱附导致的密闭系统中气体压力变化，利用气态方程 $PV/T = nR$ 换算出被吸附气体物质的量变化，其中 P 为压强，V 为体积，n 为物质的量，R 为摩尔气体常量，T 为热力学温度 [T 的单位为开尔文（字母为 K），数值为摄氏温度加 273.15，如 0℃即为 273.15K]，当 P、V、n、T 的单位分别采用 Pa、m^3、mol、K 时，R 的数值为 8.31。

3.5.3　直接对比法

直接对比法比表面积分析测试是利用连续流动法来测定吸附气体量，测定过程中需要选用标准样品（经严格标定比表面积的稳定物质）。并联到与被测样品完全相同的测试气路中，通过与被测样品同时进行吸附，分别进行脱附，测定出各自的脱附峰。在相同的吸附和脱附条件下，被测样品和标准样品的比表面积正比于其峰面积大小。该法无须实际标定吸附氮气量体积和进行复杂的理论计算即可求得比表面积；测试操作简单，测试速度快，效率高。但当标样和被测样品的表面吸附特性相差很大时，如吸附层数不同，测试结果误差会较大。计算公式：

$$S_X = \frac{A_X}{A_0} \times \frac{W_0}{W_X} \times S_0 \qquad (3\text{-}34)$$

式中：S_X——被测样品比表面积；

S_0——标准样品比表面积；

A_X——被测样品脱附峰面积；

A_0——标准样品脱附峰面积；

W_X——被测样品质量；

W_0——标准样品质量。

3.5.4　BET 比表面积测定法

直接对比法仅适用于与标准样品吸附特性相接近的样品测量，由于 BET 法具有更可靠的理论依据，目前国内外更普遍认可 BET 法比表面积测定，通过 BET 理论计算得到的比表面积又称 BET 比表面积。

BET 法是基于多分子层吸附理论。大多数固体对气体的吸附并不是单分子层吸附，而是多分子层吸附，物理吸附尤其如此。为了解决这一问题，1938 年，布鲁瑙尔（Brunauer）、埃米特（Emmett）和泰勒（Teller）在 Langmuir 单分子层吸附理论的基础上，提出了多分子层吸附理论，认为第一层吸附是气固直接发生作用，属于化学吸附，吸附热相当于化学反应热的数量级；第二层以后的各层，是相同气体分子之间的相互作用，是物理吸附，吸附热等于气体凝聚相变能。BET 为 Brunauer、Emmett 和 Teller 三位科学家名字的缩写。

BET 法测比表面积时，使气体分子吸附于微粒表面，通过测量气体吸附量，再换算颗粒比表面积。一般以氮气为吸附质，以氦气或氢气作载气，两种气体按一定比例混合，达到指定的相对压力，然后流过固体物质。当样品管放入液氮保温时，样品即对混合气体中的氮气发生物理吸附，而载气则不被吸附。这时屏幕上即出现吸附峰。当液氮被取走时，样品管重新处于室温，吸附氮气就脱附出来，在屏幕上出现脱附峰。最后在混合气中注入已知体积的纯氮，得到一个校正峰。根据校正峰和脱附峰的峰面积，即可算出在该相对压力下样品的吸附量。改变氮气和载气的混合比，可以测出几个氮的相对压力下的吸附量，从而可根据 BET 公式计算比表面积。

BET 理论最大优势考虑到了由样品吸附能力不同带来的吸附层数之间的差异，这是与以往标样对比法最大的区别；BET 公式是现在行业中应用最广泛，测试结果可靠性最强的方法，几乎所有国内外的相关标准都是依据 BET 方程建立起来的。

低温（−195℃）下，样品吸附氮气，在 N_2 的相对压力 P/P_0 为 0.05～0.35 范围内，测定 5～8 个不同 P/P_0 下的平衡吸附量 V（mL/g），用下式计算单分子层饱和吸附量 V_m：

$$\frac{P}{V(P_0-P)}=\frac{1}{V_m c}+\frac{(c-1)P}{V_m c P_0} \tag{3-35}$$

式中：P——吸附平衡时吸附气体的压力；

　　　P_0——吸附气体的饱和蒸气压；

　　　c——常数。

用上式求得 V_m 后，用下式计算样品的比表面积 S_w：

$$S_w = \frac{V_m N \sigma}{M_v W} \tag{3-36}$$

式中：N——阿伏伽德罗常数，6.02×10^{23}；

　　　W——样品质量；

　　　σ——吸附气体分子的横截面积；

　　　V_m——单分子层饱和吸附量；

　　　M_v——气体摩尔质量。

球形颗粒的比表面积 S_w 与直径 d 的关系为

$$S_w = \frac{6}{\rho d} \tag{3-37}$$

式中：S_w——质量比表面积；

　　　d——颗粒直径；

　　　ρ——颗粒密度。

依据此式求得颗粒的表面积当量直径。由于颗粒裂纹等内表面和微细凸凹的存在，吸附法比透过法测定的比表面积大（测定表明可达 4～5 倍），即平均直径要小。

3.6　粉体的性质

3.6.1　粉体的填充和堆积性

粉体的堆积是粉体储存与造粒等单元操作的基础。颗粒空隙空间的几何形状，在不同程度上影响它的全部填充特性，而空隙又取决于填充类型、颗粒形状和粒度分布。确定这些填充特性的确有很大的实际意义。通常填充程度的评价指标有堆积密度（松装密度和振实密度）、填充率、孔隙率等，这些参数之间存在内在联系。

　　1. 粉体堆积参数

　　1）堆积密度、松装密度、振实密度

堆积密度是指在一定填充状态下，单位填充体积的粉体质量，即为表观密度；松装密度是指粉体在堆积过程中，只受重力作用（无任何外力作用）下颗粒形成的自然堆积，此时填充体的表观密度称为松装密度；振实密度是粉体在堆积过程中受到外力（如振动力、压力）而发生强制性的颗粒重排，排出了填充体中的空气，此时填充体的表观密度称为振实密度。显然，振实密度大于松装密度，两个密度差异的大小与外加作用力有关。

2）填充率与孔隙率

填充率是指在一定填充状态下，颗粒体积占粉体表观体积的比例。而孔隙率是指某粉体填充体系中，空隙所占体积与粉体表观体积的比值。

3）配位数

颗粒的配位数是指粉体堆积中与某一颗粒所接触的颗粒个数。粉体层中各个颗粒有着不同的配位数，用分布来表示具有某一配位数的颗粒比率时，该分布称为配位数分布。

2. 球形粉末颗粒的填充与堆积

1）等径球形颗粒的规则填充

若以等径球在平面上的排列作为基本层，则有图 3-16 所示的正方形排列层和单斜方形排列层或六方系排列层。如取图中涂黑的 4 个球作为基本层的最小单位，并将各个基本排列层汇总起来，则可得到如图 3-17 所示的 6 种排列形式。

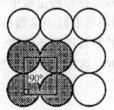　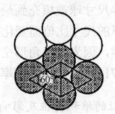

(a) 正方形排列层　　　　　　(b) 六方系排列层或单斜方形排列层

图 3-16　等径球形颗粒的基本排列

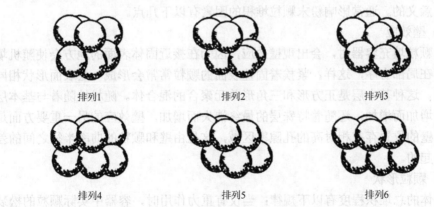

排列1　　　　　　　　排列2　　　　　　　　排列3

排列4　　　　　　　　排列5　　　　　　　　排列6

图 3-17　基本排列层的堆积方式

2）等径球形颗粒的随机填充

等径球形颗粒在实际堆积时，由于颗粒的碰撞、回弹、颗粒间相互作用力以及容器壁的影响，因而不能达到前述的规则堆积结构。而等径球形颗粒的随机填充分成以下四种类型。

（1）随机密填充。把球倒入一个容器中，当容器振动或强烈摇晃时可得这类填充型，平均孔隙率为 0.359～0.375。

（2）随机倾倒填充。相当于工业上常见的卸出粉料和散袋物料的操作，平均孔隙率为 0.375～0.391。

（3）随机疏填充。把一堆松散的球放入一个容器内，或者用手一个个随机填充进去，平均孔隙率为 0.40～0.41。

（4）随机极疏填充。最低流态化时流化床具有的平均孔隙率为 0.46～0.47。

3）不同粒径球形颗粒的填充与堆积

在规则填充的基础上。等尺寸球之间的空隙理论上能够由更小的球填充，得到更高密度的集合体。在六方最密堆积中，所有剩余空隙最终被相当小的等尺寸球所填满时，这种最小孔隙率为 0.039 作为排列特征的排列被称为 Horsfield 最紧密堆积。

当一种以上的等尺寸球被填充到最紧密的六方排列的空隙中时，孔隙率是随着较小球与最初大球的尺寸比值而变化的，孔隙率随着较小球数目的增加而减少，但实际并不总是这样，因为在三角形空隙中球的数目不是连续的。当三角形空隙中球的尺寸比为 0.1716 时，最小孔隙率为 0.1130，这样的排列称为 Hudson 堆积。

3. 实际粉末颗粒的堆积特征及影响因素

粉体加工过程中，形成的颗粒一般不是球形，而是有棱有角，且颗粒大小不一致，不能形成规则堆积或者是完全随机堆积。因此，了解实际颗粒的堆积特征是很有意义的。通常影响粉末颗粒堆积的因素有以下几点。

1）壁效应

当颗粒填充容器时，会出现壁效应，因为在接近固体表面的地方会使随机填充中存在局部有序，这样，紧挨着固体表面的颗粒常常会形成一层表面形状相同的料层。这种基本层是正方形和三角形单元聚合的混合体。随机性随着与基本层距离的增加而增加，还随着特殊层的最终消失而增加。壁效应的另一重要方面是紧挨着壁的位置存在相对高的孔隙率区域，这是由壁和颗粒的曲率半径之间的差异而引起的。

2）颗粒形状

粉体的总堆积程度有以下规律：当仅有重力作用时，容器中实际颗粒的松装密度会随容器直径的减小及颗粒层的高度增加而减小；实际颗粒形成的填充体，其孔隙率与颗粒的球形度紧密相关，颗粒球形度降低，则其孔隙率增加。松散堆积时，有棱角的颗粒形成的填充体的孔隙率较大，若颗粒形状越接近于球形，则其孔隙率越小。另外，颗粒的表面粗糙度对填充体的孔隙率影响也较大，一般颗粒的表面粗糙度越大，则其填充体的孔隙率也越大。

3）粒度大小

对颗粒群而言，粒度越小，由于粒间的团聚作用，孔隙率越大，这与理想状态下，颗粒尺寸与孔隙率无关的说法有矛盾。当粒度超过某一定值时，粒度大小对颗粒堆积率的影响已不复存在，此值为临界值。这是因为粒间接触处的凝聚力与粒径大小关系不大；反之，与粒子质量有关的力却随粒径三次方的比例急剧增加。因此，随粒径增大，与粒子自重力相比，凝聚力的作用可以忽略不计，粒径变化对堆积率的影响大大减小，因此，通常在细粒体系中，粒径大于或小于临界粒径的物料，对颗粒的行为都有举足轻重的作用。当颗粒较粗时，增加填充速率会导致粉体的松装密度减小，但是对于如面粉这样有黏聚力的细粉末，减小供料速度可增大松装密度。

4）粉体的含水率

实际颗粒与理想颗粒的表面性质不同，实际颗粒，特别是小颗粒有一定的吸湿性，也会带有表面电荷。因此，对于实际颗粒来说，颗粒越小，堆积过程中颗粒间的黏聚作用越强，其孔隙率会越大，此现象与理想状态下颗粒尺寸和孔隙率无关的说法矛盾，所以潮湿粉体的表观体积会随含水量的增加而变大。除此之外，潮湿物料由于颗粒表面吸附水，颗粒间形成液桥毛细力，而导致粒间附着力增大，形成团粒。团粒尺寸较一次粒子大，同时，团粒内部保持松散的结构，致使整个物料堆积率下降。

3.6.2　粉体的流动性

粉体的流动性是指粉体中的固体颗粒之间以及粒子与固体边界表面因摩擦而产生的一些特殊的物理现象，以及由此而表现出的一些特殊力学性质。粉体的静止堆积状态、流动特性及对料仓壁面的摩擦行为和滑落特性等粉体基本性质，粉体单元生产过程中的粉体料的堆积、储存、传递、压缩、压形等都涉及粉体的摩擦性质。

1. 粉体的流动性及表示方法

粉体的流动性与粒子的形状、大小、表面状态、密度、孔隙率等有关，加上颗粒之间的内摩擦力和黏附力等的复杂关系，其流动性不能用单一的值来表达。粉体的流动性，常用休止角和流速表示。

（1）休止角指在水平面堆积的一堆粉体的自由表面与水平面之间可能存在的最大角度，即将粉体堆积成尽可能陡的圆锥体形状的"堆"，堆的斜边与水平线的夹角即为休止角，常用 α 表示。

休止角是检验粉体流动性好坏的最简便方法。粉体流动性越好，休止角越小；粉体粒子表面粗糙，黏着性越大，则休止角也越大。一般认为，30°≤休止角≤40°，流动性良好，可以满足生产过程中流动性的需要；休止角>40°，则流动性差，保证所用粉体量的准确性。常用的测定休止角的方法有注入法、排出法、容器倾斜法等。

（2）流速指单位时间内粉体由一定孔径的孔或管中流出的速度。其具体测定方法是在圆筒容器的底部中心开口，把粉体装入容器内，测定单位时间内流出的粉体量，即流速。一般粉体的流速快，流动性好，其流动的均匀性也较好。

2. 影响流变性的因素

粉体的流动性好坏，首先与其本身的特性有关，除此之外，粉体的其他特性如粒子的大小及其分布、粒子的形态、粒子表面粗糙程度等对流变性也有显著的影响。

（1）粒子大小及其分布。一般认为，当粒子的粒径大于 200μm 的时候，粉体的流动性良好，休止角较小；当粒径在 200~100μm 范围时，为过渡阶段，随着粒径的减小，粉体比表面积增大，粒子间的摩擦力所起的作用增大，休止角增大，流动性变差；当粒径小于 100μm 时，其黏着力大于重力，休止角大幅度增大，流动性变差。

粉体的粒度分布对其流动性也有影响。粒径较大的粉体流动性较好，但在其中加入粒径较小的粉末，能使流动性变差，加入的细粉量越多，粒径越小，对休止角的影响越大。反之，在流动性不好的细粉末中加入较粗的粒子，可克服其黏着性，使其流动性得到改善。

（2）粒子形态及其表面粗糙性。粒子呈球形或近似球形的粉体，在流动时，粒子较多发生滚动，粒子间摩擦力小，所以流动性较好；而粒子形态明显偏离球形，如呈针状或片状，粉体流动时，粒子间摩擦力较大，流动性一般不好。粒子表面粗糙，也会增加流动的困难度。一般粒子形状越不规则，表面越粗糙，其休止角越大，流动性就越差。

（3）含湿量。粉体在干燥状态时，其流动性一般较好。粉体在相对湿度较高的环境中吸收一定量的水分后，粒子表面吸附了一层水膜，由于水的表面张力等的作用，粒子间的引力增大，流动性变差。一定范围内吸湿量变大，休止角越大，流动性越差；但当粉体吸湿超过一定量后，吸附的水分消除了粒子表面黏着力而起润滑作用，休止角减小，流动性增大。含湿量对流动性的影响因粉体品种的不同而不同。

3.6.3　粉体的湿润性

润湿是固体接口由固-气接口变为固-液接口时所表现的性质，将液滴滴到固体表面时，液滴的切线与固体平面间的夹角称为接触角。润湿性是指一种液体在一种固体表面铺展的能力或倾向性。

接触角小则液体容易润湿固体表面，而接触角大则不易润湿，即接触角可作为润湿性的直观判断。$\theta = 0°$为扩展润湿，液体完全润湿固体表面，液体在固体表面铺展；$0 < \theta \leqslant 90°$为浸渍润湿，液体可润湿固体；$90° < \theta < 180°$为黏附润湿，液体不能润湿固体；$\theta = 180°$为完全不润湿，液体在固体表面凝聚成小球。

此外，粉体分散在液体中的现象相当于浸渍润湿；液体和气体的界面没有发生变化，作为浸渍润湿的情况处理；并且液体浸透到粉体层中时，与毛细管中的液体浸渍情况相同。

粉体与固体或粉末颗粒之间的间隙部分存在液体时，称为液桥。粉体处理中的液体大多是水。液桥除了可在过滤、离心分离、造粒及其他的单元操作过程中形成外，当空气的相对湿度超过 65%时，水蒸气开始在颗粒表面及颗粒之间凝集，颗粒之间因形成液桥而大大增强了黏结力。

固体表面的湿润性由其化学组成和微观结构决定。固体表面自由能越大，越容易被液体湿润；反之亦然。因此，寻求和制备高表面自由能的固体表面成为制备超亲水表面和超疏水表面的前提条件。

3.6.4　粉体的压缩与成形性

在粉体材料制备过程中，原料粉体的化学成分和物理性能最终反映在工艺性能上。压缩性代表粉体在压制过程中被压紧的能力，在规定的模具和润滑条件下加以测定。压缩性用在一定单位压制压力（500MPa）下粉体所达到的压坯密度表示，通常也可以用压坯密度随压制压力变化的曲线表示。成形性是指粉末压制后，压坯保持既定形状的能力，用粉末得以成形的最小单位压制压力表示，或者用压坯的强度来衡量。

影响压缩性的因素有颗粒的塑性或显微硬度。颗粒形状和结构也明显影响压缩性。凡是影响粉末密度的一切因素都对压缩性有影响。成形性受颗粒形状和结构的影响最为明显。颗粒松软、形状不规则的粉末，压紧后颗粒的联结增强，成形性就好。在评价粉末的压制性时，必须综合比较压缩性和成形性。一般说来，成形性好的粉末，往往压缩性差；相反，压缩性好的粉末，成形性差。例如，松装密度高的粉末，压缩性虽好，但成形性差；细粉末的成形性好，而压缩性都较差。

3.7　粉碎、粒径与食品品质的关系

3.7.1　粉碎对食品粉体粒径的影响

1. 不同粉碎程度对食品粉体粒径的影响

超微粉碎可显著降低食品粉体的粒径。如通过普通粉碎得到茶树菇粗粉，然后利用超微粉碎将粗粉制成茶树菇超微粉，与粗粉相比，超微粉粒径明显减小（郝竞霄等，2021）；超微粉碎后麦麸粉的粒径减小，粉体变得更加均匀（余青等，2020）；不同粉碎程度双孢蘑菇粉中，与双孢蘑菇普通粉相比，超微粉的粒径更小（陈璁等，2023）；经干法和湿法微粉碎后糙米粉颗粒细度显著降低（王娜等，2020）；超微粉碎后苹果膳食纤维的粒径减小（张丽媛等，2018）；通过超微粉碎和常规粉碎 2 种方法制备超微红茶粉和 4 种粒度的粗粉红茶粉，常规粉碎不同粒度茶粉间差异较小，超微粉碎后，茶粉粒度减小至微米级（张阳等，2016）。

2. 不同粉碎方式对食品粉体粒径影响的比较研究

对赣南脐橙全果进行粗粉碎、湿法超微粉碎和高压均质处理，结果表明，微粉碎处理能够有效减小赣南脐橙全果原浆粒径，与粗浆相比，湿法超微粉碎可使浆体平均粒径减小 26%，高压均质可减小 75%（杨颖等，2018）；以行星球磨法、高压均质法对薇菜进行超微粉碎，对比常规粉碎方法，经行星球磨法和高压均质法处理后，粉体粒径分别减小到 1/48 和 1/65（符群等，2018）；采用重压研磨粉碎及气流粉碎对普通粉碎的雷竹笋膳食纤维进行超微化处理，与普通粉碎处理的膳食纤维相比，两种超微粉碎方式均能显著降低膳食纤维的粒径，重压研磨粉碎处理的膳食纤维和气流粉碎处理的膳食纤维的粒径分别降低了 84.82% 和 94.81%（李璐等，2019）。因此，不同粉碎方式对食品粉体粒径影响不同，对某种食品原料要选择合适的粉碎方式。采用超微粉碎和高压均质联合处理对几丁质进行改性，与原几丁质相比，联合处理改性后的几丁质平均粒径减小 99.71%（刘洋等，2022）。多种粉碎方式结合可以促进食品粉体粒径的改变。

3. 不同粉碎处理过程对食品粉体粒径的影响

以压差闪蒸干燥枸杞为原料，通过振动磨粉碎技术粉碎，结果表明，随着粉碎时间的延长（0min、5min 和 15min），枸杞粉粒径不断减小，当粉碎时间为 15min时，枸杞粒径达 33.35μm（宋慧慧等，2019）；以青稞麸皮为原料，通过气流超微粉碎处理得到青稞麸皮微粉，研究表明青稞麸皮粗粉经超微粉碎 20min 和40min 后获得了平均粒径为 72.52μm 和 22.69μm 的粉体。随着粉体粒径的减小，粉体更加细腻，分布更均匀（赵萌萌等，2020）；以苹果为原料，经粗粉碎后超微粉碎不同时间，超微粉碎后，粉体粒径逐渐减小，粒径分布越来越均匀（陈如和何玲，2017）；以竹笋中提取的膳食纤维为研究对象，采用动态高压微射流在不同压力条件（0MPa、50MPa、100MPa、150MPa 和 200MPa）下进行处理，随着处理压力的增大，竹笋膳食纤维粒径先增大后减小，当处理压力为 150MPa时，粒径最小（汤彩碟等，2021）；不同粉碎条件下黑、白胡椒粉平均粒径均在100μm 以下，因此，即使同一粉碎方式，不同粉碎处理条件对食品粉体粒径影响也不同。

4. 粉碎对不同食品原料粉体粒径的影响

同一粉碎方式对不同食品原料粉体粒径的影响有差异。以蜡质玉米淀粉、普通玉米淀粉和高直链玉米淀粉为原料，利用流化床气流粉碎机制备超微粉，3 种淀粉经微细化处理后，粒径分别减小至 6.05μm、5.22μm 和 5.53μm，比表面积增大，形态变得无规则，颗粒表面粗糙且有裂纹（王立东等，2020）；以黑胡椒和白胡椒为研究对象，随粉碎时间的延长，黑、白胡椒粉平均粒径缓慢下降，随粉碎温度的升高，黑胡椒粒径分布先增加后减小，白胡椒粒径分布正相反（李鑫等，2023）。对某种食品原料要选择适宜的粉碎方式。

3.7.2　粉碎对食品粉体形状的影响

粉碎过程中，食品粉体的形状会发生变化。如以 3 个不同品种的茶树菇为原料，扫描电镜下观察发现，随着粉体粒径的减小，粉体表面由片层状结构向絮绒状转变（郝竞霄等，2021）；将南瓜晒干后，采用锤片粉碎机进行粗粉碎，超音速气流和行星球磨粉碎进行超微粉碎。扫描电镜照片发现，球磨时间为 2h 的南瓜粉体外形呈规则的球形，表面光滑，也有部分经过机械作用外形发生变化，呈分裂状（图 3-18）；球磨 4h 后，粉体原有的球形结构大多被破坏成零碎的片段，细胞壁被破坏，出现纳米级的粉体（图 3-19）；球磨 6h 时，粉体完全被粉碎为无规则的零散的小片段，出现团聚现象（图 3-20）；球磨 8h 的粉体呈现片状，且团聚现象极为严重（图 3-21）（胡立玉，2013）。

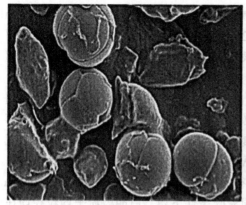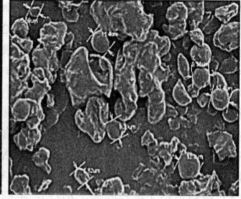

超微粉碎2h的南瓜粉电镜照片（×3000）　　　　　超微粉碎2h的南瓜粉电镜照片（×1000）

图 3-18　超微粉碎 2h 的南瓜粉电镜照片

左：×3000，右：×1000

超微粉碎4h的南瓜粉电镜照片（×2000）　　　　　超微粉碎4h的南瓜粉电镜照片（×3000）

图 3-19　超微粉碎 4h 的南瓜粉电镜照片

左：×2000，右：×3000

3.7.3　粉碎对食品粉体性质的影响

不同粉碎方式和处理条件对食品粉体各个性质的影响不同。黑果枸杞经过粉碎处理后，粉体流动性、复水比、持水性和松密度随粒径减小而降低，复水比和持水性随粉碎时间的延长而升高（刘文卓等，2020）；以 3 个不同品种的茶树菇为原料，随着粉体粒径的减小，堆密度减小，填充性降低，滑角和休止角减小，流动性提高，持水力和膨胀力减小，水合能力降低，超微粉的水溶性指数均大于粗粉（郝竞霄等，2021）；以麦麸皮为原料，经普通粉碎（1min 和 3min）和超微粉

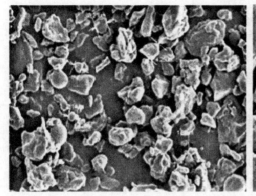

超微粉碎6h的南瓜粉电镜照片（×2000）　　　　超微粉碎6h的南瓜粉电镜照片（×5000）

图 3-20　超微粉碎 6h 的南瓜粉电镜照片

左：×2000，右：×5000

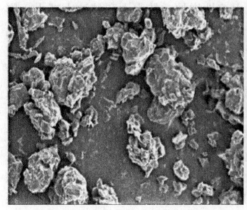

超微粉碎8h的南瓜粉电镜照片（×500）　　　　超微粉碎8h的南瓜粉电镜照片（×1000）

图 3-21　超微粉碎 8h 的南瓜粉电镜照片

左：×500，右：×1000

碎（10min 和 30min）两种处理方式得到 4 种不同粒径大小的麦麸粉，超微粉碎与普通粉碎相比，处理后麦麸粉粉体的持水性、持油性、吸水溶胀性、水溶性、阳离子交换能力均显著升高（余青等，2020）；以熟制风味龙虾的香辛料为研究对象，通过对其进行微粉碎处理和筛分，微粉碎处理后，香辛料的休止角和滑角均随粒径的减小而逐渐增大，膨胀力则逐渐减小（刘晓丽等，2022）；比较分析不同粒径霍山石斛超细粉的物理性质，霍山石斛超细粉体的流动性、润湿性、松密度、持水力、膨胀力及溶解性均显著提高（张珍林和殷智超，2017）；枸杞经超微粉碎后，枸杞超微粉颗粒大小均一，松密度、膨胀力变大，流动性变差，而持水性、润湿性、水溶性方面优于枸杞普通粉（崔蕊静等，2017）；花椒籽黑种皮粗粉经超微粉碎后，粒度显著减小、色泽明显增亮，可引起细胞壁破碎，持水力和持油力显著提高，分别提高了 33.33%和 44.60%，对重金属离子的吸附性显著增强（杨沫等，2018）；经粗粉碎后超微粉碎苹果不同时间，与粗粉碎苹果全粉相比，不同时间超微粉碎后苹果粉体的溶胀性、水溶性、持水力、阳离子交换能力均增大，容积密度减小，随着超微粉碎时间的延长，持水力逐渐增大，容积密度、溶胀性未发生显著变化，各处理组间水溶性、阳离子交换能力先增大后未发生显著变化（陈如和何玲，2017）；超微粉碎技术制备超微苦荞麦粉，随着粒径的减小，苦荞麦粉的峰值黏度、谷值黏度和最终黏度均显著上升，超微粉碎技术的应用提升了苦荞麦粉的整体糊化特性，使得面团能够更快成型，稳定时间延长，面团的黏弹性增强，内部网络结构愈发均匀致密（程佳钰等，2021）；气流超微粉碎处理得到青稞麸皮微粉，青稞麸皮粗粉经超微粉碎 20min和 40min 后获得了平均粒径为 72.52μm 和 22.69μm 的粉体，与青稞麸皮粗粉相比，2 种微粉的休止角与滑角均变大，水溶性增加，持水力和持油力减小，膨胀力和振实密度、堆积密度显著降低，对阳离子交换能力减小，但胆酸盐的吸附能力增强，显著增加了青稞麸皮微粉的峰值黏度、谷值黏度、最终黏度、崩解值，降低了其回生值，青稞麸皮微粉的膨胀力、持水力、持油力、阳离子交换能力、胆酸盐吸附能力均优于微粉（赵萌萌等，2020）；通过振动磨粉碎技术粉碎枸杞，枸杞经微粉碎后，水分含量、溶解度以及吸油能力增加，容积密度、持水能力减小（宋慧慧等，2019）；以苹果膳食纤维为原料，经粗粉碎和不同时间的超微粉碎，得到粗粉和 6 种不同粒度的苹果膳食纤维，粉体的溶胀性、水溶性、阳离子交换能力显著升高，羟自由基清除能力显著增强，持水力、容积密度没有发生显著变化（张丽媛等，2018）；以行星球磨法、高压均质法对薇菜进行超微粉碎，对比常规粉碎方法，经行星球磨法和高压均质法处理后，粉体休止角增加，粉体膨胀力降低，高压均质和行星球磨法的持水力分别是常规粉碎法的 2.43 倍和 2.44 倍、持油力分别是常规粉碎法的 1.99 倍和 1.52 倍（符群等，2018）；采用机械剪切与研磨粉碎两种超微粉碎方法获得 4 种海鲜菇（帽和柄）超微粉体，同一种原料（帽或柄）经不同的方法制得的粉体，粉体粒径越小，其容积密度、比表面积、流动性、持水性和蛋白质溶出率越大，与剪切粉碎相比，研磨粉碎制得的粉体具有更均一的粒度，且流动性、水溶性指数、水溶性蛋白质溶出率均有所提高，其中研磨粉碎制得的柄粉体蛋白质累积溶出率达 55.67%，采用相同的超微粉碎方法获得的海鲜菇帽粉体比柄粉体拥有更高水溶性指数、膨胀率、容积密度，相同湿度环境下，剪切粉碎粉体的水分活度小于研磨粉碎粉体（刘素稳等，2015）。

以竹笋中提取的膳食纤维为研究对象，采用动态高压微射流在不同压力条件下进行处理，当处理压力为 150MPa 时，竹笋膳食纤维的持水力、持油力和膨胀力达到最大，较对照组分别提高了 47.74%、50.54%和 61.27%，且差异显著（汤彩碟等，2021）。因此，要取得某种适宜的粉体性质，需对粉碎方式、处理条件及食品原料不断探索研究。

3.7.4　粉碎对食品粉体化学成分的影响

粉碎影响着食品粉体化学成分，如黑果枸杞经过粉碎处理后，随着粒径的减小，水分与膳食纤维含量逐渐降低，蛋白质和灰分含量逐渐升高，粗脂肪含量于120～200 目间达到最大值，随后含量降低，粉体中多糖含量逐渐增加，花色苷含量先增加后减小，于 120～200 目间达到最大值。随着粉碎时间的延长，蛋白质含量与灰分逐渐降低，膳食纤维与粗脂肪含量逐渐升高，差异性显著；粉碎时间在 60s 时，200 目筛下物多糖含量最高，花色苷含量逐渐下降，不同粒径和粉碎时间对粉体中总酚含量影响不显著（刘文卓等，2020）；采用超微粉碎物理破壁技术对杜仲雄花进行破壁，超微粉碎具有很好的破壁效果，能促进总黄酮、绿原酸等内容物的释放，提高得率（魏媛媛等，2019）；以熟制风味龙虾的香辛料为研究对象，通过对其进行微粉碎处理和筛分，在 820～1500μm 粒径范围内的香辛料溶出效果较好，利用率提高，香气更浓郁，与未粉碎香辛料相比，820μm粒径香辛料中的主要挥发性风味成分相对含量较高，即其最适宜熬煮熟制风味龙虾的汤汁（刘晓丽等，2022）；玉米粉的粒径大小和分布对其糊化能力、凝胶特性影响明显，特别是小颗粒粒径大小影响明显，但对回生老化特性影响不显著。平均粒径和小颗粒粒径越小、颗粒比表面积越大时，越容易糊化，峰值黏度也越大，玉米粉间糊化能力差异越显著，总淀粉越多、脂肪和蛋白质越少也越容易糊化，峰值黏度也越大，小颗粒粒径越小、比表面积越大，凝胶抗剪切能力越差，玉米粉间凝胶特性差异越明显，总淀粉和损伤淀粉含量升高、脂肪和蛋白质降低，也降低凝胶抗剪切能力，粒径大小与分布对玉米粉回生老化特性影响不显著，总淀粉和直链淀粉增加、脂肪减少，提高凝胶回生能力（孙丽娟等，2022）；颗粒大小与加工方式对胡椒风味成分影响显著，黑白胡椒主要风味成分随粉碎时间、粉碎温度变化趋势不相同，黑胡椒在–8℃下粉碎 30s 得分最高；白胡椒在 6℃下粉碎 60s 得分最高（李鑫等，2023）；花椒籽黑种皮粉随着粉体粒度的减小，花椒籽黑种皮超微粉中多酚和黄酮的溶出量分别提高了15.93%和 11.24%，对 DPPH 自由基和 2, 2′-联氨-双-3-乙基苯并噻唑啉-6-磺酸（ABTS）自由基清除能力显著增强（杨沫等，2018）；随着燕麦麸皮粒径的减小，燕麦麸皮中多糖含量先增后减，总酚含量呈先增大后减小趋势，各组间存在明显差异，膳食纤维含量显著减小，微粉碎处理对燕麦麸皮的抗氧化能力影响显著，随着麸皮粒径的减小，总抗氧化能力增大，而羟自由基清除率和 TBA 值呈逐渐减小的趋势，当燕麦麸皮为 74μm（200 目）时，DPPH 自由基清除率和 ABTS 自由基清除率达到最大值，亚油酸过氧化抑制率最强（张亚琨等，2021）；经超微粉碎得到不同粒径的青稞麸皮粉体，与粗粉相比，2 种微粉的多酚（游离酚和结合酚）、黄酮和总酚含量均显著高于粗粉且粒径越小，含量越高，青稞麸皮粉共检出 19 种酚酸，其中游离酚以阿魏酸和藜芦酸为主，结合酚以阿魏酸和苯甲酸为主，随着粒径的减小，粉体多酚提取物的抗氧化活性及对 α-葡萄糖苷酶、α-淀粉酶抑制率均显著增强；粉体多酚组成及含量与体外抗氧化活性及淀粉消化酶活性抑制率存在一定的相关性（赵萌萌等，2020）；通过振动磨粉碎技术粉碎枸杞，枸杞粉中多糖和类胡萝卜素的溶出量也显著增大，在粉碎 15min 时，多糖及类胡萝卜素溶出量分别达到 4.37% 和 183.48mg/100g，分别是振动磨粉碎处理前的 1.65 和 1.11 倍（宋慧慧等，2019）；以新鲜的赣南脐橙为原料，对赣南脐橙全果进行粗粉碎、湿法超微粉碎和高压均质处理，研究表明，全果原浆经超微粉碎和高压均质处理后，随粒径的减小，总糖含量分别提高 0.54% 和 2.18%，果胶含量分别提高 0.92% 和 1.30%（杨颖等，2018）。

总体而言，粉碎减少了膳食纤维的含量，促进了生物活性物质的溶出，提高了粉体的抗氧化活性。

3.7.5 粉碎对食品粉体结构的影响

粉体对食品粉体的形态变化产生显著影响。使用气流式粉碎机对我国 4 种常见的杂粮（薏米、红豆、青稞、荞麦）进行超微粉碎，扫描电子显微镜下观察到的形态变化最明显（王博等，2020）。

部分研究表明粉碎未对粉体的官能团结构产生影响。如利用超微粉碎将粗粉制成茶树菇超微粉，红外光谱分析结果显示，超微粉碎后茶树菇粉官能团结构没有明显变化（郝竞霄等，2021）；以方竹笋中提取的膳食纤维为研究对象，采用动态高压微射流（DHPM）在不同压力条件（0MPa、50MPa、100MPa、150MPa 和 200MPa）下进行处理，红外光谱分析表明 DHPM 处理不会改变竹笋膳食纤维的官能团，但会使竹笋膳食纤维内部的部分氢键断裂和半纤维素、木质素等发生降解，X 射线衍射和热重分析表明 DHPM 处理不会引起竹笋膳食纤维的晶体结构改变，但晶体有序度会下降，进而导致其热稳定性降低，微观结构分析显示 DHPM 处理会使竹笋膳食纤维颗粒尺寸减小、表面粗糙、组织松散，且当处理压力为 200MPa 时，颗粒发生团聚（汤彩碟等，2021）；以青稞麸皮为原料，通过气流超微粉碎处理得到青稞麸皮微粉，而超微粉碎并未对粉体的微观结构产生较大影响（赵萌萌等，2020）；通过超微粉碎和常规粉碎 2 种方法制备超微红茶粉和 4 种粒度的粗粉红茶粉，超微粉碎后，比表面积增大，茶粉的结晶度降低，表面暴露的纤维素和半纤维素相对含量增多，而中红外谱图显示超微粉碎茶粉的官能团结构并没有改变（张阳等，2016）。

部分研究表明粉碎对粉体的官能团结构产生了影响。如以麦麸皮为原料，研究表明，傅里叶变换红外光谱显示超微粉碎后麦麸粉中羟基等官能团的位置发生小幅度迁移，峰形略有变宽、吸收峰强度增加，但主要成分及结构未发生改变；DSC 分析显示热稳定性增强（余青等，2020）；为改善膳食纤维口感并增强其功能特性，以雷竹笋膳食纤维（PPDF）为原料，采用重压研磨粉碎及气流粉碎对普通粉碎的 PPDF 进行超微化处理，傅里叶变换红外光谱显示重压研磨粉碎处理的膳食纤维和气流粉碎处理的膳食纤维中的羟基等官能团的位置发生小范围迁移，峰形变宽、吸收峰强度增加；同时重压研磨粉碎处理的膳食纤维和气流粉碎处理的膳食纤维表面粗糙，热稳定性增强，但其主要成分及化学结构未发生变化（李璐等，2019）；采用超微粉碎和高压均质联合处理对几丁质进行改性，与原几丁质相比，联合处理改性后的几丁质在 $3448cm^{-1}$ 和 $3263cm^{-1}$ 附近吸收峰强度提高，在 $896cm^{-1}$ 处的吸收峰强度变弱；脱乙酰度没有明显变化，在（110）晶面和（020）晶面的结晶度指数分别降低了 17.49% 和 1.31%，热稳定性被破坏，结构变得疏松多孔（刘洋等，2022）。

粉碎会改变食品粉体营养成分的结构，引起性质的变化。如以蜡质玉米淀粉、普通玉米淀粉和高直链玉米淀粉为原料，利用流化床气流粉碎机制备超微粉，淀粉颗粒晶体结构受到破坏，微细化蜡质玉米淀粉相对结晶度降低 13.97%，降低程度大于普通玉米淀粉和高直链玉米淀粉，粉碎过程无新的基团产生，但使淀粉分子链发生断裂、分子质量减小及分布变宽，微细化处理降低了淀粉的糊化温度和热吸收焓，改变了淀粉重结晶成核方式（王立东等，2020）；采用拉曼光谱分析法表征低温环境下生物酶法制油豆渣在不同超微粉碎程度及常温条件下豆渣蛋白的结构变化，经低温超微粉碎处理后豆渣蛋白中 α-螺旋结构、β-折叠结构含量增加，β-转角结构含量降低；色氨酸、酪氨酸残基趋于"暴露态"；低温超微粉碎处理后豆渣蛋白无序结构单元更趋有序化（吴长玲等，2019）。

3.7.6 粉体添加对食品品质的影响

不同粒径粉体添加会对食品品质产生显著的影响。如麸皮粒径对全麦面片水分分布、挂面品质及面条微观结构影响显著，低场核磁共振的结果表明，全麦面片中存在强结合水、弱结合水和自由水 3 种状态，随着麸皮粒径的下降，强结合水的含量降低，弱结合水的含量增加，自由水的含量呈先下降后增加的趋势。麸皮粒径下降可以降低全麦挂面的蒸煮损失率，提高硬度、弹性、咀嚼性及拉伸性能，改善全麦挂面的感官品质。扫描电镜的结果显示，麸皮粒径下降可以使全麦挂面的微观结构更加完整，淀粉被更好地包裹在面筋蛋白网络中。激光扫描共聚焦显微镜（CLSM）的结果显示，全麦熟面的蛋白质网络结构随着麸皮粒径的下降而变得更加连续致密（乔菊园等，2020）；将不同粒径刺梨果渣及其膳食纤维提取物添加到面条中，添加 60～80μm 果渣或 1～10μm 果渣膳食纤维提取物均能显著改善面条的煮制特性，其吸水性较空白分别提高了 9.26% 和 5.91%。煮制后，添加 250μm 果渣面条的硬度、弹性最大。添加 1～10μm 果渣或 0.1～1μm 果渣膳食纤维提取物分别使面条抗氧化的能力提升 6 和 5 倍。添加 0.1～1μm 果渣或其膳食纤维提取物使面条淀粉水解率分别降低 16.14% 和 11.36%（张灿等，2023）；将葡萄籽超微粉碎并添到曲奇饼干中，超微粉碎后香气物质的种类虽未发生明显的改变，但香气成分的相对含量显著增加。葡萄籽超微粉添加比例为 5% 时，烘烤香比较浓郁。当添加比例达到 10% 时，曲奇饼干整体风味较为复杂，包括苦杏仁味、香蕉味、水果味、青草味、面包味以及坚果味。葡萄籽的添加可以为饼干带来可感知的变化，添加比例为 5% 时，香气得分最高。葡萄籽超微粉会给曲奇饼干香气带来积极的影响，添加比例在 10% 以内均可被消费者接受（杨宇迪等，2017）。因此，在食品加工过程中食品粉体粒径的选择至关重要。

参 考 文 献

陈璐，叶爽，王桂华，等. 2023. 不同干燥方式和粉碎程度对双孢蘑菇理化、营养和功能特性的影响. 食品科学，44（1）：88-97

陈如，何玲. 2017. 超微粉碎对苹果全粉物化性质的影响. 食品科学，38（13）1：150-154

程佳钰，高利，汤晓智. 2021. 超微粉碎对苦荞面条品质特性的影响. 食品科学，42（15）：99-105

程敏，刘保国，曹宪周，等. 2021. 振动磨机磨介特征对小麦麸皮超微粉碎效果的影响. 农业工程学报，37（23）：256-263

程鹏，高抒，李徐生. 2001. 激光粒度仪测试结果及其与沉降法、筛析法的比较. 沉积学报，19（3）：449-455

崔蕊静，邹静，康维民. 2017. 枸杞普通粉超微粉碎对其物化特性的影响. 食品科技，42（4）：49-52，56

邓建国. 粉体材料. 2007. 成都：电子科技大学出版社

符群，李卉，王路，等. 2018. 球磨法和均质法改善薇菜粉物化及功能性质. 农业工程学报，34（9）：285-291

韩跃新. 2011. 粉体工程. 长沙：中南大学出版社

郝竞霄，石福磊，惠靖茹，等. 2021. 普通粉碎与超微粉碎对茶树菇粉体加工物理特性的影响. 食品与发酵工业，47（3）：95-100

何振江，杨冠玲，陈卫，等. 1997. 利用颗粒布朗运动的粒度测量方法. 重庆大学学报（自然科学版），20（4）：108-113

胡立玉. 2013. 超微粉碎对南瓜营养成分提取率及抗氧化能力的影响. 哈尔滨：东北农业大学硕士学位论文

蒋静智，李志义，刘学武. 2020. 超临界流体技术制备中药超细粉体. 河北工业科技，27（6）：381-384

蒋阳，程继贵. 2005. 粉体工程. 合肥：合肥工业大学出版社

蒋阳，陶珍东. 2008. 粉体工程. 武汉：武汉理工大学出版社

李宏林，赵娣芳，盖国胜，等. 2023. 粉体工程概论. 北京：清华大学出版社

李化建，盖国胜，黄佳木，等. 2002. 粉体材料粒度的测定和粒度分布表示方法. 建材技术与应用，2：34-37

李璐, 黄亮, 苏玉, 等. 2019. 超微化雷竹笋膳食纤维的结构表征及其功能特性. 食品科学, 40 (7): 74-81

李鑫, 谷风林, 胡卫成, 等. 2023. 胡椒低温粉碎下粒径与风味品质的变化. 现代食品科技, 39 (4): 239-248

刘素稳, 赵希艳, 常学东, 等. 2015. 机械剪切与研磨超微粉碎对海鲜菇粉体特性的影响. 中国食品学报, 15 (1): 99-107

刘文卓, 雷菁清, 崔明明, 等. 2020. 不同粒径黑果枸杞粉体的理化性质分析. 现代食品科技, 36 (10): 108-117

刘晓丽, 姜伯成, 姜启兴, 等. 2022. 粒径对熟制风味龙虾中香辛料品质的影响. 轻工学报, 37 (2): 23-29

刘洋, 肖宇, 马爱进, 等. 2022. 超微粉碎和高压均质联合处理对几丁质理化性质及微观结构的影响. 食品科学, 43 (19): 102-109

刘媛媛, 李鹏飞, 杨瑞金, 等. 2018. 水酶法提取葵花籽油工艺及机理. 食品工业科技, 39 (24): 151-156, 163

乔菊园, 郭晓娜, 朱科学. 2020. 麸皮粒径对全麦面片水分分布及挂面品质的影响. 中国粮油学报, 35 (9): 15-20

宋慧慧, 陈芹芹, 毕金峰, 等. 2019. 基于压差闪蒸干燥结合振动磨粉碎制备枸杞粉的性质研究. 中国食品学报, 19 (6): 116-123

隋修武, 李瑶, 胡秀兵, 等. 2016. 激光粒度分析仪的关键技术及研究进展. 电子测量与仪器学报, 10: 1449-1459

孙丽娟, 胡学旭, 张妍, 等. 2022. 不同粒径分布对全籽粒玉米粉糊化特性的影响. 中国粮油学报, 37 (5): 32-38

汤彩碟, 张甫生, 杨金来, 等. 2021. 动态高压微射流处理对方竹笋膳食纤维理化及结构特性的影响. 食品与机械, 37 (6): 24-29

陶珍东, 郑少华. 2010. 粉体工程与设备. 北京: 化学工业出版社

王博, 姚轶俊, 李枝芳, 等. 2020. 超微粉碎对 4 种杂粮粉理化性质及功能特性的影响. 食品科学, 41 (19): 111-117

王立东, 侯越, 刘诗琳, 等. 2020. 气流超微粉碎对玉米淀粉微观结构及老化特性影响. 食品科学, 41 (1): 86-93

王娜, 吴娜娜, 谭斌, 等. 2020. 糙米干法和湿法微粉碎对面团及面包品质的影响. 中国食品学报, 20 (1): 166-171

魏嘉媛, 李伟业, 温晓, 等. 2019. 杜仲雄花超微粉碎破壁条件优化. 食品工业科技, 40 (22): 207-212

吴长玲, 寻崇荣, 刘宝华, 等. 2019. 低温超微粉碎对生物酶法制油豆渣蛋白结构影响的拉曼光谱分析. 食品科学, 40 (7): 33-39

杨沫, 薛媛, 任璐, 等. 2018. 不同粒度花椒籽黑种皮粉理化特性. 食品科学, 39 (9): 47-52

杨颖, 丁胜华, 单杨, 等. 2018. 微粉碎工艺对赣南脐橙全果原浆粒径及流变特性的影响. 中国食品学报, 18 (11): 112-119

杨宇迪, 程湛, 满媛, 等. 2017. 葡萄籽超微粉添加对曲奇饼干香气的影响. 食品科学, 38 (20): 103-111

余青, 陈嘉浩, 王寅竹, 等. 2020. 超微粉碎处理对麦麸粉功能及结构特性的影响. 粮食科技与经济, 45 (2): 56-62, 81

张灿, 郭依萍, 田艾, 等. 2023. 刺梨果渣及其膳食纤维提取物对面条品质的影响. 食品与发酵工业, 49 (8): 105-112

张长森. 2007. 粉体技术及设备. 上海: 华东理工大学出版社

张丽媛, 陈如, 田昊, 等. 2018. 超微粉碎对苹果膳食纤维理化性质及羟自由基清除能力的影响. 食品科学, 39 (15): 139-144

张亚琨, 张美莉, 郭新月. 2021. 微粉碎对燕麦麸皮功能性成分及抗氧化性的影响. 中国食品学报, 21 (11): 22-28

张阳, 肖卫华, 纪冠亚, 等. 2016. 机械超微粉碎与不同粒度常规粉碎对红茶理化特性的影响. 农业工程学报, 32 (11): 295-301

张珍林, 殷智超. 2017. 霍山石斛超细粉体特性研究. 天然产物研究与开发, 29 (8): 1328-1332

赵萌萌, 党斌, 张文刚, 等. 2020. 超微粉碎对青稞麸皮粉微观结构及功能特性的影响. 农业工程学报, 36 (8): 278-286

赵萌萌, 张文刚, 党斌, 等. 2020. 超微粉碎对青稞麸皮粉多酚组成及抗氧化活性的影响. 农业工程学报, 36 (15): 291-298

第4章 食品粉体的质量评价

食品粉体质量（food powder quality）是指食品粉体满足规定或潜在要求的特征和特性总和，反映其品质的优劣，食品粉体的质量直接影响到人民的身体健康和生命安全，科学合理地评价食品粉体的质量状况，不仅可为消费者提供正确的信息，保障生命健康，而且可以为政府部门对相关食品的管理提供决策依据。产品的质量，即产品的优劣程度，是由它的内在质量和外在质量共同决定的。食品质量特性可分为食品内在（固有）质量特性和食品外在（非固有）质量特性，食品粉体的质量也同样是其外在质量和内在质量的统一，因而食品粉体的质量评价包括外在质量和内在质量两方面。

4.1 外 在 质 量

食品粉体的外在质量主要考察粉体的表象特征，包括感官性质、显微特征、比表面积、堆积密度与松密度、休止角与滑角、粒度等。

4.1.1 感官性质

食品粉体的感官性质一般包括：色泽、滋味、气味、组织状态。

感官性质较好的粉体应具有均匀一致的色泽，具有产品特有的滋味、气味，无异味，为干燥均匀的粉末状或微粒状、无结块（有些食品粉体可能存在结块，如牛肉粉调味料可为粉状、小颗粒状或块状）、无正常视力可见杂质。如速溶豆粉应呈现淡黄色或乳白色，粉状或微粒状，无结块，具有大豆特有的香味及该品种应有的风味，口味纯正，无异味，润湿下沉快，冲调后易落解，允许有极少团块，无正常视力可见外来杂质。

传统感官性质评定方法：利用人体器官对食品粉体进行分析鉴别的方法，即以人五官的感觉——味觉、嗅觉、视觉、听觉及触觉，作为测定仪器，采取定性或定量的方法，对样品的各项感官性质指标做出评判，并用语言、文字或数据等进行记录，对结果进行统计分析，得出结论。操作流程为：由专业人员组成审评小组，在自然光线充足的实验室或评比室内，取适量试样置于烧杯或白瓷盘中，在自然光下观察外观、色泽和组织状态。闻其气味，用温开水漱口，品尝滋味，对各项指标评分，进行数据统计分析。

在食品粉体的质量评价及控制中，感官性质是十分重要且必不可少的指标，通过对产品感官性状的检查，能直接对产品质量的好坏做出初步判断，特别是在食品粉体风味的评价上，感官评价发挥着至关重要的作用。但由于感官性质评定是一种直接评价的方法，以人的感觉为依据，主要依赖人的主观感受和经验，在评价精确度上不易量化和把握，实际操作中存在很多复杂的因素影响产品感官评价，可能造成评价结果的偏差甚至错误，因此必须对这些影响因素采取一定的控制及规范措施，保证评价结果的正确性，目前，国家食品相关国家标准中，针对不同的食品粉体产品，有很多的感官性质评价的规范化操作要求（GB 11674—2010《食品安全国家标准　乳清粉和乳清蛋白粉等》），这些标准的实施，为食品粉体的感官性质评价提供了标准化、科学化的依据。

如超微茶粉的感官性质评定（李博祯，2016）：在茶叶审评室，由 4 名高级品茶员组成专业审评小组，依照国家标准（GB/T 23776—2009）中关于茶粉的审评方法进行操作。主要过程包括扦取 0.4g 茶样，置于 200mL 的评茶碗中，冲入 150mL 的沸水，依次审评其外形、汤色、香气、滋味，对四项因子做出审评打分。茶粉的审评主要侧重的是外形（目数、色泽）、香气和滋味。茶粉的色泽呈天然翠绿色，添加于食品用于着色或改善色泽，因此茶粉色泽是重要品质指标。统计结果剔除一位差异较大的，结果以平均值表示，审评结果的评语取 2 人以上相同或相近的评语。利用 SPSS 等分析软件对感官审评的四项基本因子以及总分，滋味的五方面（苦味、涩味、甜味、鲜味及粗糙度）分别进行统计学相关性分析，比较不同感官品质性状间的相关性。

4.1.2　显微特征

食品粉体主要来源于植物、动物及微生物，不同生物各部位组织形态均具有相对稳定的显微特征，根据粉体的颗粒大小，可采用光学显微镜、电子显微镜等设备观察检测食品粉体的显微特征。

光学显微镜观察：取粉体少许，置于载玻片上，与澄清溶液充分混合后盖上盖玻片，采用放大倍数 200~600 倍进行观察，寻找微小结构特征或进行对比。其中澄清溶液主要有：甘油溶液（1 体积甘油与 1 体积水混合）使样品显现、透明，又能使有色物质颜色变淡，无色物质更显清澈，次氯酸钠溶液具有漂白作用，使有色颗粒颜色变浅，并能溶解大量细胞，使制备好的样品更加清澈，也可将载玻片上次氯酸钠溶液小心加热至沸，以增强漂白作用，碘化钾-碘溶液通常用于测定含有淀粉的粉体，可使被测物清晰，淀粉颗粒膨胀并呈现蓝色。

电子显微镜观察：粉体样品经 80℃热风干燥至质量恒定，取少量固定喷金后使用扫描电镜观察，获取粉体放大的扫描电镜图像。

1. 果蔬类食品粉体

蔬菜水果在低温下磨成微膏粉，既保存了营养素，其纤维质也因微细化而使口感更佳，如胡萝卜粉、芹菜粉、枇杷叶粉、红薯叶粉、桑叶粉、辣椒粉、南瓜粉、大蒜粉等。

不同组织具有各自不同的特征，如辣椒粉，其光学显微镜观察如图 4-1 所示，包括辣椒的外果皮、辣椒的"串珠状"内果皮细胞、辣椒种子外果皮的膜细胞、花萼外表皮、胎座的石细胞、花梗成分（花序的组成）。

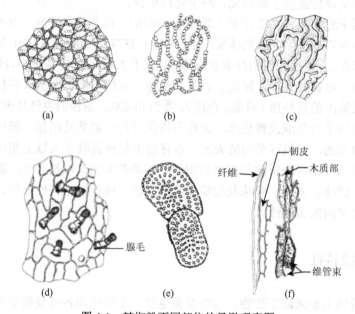

图 4-1　辣椒粉不同部位的显微观察图

（a）外果皮；（b）"串珠状"内果皮细胞；（c）种子外果皮的膜细胞；（d）花萼外表皮；（e）胎座的石细胞；
（f）花梗成分（花序的组成）

不同品种沙棘果粉的微观特征如图 4-2 所示（连雅丽，2022）。不同品种的沙棘果粉均呈现不规则的多角形，在 3000 倍电镜下可以清晰地看出不同品种沙棘果粉的表观形态并不是完全光滑，有些表面有明显的空隙和凹陷，说明表面形态发生了变化，这可能是因为干燥过程中水分快速升华，造成了粉体表面出现收缩或者塌陷、孔洞等现象，但不同品种之间的沙棘果粉表观形态差别不大。

不同干燥方式制备的苦瓜粉微观特征（熊华等，2006）如图 4-3 所示。

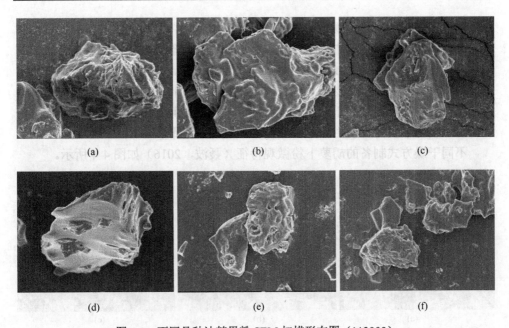

图 4-2　不同品种沙棘果粉 SEM 扫描形态图（×3000）

（a）黄色果；（b）状元黄；（c）红色大果；（d）黄色袋果；（e）红色小果；（f）深秋红沙棘果粉

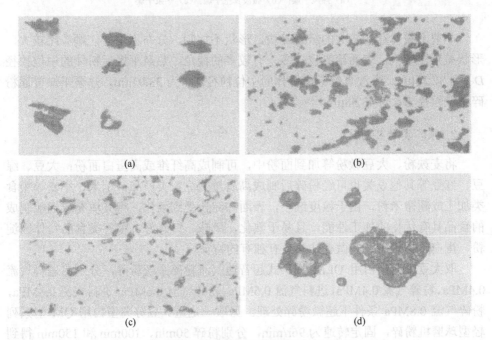

图 4-3　苦瓜粉颗粒的显微图（×400）

（a）热风干燥；（b）真空干燥；（c）冷冻干燥；（d）喷雾干燥

热风干燥苦瓜粉呈无规则的块状，冷冻干燥后的苦瓜粉为较均匀的透明晶体状。因为在热风干燥过程中，干燥温度高于物料的玻璃化转变温度，物料处于胶体状态，这一阶段伴随明显收缩，导致最终产品致密、皱缩，冷冻干燥温度低于物料的玻璃化转变温度，物料一直处于玻璃化状态，收缩很小，最终导致产生多孔结构。真空干燥温度介于热风干燥和冷冻干燥间，其苦瓜粉微观形态兼具这两者特点。喷雾干燥苦瓜粉由许多小球黏合，呈有序附聚状。

不同干燥方式制备的胡萝卜粉微观特征（聂波，2016）如图 4-4 所示。

图 4-4　胡萝卜粉颗粒的显微形态图（×500）

（a）热风干燥；（b）微波真空干燥；（c）热泵干燥

胡萝卜粉体存在较大的组织碎块，形状不规则，分布不均匀，颗粒比较大，形状差别比较大，表面褶皱也较多，有较多的棱角。热风干燥后粉体的中位粒径 D_{50} 为 32.16μm，微波真空干燥粉体的中位粒径 D_{50} 为 38.02μm，热泵干燥普通粉碎中位粒径 D_{50} 为 43.58μm。

2. 粮谷类食品粉体

将麦麸粉、大豆微粉等加到面粉中，可制成高纤维或高蛋白面粉；大豆、绿豆、红豆等其他豆类也可经粉碎后制成高质量的豆粉类产品；稻米、小麦等粮食类加工成超微米粉，由于粒度细小，表面态淀粉受到活化，将其填充或混配制成的食品具有优良的加工性能，且易于熟化，风味、口感好。粮谷类食品粉体因淀粉、蛋白质含量高，其微观结构具有独有的特征。

取大豆分离蛋白用 QLM 扁平式超音速气流粉碎系统粉碎，分别在进料气流 0.4MPa、粉碎气流 0.4MPa，进料气流 0.6MPa、粉碎气流 0.6MPa，进料气流 0.8MPa，粉碎气流 0.8MPa 条件下超微粉碎处理。另取一定量大豆分离蛋白用 QM 型系列轻型球磨机粉碎，固定转速为 96r/min，分别粉碎 50min、100min 和 150min 得到不同粒度的大豆蛋白粉体。不同条件处理的大豆分离蛋白粉的微观结构如图 4-5 所示（司玉慧，2012）。

(a) 大豆分离蛋白显微结构（1000倍）　　(b) 气流0.4MPa（1000倍）　　(c) 气流0.6MPa（1000倍）

(d) 气流0.8MPa（1000倍）　　(e) 气流0.8MPa（10000倍）　　(f) 球磨50min（1000倍）

(g) 球磨100min（1000倍）　　(h) 球磨150min（1000倍）　　(i) 球磨150min（10000倍）

图 4-5　不同条件处理大豆分离蛋白粉的微观图

　　超微粉碎后的大豆分离蛋白的形貌特征改变,未处理的大豆分离蛋白原样（a）多数呈球状，表面平滑，蛋白聚合体较大，且分布得比较集中，当经过超微粉碎处理后，大豆分离蛋白的球状聚合体被破碎，部分聚集体颗粒变小，且聚合体表面变得不平滑，随着粉碎气流的加大，聚集体颗粒逐渐变小。从图 4-5（e）、（i）可见蛋白质的空间结构与原样相比发生明显的变化，并且看到碎块从聚集体中剥离的痕迹，碎片呈现出各种不规则的形态，颗粒表面也非常粗糙。

3. 软饮料类食品粉体

目前，利用气流微粉碎技术已开发出的软饮料有茶粉、豆类固体饮料和超微骨粉配制富钙饮料等。茶文化在中国有着悠久的历史，若将茶叶在常温、干燥状态下制成粉茶（粒径小于 5μm），可提高人体对其营养成分的吸收率。将茶粉加到其他食品中，还可开发出新的茶制品。植物蛋白饮料是以富含蛋白质的植物种子和果核为原料，经浸泡、磨浆、均质等操作制成的乳状制品。磨浆时，可用胶磨机磨至粒径 5～8μm，再均质至 1～2μm。在这样的粒度下，蛋白质固体颗粒、脂肪颗粒变小，从而防止了蛋白质下沉和脂肪上浮。韩军（2003）研究发现低温脱脂花生蛋白粉经超微粉碎后，可不经传统的浸泡磨浆工序，直接用于花生蛋白饮料的生产。

将茶叶用粉碎机粉碎，分别通过孔径大小为 1.00mm、0.50mm、0.25mm 和 0.12mm 的筛制得不同粒径的粗茶粉，将茶叶用纳米冲击磨粉碎，制得超微茶粉，茶粉颗粒的扫描电镜结果（张阳等，2016）如图 4-6 所示。

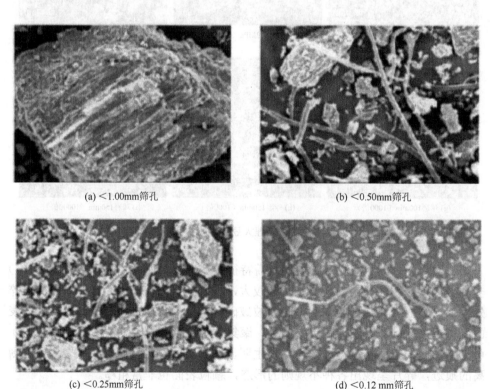

(a) ＜1.00mm筛孔　　　　　　　　　　　　(b) ＜0.50mm筛孔

(c) ＜0.25mm筛孔　　　　　　　　　　　　(d) ＜0.12 mm筛孔

(e) 超微粉碎

图 4-6　不同粒径茶粉的扫描电镜图

茶叶叶片由上下表皮、叶肉组织和形成叶脉的维管组织构成，维管束组织内包括导管、筛管等结构。扫描电镜图像能够直观反映茶粉微观结构，常规粉碎茶粉组织结构完整，小于 1.00mm 茶粉颗粒较大，表面螺纹导管结构清晰可见，其他 3 种粗粉颗粒中大块颗粒逐渐变小，有许多散落的导管结构，组织结构仍然完整。而超微茶粉呈现类似球状的细小颗粒碎片，组织结构和细胞壁被破坏。植物细胞的尺度为 8～90μm，与常规粉碎相比，超微茶粉的粒度已达到细胞级粉碎，超微粉碎对茶叶叶脉组织和细胞壁的破坏程度更强。

4. 功能性食品粉体

"药食同源"、"食疗重于药疗"的思想已普遍为人们接受，对于功能性食品的生产，微粉碎技术主要在其基料（如膳食纤维、脂肪替代品等）的制备中起作用。多种药食两用作物被开发为食品粉体产品，如膳食纤维类产品等，膳食纤维虽不被人体直接消化，但可增加肠道蠕动，作为有毒物质的载体及无能量的填充剂，平衡膳食结构、防治现代文明病，超微粉碎技术应用于功能性食品粉体中，可提高功能物质的生物利用度，降低在食品中的用量，其微粒子在人体内的缓释作用，又可使功效性延长。研究显示超微粉碎对小麦胚芽膳食纤维物化性质有明显影响，经超微粉碎的麦胚全粉水溶性提高，有利于人体的吸收，超微粉碎后的小麦胚芽膳食纤维的持水力和膨胀力也增大，阳离子交换能力有所减小（徐春雅，2009）。

苦荞麸皮粉的显微形态如图 4-7 所示（郑慧，2007），其中苦荞麸皮粗粉为苦荞种子磨粉后得到的麸皮粗粉，平均粒径为 309.06μm，将苦荞麸皮粗粉置于行星式球磨机中，不添加任何抗结剂、助磨剂对其进行干法粉碎，分别粉碎 5min、15min和 30min 后得到平均粒径为 79.777μm、49.196μm 和 20.621μm 的三种苦荞微粉，分别为 A、B 和 C。未粉碎的苦荞麸皮粗粉的颗粒体积较大，形状不规则，粒径不均匀，细胞壁完整的细胞群清晰可见，其颗粒由几个、十几个，甚至更多的细胞组成。随着粉碎时间的增加，麸皮粉的颗粒粒径减小，粉体更加均匀，细胞群逐渐减少，裂片逐渐增加，并且部分细胞发生破碎。在粉碎 30min 后得到的苦荞微粉 20.621μm 的微观形貌中，大片的细胞群结构基本完全被破坏，小体积的裂片较多，粉体均匀性较好。

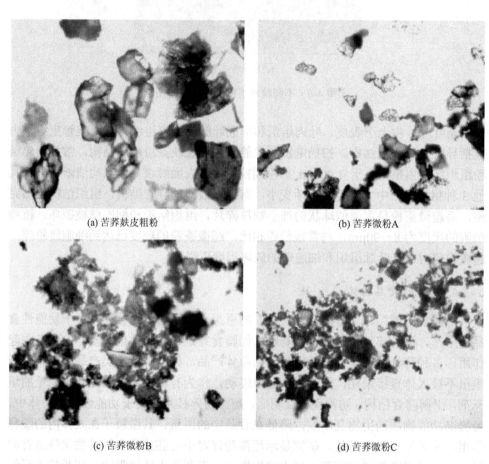

(a) 苦荞麸皮粗粉　　　　　　　　　　　　(b) 苦荞微粉A

(c) 苦荞微粉B　　　　　　　　　　　　(d) 苦荞微粉C

图 4-7　不同苦荞麸皮粉的扫描电镜图（×100）

　　分别取少量葡萄皮、葡萄籽、葡萄皮籽混合物的粗粉和超微粉放入水中，在超声波中振荡、分散开。取少量液体，滴在载玻片上，自然风干后在显微镜下观察其形态上的差异。分别取葡萄皮渣混合物的粗粉和超微粉适量，铺于电镜铜台上，喷金镀膜后置电镜下观察葡萄皮、籽、皮籽混合物粗粉和超微粉的显微形态（徐春雅，2009）。

　　由图 4-8 所示，三种粗粉的颗粒体积较大，分布不均匀，其组织块清晰可见，形态不规则，能明显观察到细胞壁完整的细胞群，其颗粒由几个、十几个，甚至更多的细胞组成。超微粉颗粒粒径很小，粉体也很均匀，大片的细胞群结构基本完全被破坏，没有完整的细胞，小体积的裂片较多。采用超微粉碎的关键是植物

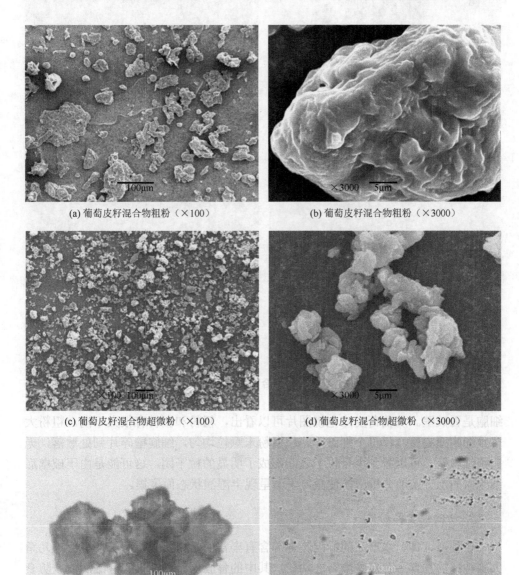

(a) 葡萄皮籽混合物粗粉（×100）　　　　(b) 葡萄皮籽混合物粗粉（×3000）

(c) 葡萄皮籽混合物超微粉（×100）　　　(d) 葡萄皮籽混合物超微粉（×3000）

(e) 葡萄籽粗粉（×40）　　　　　　　　(f) 葡萄籽超微粉（×100）

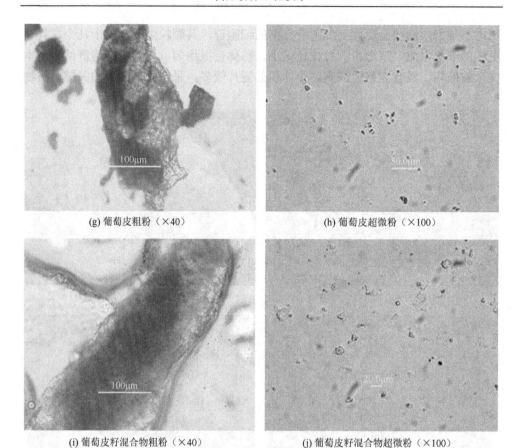

(g) 葡萄皮粗粉（×40）　　　　　　　　(h) 葡萄皮超微粉（×100）

(i) 葡萄皮籽混合物粗粉（×40）　　　　(j) 葡萄皮籽混合物超微粉（×100）

图 4-8　葡萄皮、籽、皮籽混合物粗粉和超微粉的显微形态图

细胞是否破壁。从葡萄皮渣电镜图片可以看出，粗粉和微粉有很大不同。粗粉大多数细胞壁完整，仅见个别破碎。超微粉末颗粒均匀，细胞壁碎片到处散落，无完整细胞壁。可以看到少量粒子之间形成了明显的粒子团，这可能是由于破壁后细胞内的水分及油分析出，使微粒表面呈现半湿润状态而聚集。

5. 动物性食品粉体

各种畜、禽、水产品的鲜肉、骨等含有丰富的蛋白质和磷脂质，能促进儿童大脑神经的发育，有健脑增智之功效，其中的骨胶原、软骨素等有滋润皮肤防衰老的作用，鲜骨中还有高含量的钙、铁及维生素等营养成分，利用粉碎技术将鲜骨多级粉碎加工成骨粉，既能保持95%以上的营养素，又能提高吸收率。

不同等级肉粉的显微特征如图4-9所示（张磊，2008）。优质肉粉 [图4-9（a）] 有油腻感，白色或黄色，有较暗及较淡的区分，可见肌肉纤维和肌腱粉粒等结缔组

织成分，可见骨成分，含有少量猪毛，混有少量的血粉特征，特级肉粉［图4-9（b）］
可见黄色、淡褐色固体颗粒。

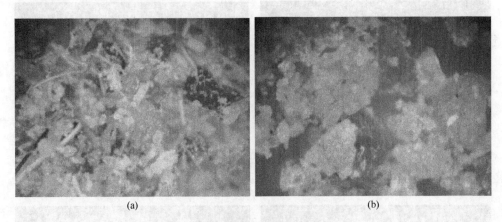

(a)　　　　　　　　　　　　　　　(b)

图 4-9　不同等级肉粉的显微图（×50）

白鱼粉及鱼粉中常见骨的显微特征，如图 4-10 所示（张磊，2008）。白鱼粉
呈淡黄色或灰白色，半透明。由图 4-10（c）可以看出鱼粉中常见的游离碎骨、表
面光滑，玉白色，半透明，边缘为不规则形状，由图 4-10（d）可看到鱼刺颜色为
琥珀色，半透明，中空，由图 4-10（e）可见鱼眼为白色半透明小球，无裂痕，有
光泽，还可见喇叭状鱼骨（为鱼椎骨）。从图 4-10（f）可见，在 50 倍条件下鱼骨
粉中的鱼骨比较明显，一些鱼骨块呈琥珀色，略带光泽。

鱼粉中的鱼鳞和鱼粉肉质的显微特征如图 4-11 所示，鱼鳞为平坦薄形片状物，
半透明，有同心圆线纹。鱼粉在 50 倍的显微图像下可以看到肌纤维，呈黄至淡黄，
半透明。块状鱼粉的颗粒较大，呈黄褐色或黄棕色，比鱼纤维颜色要深，表面粗
糙，具有纤维结构，有透明感。

 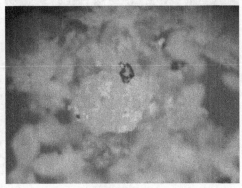

(a) 白鱼粉（×20）　　　　　　　　　(b) 白鱼粉（×50）

(c) 鱼骨粉（×50）

(d) 鱼骨粉（×50）

(e) 鱼骨粉（×20）

(f) 鱼骨粉（×50）

图 4-10　白鱼粉及鱼骨粉的显微特征图

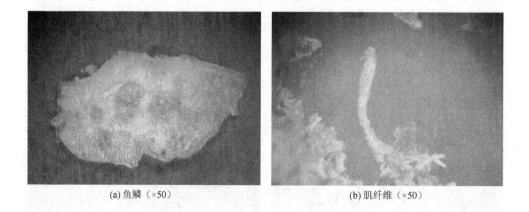

(a) 鱼鳞（×50）

(b) 肌纤维（×50）

(c) 块状鱼粉（×50）

图 4-11　鱼鳞和鱼粉肉质的显微特征图

肉骨粉的显微特征如 4-12 所示，可见肉骨粉不透明或半透明，有的带有斑点，骨质部分为坚硬的白、灰、棕色石块状，呈不规则的粒状、条状，并可见小孔，而鱼骨无小孔，呈片状、圆条状、喇叭状，肉骨粉中的肌肉较少，肌纤维较细，但相互连接，胶原蛋白较多，没有纤维结构，很难用镊子撕开。图 4-12（b）中骨部分为白色，表面可看到条纹和小孔。

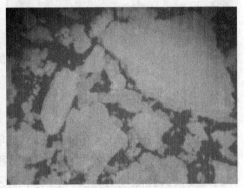

(a) 肉骨粉（×20）　　　　　　　　　　　(b) 肉骨粉（×50）

图 4-12　肉骨粉的显微特征图

蛋壳粉和蟹壳粉的显微特征如图 4-13 所示。蛋壳粉为浅色碎片，常杂有蛋壳内膜成分，蛋壳表面有小孔。蟹壳和蟹脚坚硬，颜色橘黄，图 4-13（c）中蟹壳为小的不规则的几丁质形状，壳外层为橘红色，多孔，并有蜂窝状的圆形小盖状物。

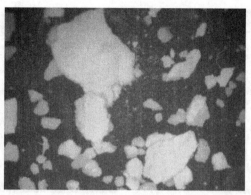

(a) 蛋壳粉（×50）

(b) 蟹壳粉（×20）

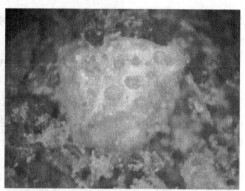

(c) 蟹壳粉（×50）

图 4-13　蛋壳粉和蟹壳粉的显微特征图

4.1.3　比表面积

　　比表面积（specific surface area）是单位质量的粉末颗粒的表面积之和。食品粉体的一个重要的特性就是颗粒的表面积，通常用比表面积来表示，该特征是粉体的细度及其孔隙度的量度，但是不能区别单一粒径的粉体和粒径范围较宽的粉体混合物。

　　根据计算基准不同可分为体积比表面积 S_v 和质量比表面积 S_w，比表面积的单位为 m²/g 或 m²/kg。

$$S_w = 6/rd_{vs} \tag{4-1}$$
$$S_v = 6/d_{vs} \tag{4-2}$$

式中：r——粒子真密度；

　　　　d_{vs}——体积面积平均数径。

　　比表面积与粒度有一定的关系，粒度越细，比表面积越大，但这种关系并不一定是正比关系,比表面积是表征粉体中粒子粗细的一种量度,也是表示固体吸附能力的重要参数,可用于计算无孔粒子和高度分散粉末的平均粒径:$d_{vs} = 6/S_v$,如果某种食品粉体仅由单一直径的颗粒组成,则通过比表面积计算的平均直径值即为该颗粒直径值。

比表面积大小与颗粒大小有关,已有研究表明,粒度为 246.43μm 和 8.71μm 的红景天粉比表面积由 0.10m²/g 增大到 0.39m²/g,粒度为 300μm 和 8.34μm 的姜粉,比表面积由 0.33m²/g 增加到 1.32m²/g,粒度的减小可以提高粉体物料的比表面积,常规粉碎可以使比表面积增大 3～4 倍,超微粉碎可增大 7 倍。测定粉体的比表面积常用方法有:气体吸附法和渗透法。

1. 气体吸附(gas adsorption)法

气体吸附法主要基于以下原理,气体(或液体)可以吸附在粒子表面上,比表面积越大的粒子所吸附的气体(或液体)越多,根据 BET 理论计算:

$$\frac{P}{V(P_0 - P)} = \frac{1}{V_m C} + \left(\frac{c-1}{V_m C}\right)\left(\frac{P}{P_0}\right) \tag{4-3}$$

式中:P——吸附质分压;

P_0——吸附剂饱和蒸气压;

V——样品实际吸附量;

V_m——单层饱和吸附量;

C——与样品吸附能力相关的常数。

BET 方程是建立在多层吸附的理论基础之上,与许多物质的实际吸附过程更接近,因此测试结果可靠性更高。实际测试过程中,通常实测 3～5 组被测样品在不同气体分压下多层吸附量 V,以 P/P_0 为 X 轴,P/V($P_0–P$)为 Y 轴,由 BET 方程作图进行线性拟合,得到直线的斜率和截距,从而求得 V_m 值,根据下面的公式可以计算出被测样品的比表面积。

$$S = n_\lambda \delta = \frac{V_m N_A \delta}{22400W} \tag{4-4}$$

BET 理论与物质实际吸附过程更接近,可测定样品范围广,测试结果准确性和可信度高,特别适合科研及生产中使用。

2. 气体透过法(gas permeation)

气体透过法也称渗透法,其原理是气体通过粉体层时,由于气体透过粉体层的孔隙而流动,所以气体的流动速度与阻力受粉体层的表面积大小影响。测试时将粉体样品压实,测定空气流过样品时的阻力,根据流动速度与粉体层的阻力间的 Kozeny-Carman 公式计算出样品的比表面积。

渗透法只能测粒子外部比表面积，粒子内部空隙的比表面积不能测，因此不适合用于多孔形粒子的比表面积的测定。

另外还有溶液吸附、浸润热、消光、热传导、阳极氧化等方法。

渗透法和气体吸附法广泛用于许多工业应用中。比表面积在所有与表面相关的应用中都很重要，如通过填充层或流化作用进行的质量和热传递。在食品加工工程中，热和质量的传递对许多要将水分去除到最低水平的材料的质量控制至关重要，但是过热可能会损害感官特性。许多食品必须进行细分，以便在咖啡豆的浸出和不同香料的干燥等过程中，以最少的热量来改善传质。

4.1.4　堆积密度（松密度）

食品粉体是一个分散体系，粉体的颗粒内部和颗粒间存在空隙，同时食品粉末颗粒的形状千差万别，它将影响到粉体的流动性和充填性，广义地说，将影响到颗粒间的作用力，获得食品粉体的准确质量较容易，简单考察粉体的体积无法准确说明粉体的质量，因而要考察粉体的密度。

粉体的密度指单位体积粉体的质量，即用粉体的质量除以粉体的体积从而得到粉体的密度。根据所测定的粉体的体积不同，粉体的密度分为真密度（true density 或 skeletal density）、表观密度（apparent density）、堆积密度（或称松密度，bulk density）。

（1）真密度（ρ_t）：指粉体质量（W）除以真体积（V_t），即不包括颗粒内外空隙的体积，求得的密度；

（2）表观密度（ρ_a）：指粉体质量（W）除以表观体积（除开口孔隙体积以外的全部体积，包含闭口孔隙体积）；

（3）堆积密度（ρ_b）：指粉体质量（W）除以该粉体所占容器的体积 V_b（堆积体积：包括颗粒体积及颗粒间空隙的体积）求得的密度，亦称松密度。

密度是粉体的基本性质，一般非金属矿物粉体的真密度超过 2000kg/m³，部分金属粉体的真密度在 700kg/m³ 左右，由于大部分的有机物质都是柔软多孔的，因而大多食品粉体的真密度比矿物、金属等粉体的真密度小很多，大多在 1000～1500kg/m³ 范围内，部分常见食品粉体密度为：葡萄糖 1560kg/m³，蔗糖 1590kg/m³，淀粉 1500kg/m³，纤维素 1270～1610kg/m³，蛋白质（球状）1400kg/m³，脂肪 900～950kg/m³，盐 2160kg/m³，柠檬酸 1540kg/m³。表观密度的测量一般通过气体或液体置换装置，测量的表观体积即材料排开气体或水的体积。

堆积密度的测量在食品粉体的加工、储存、包装和分销等各环节中都很重要，特别对于研磨或干燥生产的食品粉体产品，堆积密度是其质量控制的重要指标之一。例如研磨咖啡包装时可能发生的常见偏差是产品的堆积密度超过规定范围，导致包装中的咖啡粉末将占据小于预期目标的空间，虽然产品的净重是正确的，但是这样的包装看起来就像是咖啡的量不足，另外，如果咖啡的堆积密度低于产品包装规格允许的体积密度，那么可能出现产品体积大于产品包装的情况。因此，按照设定包装体积完成产品生产后，将导致包装中的咖啡净重低于标签上标注的数值。

在生产、运输及储存等过程中，食品粉体的堆积情况常常受到许多因素的干扰，如振动、受压、团聚等，堆积体积会发生变化，因此粉体的堆积密度是一个变化的值。特别对于一些有黏着力或易发生凝聚的食品粉体，堆积密度可以简单地理解为包括疏松体积密度和粉体经过震动叩击后的紧致体积密度［不施加外力时所测得的密度为最松松密度，施加外力而使粉体处于最紧充填状态下所测得的密度是振实密度（又称最紧松密度）］。

堆积密度的测量包括充气堆积密度法、倾倒堆积密度法、振实堆积密度法。

充气堆积密度法：充气堆积密度即粉末处于最松散填充形式的密度，可以通过将均匀分散的单颗粒混合物吹入测量容器中来实现，或者可以使用气体流化作用，气体缓慢地带动粉体，使颗粒平稳地沉降到容器内。容器内的粉体结构由颗粒之间的内聚力保持，通常会不稳定。随着粉体结构中的某些部位的崩溃，容器顶部的粉末表面的平整难以达到，进而不会形成颗粒的移动而导致错误。充气堆积密度的测定可以使用如图 4-14 所示的装置进行，设备中安装了滤网盖、滤网、

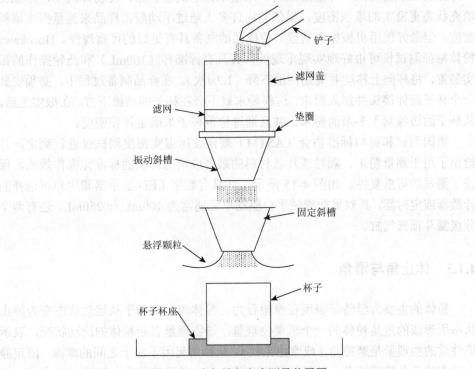

图 4-14　充气堆积密度测量装置图

垫圈和固定斜槽等组件。将粉体置于振幅可变的振动斜槽顶上，当固定斜槽与预先称重的 100mL 杯子的中心对准，则将粉末通过振动筛倒入，并通过斜槽从约 25cm 的固定高度落入圆筒形杯中。设置振动的振幅，使粉末在 20～30s 内填充满杯子，使用刀或尺的锋利边缘，从杯的顶部除去多余的粉末，而不会影响或压实松散沉降的粉末。测量保持在杯中粉末的体积和质量，通过这两个值计算松散堆积密度。将粉体装入容器中所测得的体积包括粉体真体积、粒子内空隙、粒子间空隙等。测量容器的形状、大小、物料的装填速度及装填方式等均影响粉体体积（Barbosa-Cánovas et al.，2010）。

　　倾倒堆积密度法：该方法在某些特定的行业或公司范围内被广泛使用，其操作中应注意测量容器容积相对较大，确保粉末始终从相同的高度倾倒，填充物应尽可能不被偏压。虽然该方法远还没实现标准化，但生产中许多企业都使用带有收集门或停止器的锯切漏斗将粉末倒入测量容器中。对于体积范围为 50～1 000mL 的粉体产品，标准容器（通常为量筒）也可用于体积测量，目前首选标准为 1L。使用长度/直径比为 2：1 的密度气瓶是比量筒更好的选择，粉体的倾倒高度也应是标准化的，高度会影响粉末的压实状态。一些企业在操作中将粉体倒入容器中之后会保持约 10min，使粉达到其稳定的密度，然后再刮掉顶部。

　　振实堆积密度法：即通过敲击、颠簸或振动测量容器，使粉体沉积，形成比填充状态更密实的堆积密度。虽然业内许多人通过手动敲击样品来测量振实堆积密度，但最好使用机械振实装置，使样品的制备具有更好的可重现性。Hosokawa 粉体特征测试仪可很好地实现重现性，其具有标准杯（100mL）和凸轮操作的振实装置，将杯向上移动并周期性地下降（1.2s/次）。在样品制备过程中，必须安装一个杯子延伸接头并加入粉末，这样粉末就不会在杯子的边缘下方。在振实之后，从杯子的边缘刮下多余的粉末，并且通过称重杯子来确定体积密度。

　　美国测试和材料标准协会（ASTM）规定使用振实密度测试仪进行测定，并给出了用于测量粉末、颗粒或片状材料的敲击或填充体积的标准化操作规范，保证了测试的可重复性。如图 4-15 所示，其具有数字 LED 显示器和用户可选择的计数器或定时器，其双重非旋转平台驱动单元通常为 100mL 和 250mL，还有两个分级漏斗顶部气缸。

4.1.5　休止角与滑角

　　粉体的主要力学特征表现在摩擦行为。粉体流动即粒子从运动状态变为静止状态所形成的角是粉体的一个重要物理量，该物理量表示粉体的流动状况，表示该性质的物理量是摩擦角（或摩擦系数）。摩擦角起因于粒子之间的摩擦，限定静止状态的角是静摩擦角。粒子处于运动状态时，其运动状态与摩擦状态有关，必

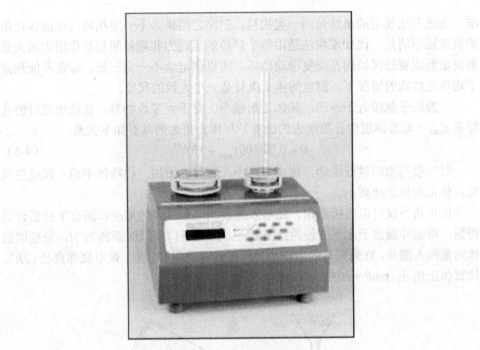

图 4-15　振实密度测量仪

然要考虑限定摩擦状态的物理量——动摩擦角。但是，在不同条件下所得到的摩擦角的数值总有差别，可分为：休止角、壁摩擦角和滑角等。

1. 休止角

休止角指粉体的自由表面与水平面所能形成的最大夹角，是粒子在粉体堆积层的自由斜面上滑动时所受重力和粒子间摩擦力达到平衡而处于静止状态下测得的。

易流动粉料的活动平衡性可由休止角来说明，所以往往将休止角视作粉体的"黏度"，可以作为粉体凝聚性或流动性的一个大致尺度。休止角越小，摩擦力越小，流动性越好，黏性食品粉体或粒径小于 200μm 的粉体粒子间的相互作用力较大而流动性差，所测休止角较大。一般认为休止角 $\theta \leqslant 30°$ 时流动性好，$\theta \leqslant 40°$ 时可以满足生产过程中的流动性需求，可满足超微粉体生产要求。粉体的流动性对颗粒、胶囊、片状产品等的质量差异及正常操作影响较大。

测定休止角的方法有多种，如 4-16 所示，有堆积法，即从规定的一定高度使粉体自然降落，至一定面积的圆板上堆积起来形成圆锥体，还有从容器底部圆孔排出的排出法，使装有粉体的容器倾斜测定粉体开始流动时的角度的倾箱法，以及将粉体装入透明的圆筒容器内使其旋转测定流动表面与水平面所形成角度的方法。上述方法使用的虽然是同一类物料，但测定结果并不一定相同。形成休止角的机理还不清楚，比如堆积法是由每个颗粒的运动力和颗粒间相互作用力的关系来决定形成亚稳区结构及反复滑动破坏，所以测定值不一定一致。即在不能规定平均填充结构的情况下，测定的休止角只是一个大致的尺度。

一般粒子越接近于球形，其休止角越小。对于大多数物料，松散填充时的孔隙率 ε_{max}（即粉体层中孔隙所占的比率）与休止角之间具有如下关系：

$$\theta = 0.05(100\varepsilon_{max} + 15)^{1.57} \tag{4-5}$$

对一般的物料进行振动，休止角减小，流动性增加。往粉体中通入压缩空气时，休止角显著地减小。

休止角不仅可以直接测定，还可以通过测定粉体层的高度和圆盘半径后计算得到，将漏斗固定于水平放置的绘图纸上，漏斗下口距纸的距离为 H，分别取粉体适量倒入漏斗，直到漏斗的出口与粉末圆锥体的尖端接触，量取底部直径（$2R$），计算休止角 θ：$\tan\theta = H/R$。

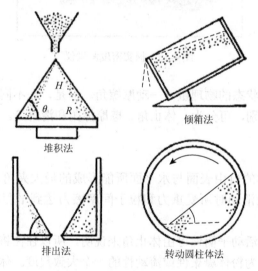

图 4-16　休止角的测定方法

2. 摩擦角与滑角

在实际中，经常碰到粉体与各种固体材料壁面直接接触以及相对运动的情况。粉体层与固体壁面之间的摩擦由壁摩擦角表示，而滑角则表示每个粒子与壁的摩擦。食品粉体物料的料仓锥口，要充分考虑粉体的壁摩擦角，使物料顺利卸出，滑角的测量方法为：将载有粉体的平板逐渐倾斜，粉体开始滑动时，平板与水平面的夹角即为滑角。

3. 休止角与滑角的测定实例

以苦荞麸皮粉为例（郑慧，2007），将苦荞麸皮粗粉置于行星式球磨机中，不添加任何抗结剂、助磨剂对其进行干法粉碎，得到不同粒径的苦荞微粉。将样品经玻璃漏斗垂直流至玻璃平板上，漏斗尾端距玻璃平板垂直距离 3cm，流下的粉体在玻璃平板上形成圆锥体，测定圆锥表面和水平面的夹角，此为样品的休止角。准确称取 3.00g 样品，平铺在一块光滑玻璃板中部，缓缓向上推动玻璃板的一端，测定样品滑落 90%时玻璃板与水平面的角度，此为样品的滑角。

结果显示，随着苦荞麸皮粉平均粒径的减小，休止角和滑角都有所增大，其中粉体的休止角从粗粉的 35.66°增加到微粉的 52.38°，滑角从粗粉的 44.45°增加到微粉的 51.04°（图 4-17）。这是因为经过超微粉碎处理，粉体粒径减小，颗粒的比表面积增大，表面聚合力增大，颗粒间的引力和黏着力增加，颗粒能更紧密地聚集，同时麸皮的粒径减小，微粉与光滑玻璃板之间的摩擦力相对减小，也使得粉体的休止角和滑角增大，通过超微粉碎处理使苦荞麸皮的流动性得到极大改善。

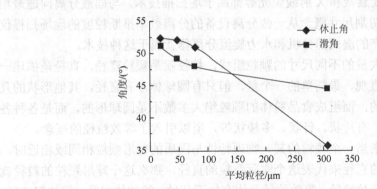

图 4-17　苦荞微粉的休止角和滑角

休止角和滑角是表示粉体流动性的重要指标，经过超微粉碎后粉体的休止角和滑角增大，粉体的流动性有了较大的改善。

4.1.6　粒度

粒度是粉体的物理特性之一，反映了粉体的颗粒大小和形状，对于粉体的应用效果和产品质量，粒度的大小和形状直接影响到产品的硬度、韧性、耐磨性和耐压性等性能。另外，粒度在一定程度上还可以反映植物组织细胞破壁的情况，粉末粒度越小，破壁率越高，壁内的营养物质就越易溶出。因此，粒度是食品粉体质量的一个重要评价指标。对于粉体的粒度评价，需要综合考虑粉体粒度的大小、形状、分散情况等因素，以确保产品的质量和性能符合要求。

在线检测技术过程控制的自动化使得我们需要连续监测生产流程中的食品粉体的粒度。近来已经开发了一些在线粒度分析仪器来满足这一需求，它可以在控制系统中启动调节或关闭信号。这种仪器的基本要求是它必须在预设指令下自动持续运行，并且从观察到读数的响应时间必须短到几乎是同时。在线检测有些是衡量一个整体粒度趋势（即平均直径），有些是在粒度分布中选取一个或多个点进行检测。目前有些实现了在整个工艺生产线上真正在线运行监测，有些需要从主要生产流程中选取出部分样品流进行检测，有些可能仅仅是分批样品的快速响应自动化技术。

在线测量是一个正在迅猛发展的领域。设备可以大致分为两类：流扫描和场扫描。流扫描包括不同的技术，遵循前面部分描述的基本原理，适用于各种过程。场扫描通常适用于集中系统，监测粉体的一些与粒径相关的特性，并从理论或校准关系推导出粒度，如超声波衰减、回波测量、激光衰减、在线黏度计、电噪声相关技术、X 射线衰减和 X 射线荧光等都属于场扫描技术，与固液分离问题最相关的是使用分析切割尺寸概念从一些分离设备的分离效率推断粒度的现场扫描仪器，用于淀粉生产的湿式筛分机和水力旋流分离器就属于这种技术。

食品粉体由大量的不同尺寸的颗粒组成，粒径就是颗粒直径，直径是描述一个颗粒大小的最直观、最简单的一个量，但只有圆球体才有直径，其他形状的几何体是没有直径的，而组成食品粉体的颗粒绝大多数不是圆球形的，而是各种各样不规则形状的，有片状、针状、多棱状等，所以引入了等效粒径的概念。

等效粒径是指当一个颗粒的某一物理特性与同质的球形颗粒相同或相近时，就用该球形颗粒的直径来代表这个实际颗粒的直径，那么这个球形颗粒的粒径就是该实际颗粒的等效粒径。等效粒径具体有如下几种：等效体积径、等效沉速径、等效电阻径、等效投影面积径等。等效投影面积径又称面积等效直径，指的是与实际颗粒投影面积相同的球形颗粒的直径。显微镜法所测的粒径大多是等效投影面积径。

粒径的几个关键指标如下。

D_{10}：一个样品的累计粒度分布数达到 10%时所对应的粒径。它的物理意义是粒径小于它的颗粒占 10%。常用来表示粉体细端的粒度。

D_{50}：一个样品的累计粒度分布百分数达到 50%时所对应的粒径。它的物理意义是粒径大于它的颗粒占 50%，小于它的颗粒也占 50%，D_{50} 也称中位径或中值粒径，常用来表示粉体的平均粒度。

D_{90}：一个样品的累计粒度分布数达到 90%时所对应的粒径。它的物理意义是粒径小于它的颗粒占 90%。D_{90} 常用来表示粉体粗端的粒度。跨度是表示样品均匀度的参数：Span = $(D_{90}-D_{50})/D_{10}$。

粒度分布，用特定的仪器和方法反映出不同粒径颗粒占粉体总量的百分数。粒度分布有区间分布和累计分布两种形式。区间分布又称为微分分布或频率分布，它表示一系列粒径区间中颗粒的百分含量。累计分布也称积分分布，它表示小于或大于某粒径颗粒的百分含量。粒度分布的表示方法有体积分布、质量分布、个数分布等，体积分布指不同粒径颗粒体积占粉体总量的体积百分数。

将新鲜成熟石榴去皮后充分打浆破碎，过滤 60 目绢布，添加助剂等辅料后均质，最后喷雾干燥制粉，得石榴全籽粉 1（WPSP1）和石榴全籽粉 2（WPSP2）；浓缩石榴汁稀释还原到原先浓度，添加助剂后均质，喷雾干燥制粉，得石榴浓缩汁粉（PCJP）。采用 Mastersizer2000 激光粒度仪对石榴果粉的粒度分布及平均粒径大小进行测定，称取一定量的果粉样品悬浮于异丙醇试剂中，借助一定的搅拌离心力（400N）使其均匀分散于溶剂中，通过波长为 466nm 的蓝光检测波对其进行连续检测直至读数达到连续恒定，粒度的结果用体积加权平均值（$D_{[4, 3]}$）来表示（Ferrari，2012），WPSP1、WPSP2 和 PCJP 的体积平均粒径分别为 35.93μm、41.76μm 和 19.65μm，WPSP2 颗粒间隙较大导致单位体积的全籽粉质量较小，其粒径最大，三者的粒径范围大部分处在 1～100μm 之间，粒度呈正态分布，并且显示出一个特征性的单峰分布（图 4-18），研究表明喷雾干燥后的粉末具有高密度堆积的特性，因此其粒径分布会明显存在峰形分布，即在某一粒径范围的颗粒占主导多数，在一般情况下，较小的颗粒最有效地被包含在较大的微囊之间的空隙。体积平均粒径分布图更直观地表明了 WPSP1、WPSP2 中占多数的颗粒粒径大于 PCJP 占多数的颗粒，PCJP 整体上的颗粒较细腻，推测与浓缩汁直接干燥后的粉末相比，鲜果去皮后直接带籽进行打浆后的浆液中，大粒径颗粒较多（薛佳宜，2016）。

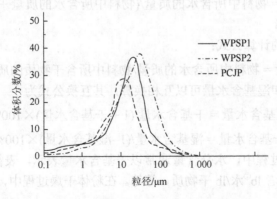

图 4-18　石榴全籽粉（WPSP1、WPSP2）和石榴浓缩汁粉（PCJP）的平均尺寸分布

4.2　内　在　质　量

食品粉体的内在质量主要包括：水分、灰分、浸出物、重金属、微生物指标、理化性质等。

4.2.1　水分

水分含量对于各种类型粉体生产的各个方面都起着至关重要的作用，对于食品粉体，水分是很重要的一方面，因为其与粉体的黏性增强有关，主要源于液体在粒子间起到桥梁作用，粒子间的水分薄膜或桥梁是导致粉体粒子发生自发性聚集的原因，这个特性被应用于食品粉体的速溶性生产中，如速溶咖啡、速溶可可粉等，然而，一般食品粉体表面的水分薄膜或桥梁的形成可能导致流动困难，甚至导致严重的结块问题。

1. 水分含量的表征

原则上湿度或水分含量的测量较简单，单位质量的粉体中的含水量，以百分比或质量分数表示，大部分粉体是否含有水分成为必须关注的问题，不含水分的粉体物料称为绝对干料，因而食品粉体含水率的表示方法有两种：干基含水量（即每单位干物质中含水的比例）或湿基含水量，湿物料中的水分的质量与湿物料中的绝对干料质量之比称为湿物料的干基含水量，即湿基含水量是以物料质量（干物质与水分总和）为基准计算的，而干基含水量是以粉体中固体干物质为基准计算的。

湿基含水量的计算公式：

湿基含水量 = 物料中所含水的质量/(物料中所含水的质量 + 物料中所含干物质的质量)×100%

干基含水量的计算公式：

干基含水量 = 物料中所含水的质量/物料中所含干物质的质量×100%

干基含水量和湿基含水量可以互相换算，其互换公式为

湿基含水量 = 干基含水量/(1 + 干基含水量)×100%

干基含水量 = 湿基含水量/(1–湿基含水量)×100%

在食品加工过程中，水分含量通常以干基含水量表示，表征数值单位为 kg 水/kg 干物质，或者 lb[①]水/lb 干物质，等等。在粉体干燥过程中，由于湿物料的质

---

① 1lb = 0.453 592kg。

量在干燥过程中因失去水分而逐渐减少，故用湿基含水量表示，不能将干燥前后物料的含水量直接相减以表示干燥所除去的水分。而绝对干料的质量在干燥过程中是不变的，因而在食品粉体干燥等的各种计算中，采用干基含水量比较方便。

2. 水分含量的测定

食品粉体中水分的通用测量方法主要有四种：直接干燥法、减压干燥法、蒸馏法、卡尔·费休法（GB 5009.3—2016）。

1）直接干燥法

利用食品粉体中水分的物理性质，在101.3kPa和温度101～105℃条件下，采用挥发方法测定样品中干燥减失的质量，包括吸湿水、部分结晶水和该条件下能挥发的物质，再通过干燥前后的称量数值计算出水分的含量。该方法操作简单，但不适用于水分含量小于0.5g/100g的样品。

测定方法为：取洁净铝制或玻璃制的扁形称量瓶，置于101～105℃干燥箱中，瓶盖斜支于瓶边，加热1.0h，取出盖好，置干燥器内冷却0.5h，称量，并重复干燥至前后两次质量差不超过2mg，即为恒重。将混合均匀的试样迅速磨细至颗粒小于2mm，不易研磨的样品应尽可能切碎，称取2～10g试样（精确至0.0001g），放入此称量瓶中，试样厚度不超过5mm，如为疏松试样，厚度不超过10mm，加盖，精密称量后，置于101～105℃干燥箱中，瓶盖斜支于瓶边，干燥2～4h后，盖好取出，放入干燥器内冷却0.5h后称量。然后再放入101～105℃干燥箱中干燥1h左右，取出，放入干燥器内冷却0.5h后再称量。并重复以上操作至前后两次质量差不超过2mg，即为恒重。试样中的水分含量，按下式进行计算：

$$X = \frac{m_1 - m_2}{m_1 - m_3} \times 100 \qquad (4-6)$$

式中：X——试样中水分的含量，g/100g；

　　　m_1——称量瓶（加海砂、玻棒）和试样的质量，g；

　　　m_2——称量瓶（加海砂、玻棒）和试样干燥后的质量，g；

　　　m_3——称量瓶（加海砂、玻棒）的质量，g；

　　　100——单位换算系数。

水分含量≥1g/100g时，计算结果保留三位有效数字；水分含量<1g/100g时，计算结果保留两位有效数字。

通常用直接干燥法测量水分含量，先将大量食品粉体物料进行称量，加热蒸发去除其中的水分，再进行称重，这种方法中存在两个问题：第一，蒸发过程中究竟有多少水分被去除；第二，蒸发过程中应该使用多少热量对粉体物料进行加热，以防止发生粉体分解或结晶水释放。食品粉体中的水分有不同的存在形式，通常粉末颗粒之间的水被称为"自由水"，粉末颗粒的孔径中的水被称为"结合水"。因而直接干燥法测量水分含量，需要根据测试的目的及不同食品粉体的特性适当调整操作条件。

在标准实验室中烘箱可以用其他加热设备替代：可以使用微波炉，但要保证在所有水被除去之前，粉末不允许超过设定温度（110℃）。还可以使用红外加热器代替烘箱，可实现快速测定，但准确度略低。水分对食品粉末的处理、储存和加工至关重要，它实际上影响食品粉末的所有二次性质，如堆积密度、黏结性、流动性等。

2）减压干燥法

利用食品中水分的物理性质，在达到40～53kPa压力后加热至（60±5）℃，采用减压烘干方法去除试样中的水分，再通过烘干前后的称量数值计算出水分的含量。

测定方法：取已恒重的称量瓶称取2～10g（精确至0.0001g）试样，放入真空干燥箱内，将真空干燥箱连接真空泵，抽出真空干燥箱内空气（所需压力一般为40～53kPa），并同时加热至所需温度（60±5）℃。关闭真空泵上的活塞，停止抽气，使真空干燥箱内保持一定的温度和压力，经4h后，打开活塞，使空气经干燥装置缓缓通入至真空干燥箱内，待压力恢复正常后再打开。取出称量瓶，放入干燥器中0.5h后称量，并重复以上操作至前后两次质量差不超过2mg，即为恒重。

3）蒸馏法

利用食品中水分的物理化学性质，使用水分测定器将食品中的水分与甲苯或二甲苯共同蒸出，根据接收的水的体积计算出试样中水分的含量（图4-19）。本方法适用于含较多其他挥发性物质的食品粉体，如香辛料粉等。

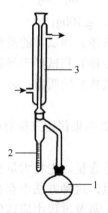

图4-19　蒸馏法水分测定装置

1-250mL蒸馏瓶；2-水分接收管，有刻度；3-冷凝管

准确称取适量试样（应使最终蒸出的水在 2～5mL，但最多取样量不得超过蒸馏瓶的 2/3），放入 250mL 蒸馏瓶中，加入新蒸馏的甲苯（或二甲苯）75mL，连接冷凝管与水分接收管，从冷凝管顶端注入甲苯，装满水分接收管，同时做甲苯（或二甲苯）的试剂空白。

加热慢慢蒸馏，使每秒钟的馏出液为 2 滴，待大部分水分蒸出后，加速蒸馏约 4 滴/s，当水分全部蒸出后，接收管内的水分体积不再增加时，从冷凝管顶端加入甲苯冲洗。如冷凝管壁附有水滴，可用附有小橡皮头的铜丝擦下，再蒸馏片刻至接收管上部及冷凝管壁无水滴附着，接收管水平面保持 10min 不变为蒸馏终点，读取接收管水层的容积。

试样中水分的含量，按下式进行计算：

$$X = \frac{V - V_0}{m} \times 100 \tag{4-7}$$

式中：X——试样中水分的含量，mL/100g（或按水在 20℃的相对密度 0.998，20g/mL 计算质量）；

V——接收管内水的体积，mL；

V_0——做试剂空白时接收管内水的体积，mL；

m——试样的质量，g；

100——单位换算系数。

以重复性条件下获得的两次独立测定结果的算术平均值表示。

4）卡尔·费休法

根据碘能与水和二氧化硫发生化学反应，在有吡啶和甲醇共存时，1mol 碘只与 1mol 水作用，反应式如下：

$$C_5H_5N \cdot I_2 + C_5H_5N \cdot SO_2 + C_5H_5N + H_2O + CH_3OH \longrightarrow$$
$$2C_5H_5N \cdot HI + C_5H_6N[SO_4CH_3]$$

卡尔·费休水分测定法又分为库仑法和容量法，其中容量法测定的碘是作为滴定剂加入的，滴定剂中碘的浓度是已知的，根据消耗滴定剂的体积，计算消耗碘的量，从而计量出被测样品水的含量。

卡尔·费休试剂的标定：在反应瓶中加一定体积（浸没铂电极）的甲醇，在搅拌下用卡尔·费休试剂滴定至终点。加入 10mg 水（精确至 0.0001g），滴定至终点并记录卡尔·费休试剂的用量（V）。卡尔·费休试剂的滴定度按下式计算：

$$T = \frac{m}{V} \tag{4-8}$$

式中：T——卡尔·费休试剂的滴定度，mg/mL；

m——水的质量，mg；

V——滴定水消耗的卡尔·费休试剂的用量，mL。

水分测定：于反应瓶中加一定体积的甲醇或卡尔·费休测定仪中规定的溶剂浸没铂电极，在搅拌下用卡尔·费休试剂滴定至终点，迅速将易溶于甲醇或卡尔·费休测定仪中规定的溶剂的试样直接加入滴定杯中；对于不易溶解的试样，应采用对滴定杯进行加热或加入已测定水分的其他溶剂辅助溶解后用卡尔·费休试剂滴定至终点。建议采用容量法测定试样中的含水量应大于 100μg。对于滴定时，平衡时间较长且引起漂移的试样，需要扣除其漂移量。

漂移量的测定：在滴定杯中加入与测定样品一致的溶剂，并滴定至终点，放置不少于 10min 后再滴定至终点，两次滴定之间的单位时间内的体积变化即为漂移量（D）。

粉体试样中水分的含量按下式计算：

$$X = \frac{(V_1 - D \times t) \times T}{m} \times 100 \tag{4-9}$$

式中：X——试样中水分的含量，g/100g；

V_1——滴定样品时卡尔·费休试剂体积，mL；

D——漂移量，mL/min；

t——滴定时所消耗的时间，min；

T——卡尔·费休试剂的滴定度，g/mL；

m——样品质量，g；

100——单位换算系数。

水分含量≥1g/100g 时，计算结果保留三位有效数字；水分含量<1g/100g 时，计算结果保留两位有效数字。

5）其他方法

除了常规的测量水分的重量法等之外，还有用于测量水分的现代仪器分析方法，主要是基于反向散射辐射、近红外吸收、电导或反射光学等原理，这些仪器测量水分前需要先进行校准，目前很多已实现在线应用和监测。

水分含量是食品粉体质量控制的重要指标，我国国际标准中对多种食品粉体的水分限量标准都进行规定，如马铃薯全粉≤9%；葛根全粉≤14%；木薯全粉、红薯全粉、山药全粉、马蹄粉≤13%；大豆蛋白粉≤10.0%；驼乳粉、乳粉、乳清粉≤5%；乳清蛋白粉≤6%；速溶豆粉和豆奶粉≤4%；雨生红球藻粉，优级≤7%，合格≤10.0%。

4.2.2 灰分

食品经灼烧后所残留的无机物质称为灰分，灰分的主要成分为各种矿质的氧化物、硫酸盐、磷酸盐、硅酸盐等，食品粉体灰分包括：总灰分、水溶性灰分、水不溶性灰分和酸不溶性灰分。

灰分在动植物组织的不同部位中的含量有明显的差异，如小麦粉的灰分含量常作为评价面粉等级的重要指标，小麦皮层中灰分含量比胚乳中含量高，因而小麦粉中的灰分含量越高，说明混入的皮层成分越多，小麦粉的精度越低。同时，灰分可以作为了解制粉各程序是否正常的参考指标，亦可以作为检验小麦粉是否掺有其他物质的一个依据，质量技术监督部门通常检验小麦粉的灰分含量以判断小麦粉中是否掺有滑石粉或者石膏粉，灰分的检验也可以作为检验小麦粉是否受生物毒素污染的一个辅助指标，生物毒素污染随着面粉的灰分含量的降低而降低，因为毒素基本上是在籽粒的外部沾染的，在制粉的过程中，随着籽粒表皮部分的碎片进入面粉中，进入面粉中的碎片越多，生物毒素的含量也越高。

灰分数值是粉体经过灼烧、称重后计算得出的。

1. 总灰分的测定

坩埚预处理。对于淀粉类食品粉体，先用沸腾的稀盐酸洗涤，再用大量自来水洗涤，最后用蒸馏水冲洗。将洗净的坩埚置于高温炉内，在（900±25）℃下灼烧 30min，并在干燥器内冷却至室温，称重，精确至 0.0001g。对于其他食品粉体，取大小适宜的石英坩埚或瓷坩埚置高温炉中，在（550±25）℃下灼烧 30min，冷却至 200℃左右，取出，放入干燥器中冷却 30min，准确称量。重复灼烧至前后两次称量相差不超过 0.5mg 为恒重。

样品称量。淀粉类食品粉体：迅速称取样品 2~10g（马铃薯淀粉、小麦淀粉以及大米淀粉至少称 5g，玉米淀粉和木薯淀粉称 10g），精确至 0.0001g；其他食品粉体：灰分大于或等于 10g/100g 的试样称取 2~3g（精确至 0.0001g），灰分小于或等于 10g/100g 的试样称取 3g（精确至 0.0001g，对于灰分含量更低的样品可适当增加称样量）。将样品均匀分布在坩埚内，不要压紧。

淀粉类食品粉体灰分测定。将坩埚置于高温炉口或电热板上，半盖坩埚盖，小心加热使样品在通气情况下完全炭化至无烟，即刻将坩埚放入高温炉内，将温度升高至（900±25）℃，保持此温度直至剩余的碳全部消失为止，一般 1h 可灰化完毕，冷却至 200℃左右，取出，放入干燥器中冷却 30min，称量前如发现灼烧残渣有炭粒，应向试样中滴入少许水湿润，使结块松散，蒸干水分再次灼烧至无炭粒即表示灰化完全，方可称量。重复灼烧至前后两次称量相差不超过 0.5mg 为恒重。

含磷量较高的豆类及其制品、肉禽及其制品、蛋及其制品、水产及其制品、乳及乳制品等粉体灰分测定。称取试样后，加入 1.00mL 乙酸镁溶液（240g/L）或 3.00mL 乙酸镁溶液（80g/L），使试样完全润湿。放置 10min 后，在水浴上将水分蒸干，在电热板上以小火加热使试样充分炭化至无烟，然后置于高温炉中，在（550±25）℃灼烧 4h。冷却至 200℃左右，取出，放入干燥器中冷却 30min，称量前如发现灼烧残渣有炭粒，应向试样中滴入少许水湿润，使结块松散，蒸干水分再次灼烧至无炭粒即表示灰化完全，方可称量。重复灼烧至前后两次称量相差不超过 0.5mg 为恒重。吸取 3 份与上述相同浓度和体积的乙酸镁溶液，做 3 次试剂空白实验。当 3 次实验结果的标准偏差小于 0.003g 时，取算术平均值作为空白值。若标准偏差大于或等于 0.003g 时，应重新做空白值实验。

其他食品粉体灰分测定。在电热板上以小火加热使试样充分炭化至无烟，然后置于高温炉中，在（550±25）℃灼烧 4h。冷却至 200℃左右，取出，放入干燥器中冷却 30min，称量前如发现灼烧残渣有炭粒，应向试样中滴入少许水湿润，使结块松散，蒸干水分再次灼烧至无炭粒即表示灰化完全，方可称量。重复灼烧至前后两次称量相差不超过 0.5mg 为恒重。

灰分含量计算如下。

加了乙酸镁溶液的试样，按下式计算：

$$X_1 = \frac{m_1 - m_2 - m_0}{m_3 - m_2} \times 100 \tag{4-10}$$

式中：X_1——加了乙酸镁溶液试样中灰分的含量，g/100g；

　　　m_1——坩埚和灰分的质量，g；

　　　m_2——坩埚的质量，g；

　　　m_0——氧化镁（乙酸镁灼烧后生成物）的质量，g；

　　　m_3——坩埚和试样的质量，g；

　　　100——单位换算系数。

未加乙酸镁溶液的试样，按下式计算：

$$X_2 = \frac{m_1 - m_2}{m_3 - m_2} \times 100 \tag{4-11}$$

式中：X_2——未加乙酸镁溶液试样中灰分的含量，g/100g；

　　　m_1——坩埚和灰分的质量，g；

　　　m_2——坩埚的质量，g；

　　　m_3——坩埚和试样的质量，g；

　　　100——单位换算系数。

2. 水溶性灰分和水不溶性灰分的测定

用热水提取总灰分，经无灰滤纸过滤、灼烧、称量残留物，测得水不溶性灰分，由总灰分和水不溶性灰分的质量之差计算水溶性灰分。

用约 25mL 热蒸馏水分次将总灰分从坩埚中洗入 100mL 烧杯中,盖上表面皿,用小火加热至微沸，防止溶液溅出。趁热用无灰滤纸过滤，并用热蒸馏水分次洗涤杯中残渣，直至滤液和洗涤体积约达 150mL 为止，将滤纸连同残渣移入原坩埚内，放在沸水浴锅上小心地蒸去水分，然后将坩埚烘干并移入高温炉内，以（550±25）℃灼烧至无炭粒（一般需 1h）。待炉温降至 200℃时，放入干燥器内，冷却至室温，称重（准确至 0.0001g）。再放入高温炉内，以（550±25）℃灼烧 30min，如前冷却并称重。如此重复操作，直至连续两次称重之差不超过 0.5mg 为止，记下最低质量。

水不溶性灰分的含量，按下式计算：

$$X_1 = \frac{m_1 - m_2}{m_3 - m_2} \times 100 \tag{4-12}$$

式中：X_1——水不溶性灰分的含量，g/100g；

m_1——坩埚和水不溶性灰分的质量，g；

m_2——坩埚的质量，g；

m_3——坩埚和试样的质量，g；

100——单位换算系数。

水溶性灰分的含量，按下式计算：

$$X_2 = \frac{m_4 - m_5}{m_0} \times 100 \tag{4-13}$$

式中：X_2——水溶性灰分的质量，g/100g；

m_0——试样的质量，g；

m_4——总灰分的质量，g；

m_5——水不溶性灰分的质量，g；

100——单位换算系数。

3. 酸不溶性灰分的测定

用盐酸溶液处理总灰分，过滤、灼烧、称量残留物。

用 25mL 10%盐酸溶液将总灰分分次洗入 100mL 烧杯中，盖上表面皿，在沸水浴上小心加热，至溶液由浑浊变为透明时，继续加热 5min，趁热用无灰滤纸过滤，用沸蒸馏水少量反复洗涤烧杯和滤纸上的残留物，直至中性（约 150mL）。将滤纸连同残渣移入原坩埚内，在沸水浴上小心蒸去水分，移入高温炉内，以（550±25）℃灼烧至无炭粒（一般需 1h）。待炉温降至 200℃时，取出坩埚，放入干燥器内，冷却至室温，称重（准确至 0.0001g）。再放入高温炉内，以（550±25）℃灼烧 30min，如前冷却并称重。如此重复操作，直至连续两次称重之差不超过 0.5mg 为止，记下最低质量。以试样质量计，酸不溶性灰分的含量按下式计算：

$$X_1 = \frac{m_1 - m_2}{m_3 - m_2} \times 100 \qquad (4\text{-}14)$$

式中：X_1——酸不溶性灰分的含量，g/100g；

  m_1——坩埚和酸不溶性灰分的质量，g；

  m_2——坩埚的质量，g；

  m_3——坩埚和试样的质量，g；

  100——单位换算系数。

4.2.3　浸出物

浸出物是指除蛋白质、盐类、维生素外能溶于水的浸出性物质，包括含氮浸出物和无氮浸出物。

含氮浸出物为非蛋白质的含氮物质，如游离氨基酸、磷酸肌酸、核苷酸类（ATP、ADP、AMP、IMP）及肌苷、尿素等。这些物质左右肉的风味、为香气的主要来源，如 ATP 除供给肌肉收缩的能量外，逐级降解为肌苷酸是肉香的主要成分，磷酸肌酸分解成肌酸，肌酸在酸性条件下加热则为肌酐，可增强熟肉的风味。

无氮浸出物为不含氮的可浸出的有机化合物，包括糖类化合物和有机酸。糖类又称碳水化合物，因由 C、H、O 三种元素组成，氢氧之比恰为 2：1，与水相同。但有若干例外，如脱氧核糖（$C_5H_{10}O_4$）、鼠李糖（$C_6H_{12}O_5$），并非按 2：1 比例组成，又如乳酸按 2：1 比例组成，但无糖的特性，属于有机酸。无氮浸出物主要是糖原、葡萄糖、麦芽糖、核糖、糊精，有机酸主要是乳酸及少量的甲酸、乙酸、丁酸、延胡索酸等。

对于茶粉、姜粉等冲泡饮用的食品粉体，水浸出物是评价其质量的重要指标。以茶粉为例，其测定方法为：称取 2g 粉体样品（精确到 0.001g），置于 500mL 锥形瓶中，加入 300mL 沸水，计时，摇匀后置于 100℃水浴锅中保温浸提 45min，每隔 10min 摇动一次，浸提完毕后趁热减压过滤，用 150mL 沸水洗涤茶渣数次，将茶渣连同已知质量的滤纸移入烘皿中，在 120℃的恒温干燥箱中，皿盖打开斜至皿边，烘干 1h，加盖取出，冷却 1h 后再烘 1h，立即移入干燥器中冷却至室温，称量。

浸出物含量按下式计算：

$$水浸出物含量 = \left(1 - \frac{m_1}{m_0 \times w}\right) \times 100\% \qquad (4\text{-}15)$$

式中：m_0——试样质量，g；

  m_1——干燥后的茶渣的质量，g；

w——试样干物质含量（质量分数），%；

100——单位换算系数。

4.2.4　重金属

重金属是指原子密度大于或等于 $5 \times 10^{-3} kg/m^3$ 的金属元素及其化合物，主要包括金、银、铜、铁、铅、锌、镍、钴、镉、汞、铬等。其中有一些对生物具有强烈毒性的金属元素，如铅、汞、铬等。重金属会伴随着食物链最终进入人体，富集并沉积在多个器官内，与人体内的蛋白质、活性酶等结合，使其发生畸变，失去生理活性，有些金属离子可以置换酶中的其他金属离子，使酶失去本来的生理活性，从而对人体健康造成严重危害（许贺，2009）。如镉的生物毒性大、移动性强，而通过食物摄入是镉进入人体的最主要渠道（90%），镉被人体吸收后，自然排泄是一个非常缓慢的过程。

近年来，由于工业"三废"的超标违规排放，城镇污水和生活垃圾的随意倾倒，农业生产中农药、化肥的不合理使用等因素，重金属污染物通过多种方式进入农业生产环境中。重金属在自然环境中具有富集性，不易随水淋滤，不为微生物降解，在环境中累积后会随着植物的根系吸收作用而进入到农作物体内，又通过食物链进入畜禽水产等体内，食品粉体的原料大多来源于农业生产，因而食品粉体中大多含有对人体有毒有害的重金属，甚至很多出现重金属超标，所以重金属检测是食品粉体质量评价的重要方面。在我国农业生产领域内，就污染分布范围以及危害程度而言，较为严重的是铅、汞、砷、镉等。随着分析测试技术的发展，多种具有较高检测灵敏度和准确性的重金属分析方法相继出现。按照检测原理区分主要有光谱法、比色法、生物化学法以及电化学方法等。光谱法有：原子吸收光谱法、原子发射光谱法、电感耦合等离子体原子发射光谱法、电感耦合等离子体质谱法、原子荧光光谱法、激光诱导击穿光谱法、太赫兹光谱法等。电化学法包括伏安法、极谱法、电位分析法、电导分析法等。其中原子吸收光谱法、电感耦合等离子体质谱法等已经是较为成熟的技术，并已经成为标准检测方法，如原子荧光光谱法测定花粉中的汞含量，电热原子吸收光谱法测定淀粉中的镉含量。此类方法都能够提供较高的检测灵敏度、较好的选择性以及准确的检测结果，但也存在仪器价格昂贵、体积大、检测时间长、操作复杂的缺点。

1. 铅的测定

石墨炉原子吸收光谱法：试样消解处理后，经石墨炉原子化，在 283.3nm 处测定吸光度。在一定浓度范围内铅的吸光度值与铅含量成正比，与标准系列比较定量。试样的消解主要有湿法消解、微波消解、压力罐消解等。

湿法消解：称取固体试样 0.2～3g（精确至 0.001g）至带刻度消化管中，加入 10mL 硝酸和 0.5mL 高氯酸，在可调式电热炉上消解（参考条件：120℃/0.5～1h；升至 180℃/2～4h、升至 200～220℃）。若消化液呈棕褐色，再加少量硝酸，消解至冒白烟，消化液呈无色透明或略带黄色，取出消化管，冷却后用水定容至 10mL，混匀备用。同时做试剂空白实验。亦可采用锥形瓶，于可调式电热板上，按上述操作方法进行湿法消解。

微波消解：称取固体试样 0.2～0.8g（精确至 0.001g）或准确移取液体试样 0.50～3.00mL 于微波消解罐中，加入 5mL 硝酸，按照微波消解的操作步骤消解试样，消解条件参考表 4-1。冷却后取出消解罐，在电热板上于 140～160℃加酸至 1mL 左右。消解罐放冷后，将消化液转移至 10mL 容量瓶中，用少量水洗涤消解罐 2～3 次，合并洗涤液于容量瓶中并用水定容至刻度，混匀备用。同时做试剂空白实验。

表 4-1　微波消解条件

步骤	设定温度/℃	升温时间/min	恒温时间/min
1	120	5	5
2	160	5	10
3	180	5	10

压力罐消解：称取固体试样 0.2～1g（精确至 0.001g）0.50～5.00mL 于消解内罐中，加入 5mL 硝酸。盖好内盖，旋紧不锈钢外套，放入恒温干燥箱，于 140～160℃下保持 4～5h。冷却后缓慢旋松外罐，取出消解内罐，放在可调式电热板上于 140～160℃加酸至 1mL 左右。冷却后将消化液转移至 10mL 容量瓶中，用少量水洗涤内罐和内盖 2～3 次，合并洗涤液于容量瓶中并用水定容至刻度，混匀备用。同时做试剂空白实验。

标准曲线的制作：按质量浓度由低到高的顺序分别将 10μL 铅标准系列溶液和 5μL 磷酸二氢铵-硝酸钯溶液（可根据所使用的仪器确定最佳进样量）同时注入石墨炉，原子化后测其吸光度值，以质量浓度为横坐标，吸光度值为纵坐标，制作标准曲线。

在与测定标准溶液相同的实验条件下，将 10μL 空白溶液或试样溶液与 5μL 磷酸二氢铵-硝酸钯溶液（可根据所使用的仪器确定最佳进样量）同时注入石墨炉，原子化后测其吸光度值，与标准系列比较定量。

试样中铅的含量按下式计算：

$$X = \frac{(\rho - \rho_0) \times V}{m \times 1000} \tag{4-16}$$

式中：X——试样中铅的含量，mg/kg 或 mg/L；

ρ——试样溶液中铅的质量浓度，μg/L；

ρ_0——空白溶液中铅的质量浓度，μg/L；

V——试样消化液的定容体积，mL；

m——试样称样量或移取体积，g 或 mL；

1000——换算系数。

2. 镉的测定

石墨炉原子吸收光谱：试样经灰化或酸消解后，注入一定量样品消化液于原子吸收分光光度计石墨炉中，电热原子化后吸收 228.8nm 共振线，在一定浓度范围内，其吸光度值与镉含量成正比，采用标准曲线法定量。

镉标准储备液（1000mg/L）：准确称取 1g 金属镉标准品（精确至 0.0001g）于小烧杯中，分次加 20mL 盐酸溶液（1∶1，体积比，后同）溶解，加 2 滴硝酸，移入 1000mL 容量瓶中，用水定容至刻度，混匀；或购买经国家认证并授予标准物质证书的标准物质。

镉标准使用液（1000mg/L）：吸取镉标准储备液 10.0mL 于 100mL 容量瓶中，用硝酸溶液（1%）定容至刻度，如此经多次稀释成每毫升含 100.0ng 镉的标准使用液。

镉标准曲线工作液：准确吸取镉标准使用液 0mL、0.50mL、1.0mL、1.5mL、2.0mL 和 3.0mL 于 100mL 容量瓶中，用硝酸溶液（1%）定容至刻度，即得到含镉量分别为 0ng/L、0.5ng/L、1.0ng/L、1.5ng/L、2.0ng/L 和 3.0ng/L 的标准系列溶液。称量时应保证样品的均匀性，颗粒度大于 0.425mm 的需进一步磨碎成均匀的样品。储于洁净的塑料瓶中，并标记，于室温或按样品保存条件保存备用。

干法灰化：称取 0.3～0.5g 干试样（精确至 0.0001g）于瓷坩埚中，先小火在可调式电炉上炭化至无烟，移入马弗炉（550±25）℃灰化 6～8h，冷却。若个别试样灰化不彻底，加 1mL 混合酸在可调式电炉上小火加热，将混合酸蒸干后，再转入马弗炉中（550±25）℃继续灰化 1～2h，直至试样消化完全，呈灰白色或浅灰色。放冷，用硝酸溶液（1%）将灰分溶解，将试样消化液移入 10mL 或 25mL 容量瓶中，用少量硝酸溶液（1%）洗涤瓷坩埚 3 次，洗液合并于容量瓶中并用硝酸溶液（1%）定容至刻度，混匀备用；同时做试剂空白实验。

还可采用微波消解、湿法消解、压力罐消解等（参考铅的测定方法），可根据实验室条件选用任何一种方法消解。

3. 汞的测定

汞又称水银，汞及其化合物可通过呼吸道、皮肤或消化道等不同途径侵入人体（皮肤完好时短暂接触不会中毒）。汞的毒性是积累的，需要很长时间才能表现出来。汞长期摄入会产生精神异常、齿龈炎、震颤等症状，严重危害人体健康。

原子荧光光谱法测定食品粉体中的汞含量：样品经酸加热消解后，在酸性介质中，样品中的汞被硼氢化钾或硼氢化钠还原成原子态汞，由载气（氩气）带入原子化器中，在汞空心阴极灯照射下，基态汞原子被激发至高能态，在由高能态回到基态时，发射出特征波长的荧光，其荧光强度与汞含量成正比，与标准系列溶液比较定量。

消化方法参考铅的测定方法，根据实验室条件选用任何一种方法消解。

汞标准储备液（1.00mg/L）：准确称取 0.1354g 经干燥的氯化汞，用重铬酸钾的硝酸溶液（0.5g/L）溶解并转移至 1000mL 容量瓶中，稀释至刻度，混匀。

汞标准中间液（10μg/L）：吸取 1.0mL 汞标准储备液于 100mL 容量瓶中，用重铬酸钾的硝酸溶液（0.5g/L）稀释至刻度，混匀，于 4℃冰箱避光保存。

汞标准使用液（50ng/L）：吸取 0.5mL 汞标准中间液于 100mL 容量瓶中，用 0.5g/L 重铬酸钾的硝酸溶液稀释至刻度，混匀，现用现配。

汞标准溶液：准确吸取汞标准使用液 0.00mL、0.20mL、0.50mL、1.00mL、1.50mL、2.00mL 和 2.50mL 于 50mL 容量瓶中，用硝酸溶液（1:9）稀释至刻度，混匀，即得到含汞量分别为 0.00ng/L、0.20ng/L、0.50ng/L、1.00ng/L、1.50ng/L、2.00ng/L 和 2.50ng/L 的标准系列溶液。

样品的测定：设定好仪器最佳条件，连续用硝酸溶液（1:9）进样，待读数稳定之后，转入标准系列测量，绘制标准曲线，转入样品测量，用硝酸溶液（1:9）进样，使读数基本回零，再分别测试样品空白和样品消化液，每测不同的试样前都应清洗进样器。仪器参考条件：光电倍增管负高压 240V，汞空心阴极灯电流 30mA，原子化器温度 300℃，载气流速 500mL/min，屏蔽气流速 1000mL/min。试样测试结果按下式计算：

$$X = \frac{(c - c_0) \times V \times 1000}{m \times 1000 \times 1000} \tag{4-17}$$

式中：X——试样中汞的含量，mg/kg 或 mg/L；

c——试样液中汞含量，ng/mL；

c_0——空白液中汞含量，ng/mL；

V——试样消化液的定容总体积，mL；

m——试样质量，g；

1000——换算系数。

4.2.5　微生物指标

食品粉体中的微生物限量指标可依据食品种类、生产条件、指示菌性质、检测方法并结合我国具体国情、参照国际同类标准而制定。微生物指示菌数量能够初步反映出食品粉体的卫生状况，并对食品生产加工具有指导意义。通过指标值与实际检测值的对比，可判定出食品是否合格，如果大于该指标值则判定为不合格，如果小于或等于该指标值则判定为合格，指标值的大小决定该类食品检出的最低限。

微生物学检验测定主要包括：菌落总数检验、大肠菌群检验、致病菌检验（沙门氏菌、志贺氏菌、金黄色葡萄球菌、单核细胞增生李斯特氏菌）、霉菌和酵母菌计数等，其中，致病菌要求不得检出。

菌落总数为食品粉体经过处理，在一定条件下（如培养基、培养温度和培养时间等）培养后，所得每克（毫升）检样中形成的微生物菌落总数。其检验程序如图 4-20 所示（GB 4789.2—2022）。

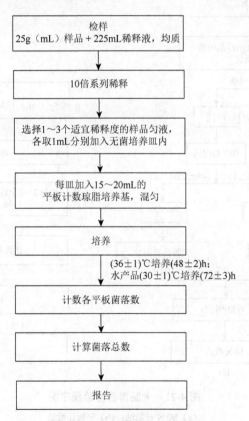

图 4-20　菌落总数检验程序图

　　大肠菌群为在一定培养条件下能发酵乳糖、产酸产气的需氧和兼性厌氧革兰氏阴性无芽孢杆菌，它并不是指某一特定细菌的名称，而是对一大类细菌的概括名称。常用的检测方法有两种：MPN 计数法和平板计数法（GB 4789.3—2016），见图 4-21，第一种方法适用于大肠菌群含量较低的食品粉体中大肠菌群的计数，第二种方法适用于大肠菌群含量较高的食品粉体中大肠菌群的计数。MPN 计数法是统计学和微生物学结合的一种定量检测法。待测样品经系列稀释并培养后，根据其未生长的最低稀释度与生长的最高稀释度，应用统计学概率论推算出待测样品中大肠菌群的最大可能数（基于泊松分布的一种间接计数方法）。平板计数法的原理是大肠菌群在固体培养基中发酵乳糖产酸，在指示剂的作用下形成可计数的红色或紫色，带有或不带有沉淀环的菌落。

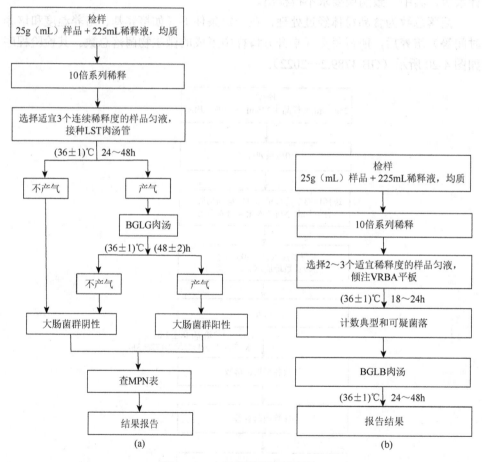

图 4-21　大肠菌群检验程序图

（a）MPN 计数法；（b）平板计数法

如果在食品粉体中检测到大肠菌群的数量超过该产品规定标准值则对该产品做如下推测。

（1）可能受到某些特定肠道致病菌的污染，如沙门菌的各种血清型、大肠O157：H7，或包含少量的其他一些肠道致病菌污染，如小肠结肠炎耶尔森氏菌和副溶血性弧菌。

（2）说明食品受到人和温血动物粪便的污染且该生产厂家的卫生条件或者实际操作过程不符合国家标准，该食品存在安全隐患。国家在大部分食品粉体的成品检测中都设置了大肠菌群检测指标，如 GB 25191—2010《食品安全国家标准　调制乳》规定调制乳的检测方法为大肠菌群平板计数法，指标值为 $n = 5$，$c = 2$，$m = 1$cfu/g，$M = 5$cfu/g，GB 2713—2015《食品安全国家标准　淀粉制品》规定大肠菌群平板计数法指标值为 $n = 5$，$c = 2$，$m = 20$cfu/g，$M = 10^2$cfu/g。

4.2.6　理化性质

食品粉体及其所含化学成分具有特定的物理性质及化学性质，通过相关检测方法及技术手段，可以评价其质量。

食品粉体中蛋白质含量采用《食品安全国家标准　食品中蛋白质的测定》（GB 5009.5—2016）中的燃烧法测定，脂肪含量采用《食品安全国家标准　食品中脂肪的测定》（GB 5009.6—2016）的方法测定，食品粉体中饱和脂肪（酸）、不饱和脂肪（酸）的测定采用《食品安全国家标准　食品中脂肪酸的测定》（GB 5009.168—2016）的方法测定。

1. 吸湿性

准确称取粉体样品（0.5±0.01）g，记为 W_0，将称取的样品均匀铺在直径 5.5cm的玻璃皿上，皿质量记 W_1，然后把玻璃皿放于（20±1）℃的干燥器皿里，同时在干燥器中放入饱和氯化钠溶液，使其相对湿度维持在 75%，一周后取出对玻璃皿进行称量，质量记为 W_1，样品的吸湿性用每克样品所吸收的水分含量来表示（De Souza et al.，2015）。

按照下面公式进行计算：

$$吸湿性 = \frac{W_2 - W_1}{W_0} \times 100\% \tag{4-18}$$

2. 复水性

准确称取粉体样品（2.0±0.01）g，用量筒准确量取蒸馏水 50mL，在室温 25℃，600r/min 离心力搅拌作用下，将全部样品迅速加入蒸馏水中，恒温恒速搅拌至样品完全溶解在水中，记录样品粉末从开始溶解到全部溶解所用的时间（s），即为其复水时间（Fontes et al.，2014）。

3. 水溶性

准确称取粉体样品 2.50g（M_0），加入先前恒重称量的离心管中，然后边用玻璃棒搅拌边逐次缓慢加入 35mL 蒸馏水至样品粉末完全溶解，随后放入（30±0.1）℃的水浴恒温箱中温浴 30min，将水浴锅的离心管取出后进行离心，离心条件为 3000r/min，30min，离心完成后拿出离心管，将上清液倒入之前称量过的铝皿盒（M_2）中，放入干燥箱待水分完全干燥后取出称重，记为 M_3，按照下式计算：

$$\text{WSI}(\%) = \frac{M_3 - M_2}{M_0} \times 100 \tag{4-19}$$

4. 速溶和稳定性

称取 10g 待测样品，放入 250mL 洁净玻璃杯中，加入 85℃热水，1min 内用玻璃棒顺搅 15r，反搅 15r，静置，分别在 2min、5min、10min、20min 和 30min 时观察分层和杯底沉淀现象。

沉淀率：在有刻度离心管中，准确加入 60℃温水溶解的饮料 10mL，然后在 3000r/min 下离心 10min，弃去所有溶液，准确称量沉淀质量，然后用以下公式计算沉淀率：

$$\text{沉淀率}(\%) = \frac{\text{沉淀质量}}{10\text{mL饮料质量}} \times 100 \tag{4-20}$$

5. 溶解度及膨润力

加水配制 2%（质量浓度）的样品液，取 50mL 分别在 50℃、60℃、70℃、80℃和 90℃温度条件下搅拌加热 30min，于离心管中以 3000r/min 离心 20min，将上层清液烘干称量，得到被溶解的物质的质量为 A，离心管内膨胀粉体质量为 P。溶解度（S）和膨润力（B）按下列公式计算（式中 W 为样品质量，以干基计）：

$$S(\%) = \frac{A}{W} \times 100 \tag{4-21}$$

$$B = \frac{P}{W \times (100 - S)} \times 100 \tag{4-22}$$

6. 高温持水力

称量离心管质量 A（g），准确称取 0.10g 粉末加到管中，加水定容至 10mL，分别加热到 70℃、80℃和 90℃，保温 15min，同时摇动 5～10min，然后以 3000r/min 下离心 15min，弃去上清液，称重得到离心管质量 B（g），按下式计算持水能力（WRC）：

$$WRC(g/g) = \frac{B-A}{0.1} \qquad (4-23)$$

7. 冻融稳定性

称取 6g 粉体，加水 100mL，配制成 6%（质量浓度）粉乳，于 100℃水中加热 20min，冷却至室温，量取 10mL 于离心管中，置于−18℃冷冻室中冷冻，24h 后取出，室温条件解冻 8h，然后 3000r/min 下离心 20min，弃去上层清液，称取沉淀物质量，计算析水率。继续冻融，记录冻融次数。

$$析水率(\%) = \frac{粉体质量-沉淀物质量}{粉体质量} \times 100 \qquad (4-24)$$

8. 起泡性（FC）

配制 1%的粉体溶液 100mL，放于 250mL 烧杯中，在高速分散器中以 10 000r/min 分散 2min，迅速倒入 250mL 量筒中。

按下式计算起泡性（FC）：

$$FC(\%) = (V_0 - 100)/100 \times 100 \qquad (4-25)$$

式中：V_0——分散停止时泡沫与液体的总体积，mL；

100——原液的体积，mL。

9. 起泡稳定性（FS）

将上述发泡后测定的泡沫静置 30min 后，按下式计算泡沫稳定性（FS）：

$$FS(\%) = (V_{30} - 100)/(V_0 - 100) \times 100 \qquad (4-26)$$

式中：V_{30}——30min 后泡沫与液体的总体积，mL。

10. 结晶特性

采用 Bruker D8 X 射线衍射仪测定，条件如下：特征射线 Cu 靶，电流为 40mA，电压为 40kV，起始角度 3°，终止角度 60°，步长 0.02°，扫描速度 4°/min，发散狭缝 1mm，防发散狭缝 1mm，接受狭缝 0.1mm，根据得到的 X 射线衍射图谱计算结晶度。

11. 透明度

称取 0.5g 粉体样品，加入 50mL 蒸馏水，配制成 1.0%（质量浓度）的淀粉液，在沸水浴中加热 20min，不断搅拌，使淀粉充分糊化，然后冷却至 30℃，以蒸馏水为空白（透光率 100%，比色皿厚度 1cm），在 620nm 处测样品的透光率，取三次平行实验平均值。

参 考 文 献

韩军. 2003. 利用超微低温脱脂花生粉研制花生蛋白饮料干燥苦瓜粉和微胶囊苦瓜粉显微结构. 冷饮与速冻食品工业，9（2）：16-18

李博祯. 2016. 超微茶粉感官品质和理化性质研究及其应用. 杭州：浙江农林大学硕士学位论文

连雅丽. 2022. 不同品种新疆大果沙棘冻干粉特性分析及泡腾片产品开发. 乌鲁木齐：新疆农业大学硕士学位论文

聂波. 2016. 胡萝卜干燥特性及超微粉碎粉体性质研究. 郑州：河南工业大学硕士学位论文

司玉慧. 2012. 超微粉碎对大豆分离蛋白功能作用的影响. 泰安：山东农业大学硕士学位论文

熊华，汤慧民，吕培蕾，等. 2006. 干燥苦瓜粉和微胶囊苦瓜粉显微结构. 食品科学，27（9）：90-92

徐春雅. 2009. 葡萄皮渣超微粉体特性及辐照灭菌的研究. 咸阳：西北农林科技大学硕士学位论文

许贺. 2009. 食品中重金属检测的方法研究与仪器研制. 上海：华东师范大学博士学位论文

薛佳宜. 2016. 石榴全籽粉制备工艺及其品质特性研究. 西安：陕西师范大学硕士学位论文

张磊. 2008. 鱼粉特性的研究. 无锡：江南大学硕士学位论文

张阳，肖卫华，纪冠亚，等. 2016. 机械超微粉碎与不同粒度常规粉碎对红茶理化特性的影响. 农业工程学报，32（11）：295-301

郑慧. 2007. 苦荞麸皮超微粉碎及其粉体特性研究. 咸阳：西北农林科技大学硕士学位论文

中华人民共和国国家卫生和计划生育委员会，国家食品药品监督管理总局. 2016. 食品安全国家标准 食品微生物学检验 大肠菌群计数：GB 4789.3—2016. 北京：中国标准出版社

中华人民共和国国家卫生和计划生育委员会，国家食品药品监督管理总局. 2016. 食品安全国家标准 食品中蛋白质的测定：GB5009.5—2016. 北京：中国标准出版社

中华人民共和国国家卫生和计划生育委员会，国家食品药品监督管理总局. 2016. 食品安全国家标准 食品中脂肪的测定：GB5009.6—2016. 北京：中国标准出版社

中华人民共和国国家卫生和计划生育委员会，国家食品药品监督管理总局. 2016. 食品安全国家标准 食品中脂肪酸的测定：GB5009.168—2016. 北京：中国标准出版社

中华人民共和国国家卫生和计划生育委员会，国家食品药品监督管理总局. 2022. 食品安全国家标准 食品微生物学检验 菌落总数测定：GB 4789.2—2022. 北京：中国标准出版社

Barbosa-Cánovas G V, Ortega-Rivas E, Juliano P. 2010. Food Powers Physical Properties, Processing, and Functionality. New York: Kluwer Academic/Plenum Publishers

De Souza V B, Thomazini M, De Carvalho B J C, et al. 2015. Effect of spray drying on the physicochemical properties and color stability of the powdered pigment obtained from vinification byproducts of the Bordo grape (*Vitis labrusca*). Food & Bioproducts Processing, 93: 39-50

Ferrari C C, Germer S P M, De Aguirre J M. 2012. Effects of spray-drying conditions on the physicochemical properties of blackberry powder. Drying Technology, 30（2）: 154-163

Fontes C P M L, Silva J L A, Sampaio-Neta N A, et al. 2014. Dehydration of prebiotic fruit drinks by spray drying: operating conditions and power characterization. Food and Bioprocess Technology, 7: 2942-2950

第 5 章 食品粉体的生物利用度

食品粉体是一种固体制剂，广泛应用于人们的日常生产生活中，从食品的原料或配料，如面粉、淀粉和香料，到成品如餐品调味料、速溶咖啡或奶粉等，粉状食品是食品工业中最为常见的食品原料及产品形式。可食性粉体与其他物性状态的食品相比具有不可替代的优势，将固态或液态的食品原料加工成粉体，可有效减缓食品成分的分解或降解速度，延长食品保质期；在食品生产加工行业中，添加调味剂、着色剂或各类功能性成分时，使用粉末状态的原料更便于定量与混合；粉体食品食用便利，并且具有更高的生物利用率；另外粉体食品还具有包装便捷、易于运输等特点。目前，市面上的许多食品都以粉体的形式存在，并且其种类和产量呈逐年增加的趋势。有关食品粉体的生物利用度的研究进展迅速。有关研究表明，经超微粉碎的食品等在人体内的吸收较快，这是超微粉碎的主要优势。食品中的有效成分通常分布于细胞内与细胞间质，并以细胞内为主，若采用常规方式粉碎，其单个颗粒常由数个或数十个细胞所组成，细胞的破壁率较低，相应的有效成分（以水溶性成分为例）难以被人体充分吸收。一般粉粒进入胃中，在胃液的作用下吸水溶胀，在进入小肠的过程中有效成分根据简单扩散的原理不断地通过植物细胞壁及细胞膜释放出来，由小肠吸收。因颗粒的粒子较大，位于粒子内部的有效成分将穿过几个或数十个细胞壁及细胞膜方可释放出来，每个细胞壁及细胞膜两侧的有效成分的浓度差值非常低，释放速度很慢，因颗粒在体内停留时间有限，在低速释放的情况下总释放率也不会很高。颗粒的粒子较大，因此吸附在肠壁上的可能性较小。小肠的蠕动方式造成了有效成分在细胞周围的浓度会高于小肠壁上的浓度，使细胞壁内外的浓度差难以提高，减缓了释放速度。其中相当一部分粒子的有效成分在未完全释放出来之前就被排出体外，使保健食品或药物的生物利用度降低。

食品物料经过超微粉碎后，显微镜下观察仅有极少量完整细胞存在。细胞破壁后，细胞内的有效成分充分暴露出来，其释放速度及释放量会大幅度提高，人体吸收则较为容易。物料进入胃后，可溶性成分在胃液的作用下溶解，进入小肠后溶解的成分开始被吸收。由于物料为超细粒子，其不溶性成分易附着在肠壁上，有效成分会很快通过肠壁吸收，进入血液。而且这些超微粒子因附着力的影响排出体外所需时间较长，提高了有效成分的吸收率。因有效成分从植物细胞内向细胞外迁移所需的时间缩短，人体的吸收速度会明显加快，而且吸收量也会增加。

食品粉体生物利用度的研究不仅表现在体内生物利用度，还表现在粉体配方性质、制剂体外溶出度的研究，有的还将溶出度列为制剂的质量标准，以作为体内生物利用度的替代指标。由于食品粉体及其配方成分多样复杂，有的甚至有效成分未知，产品又以复合配方为主，故食品粉体生物利用度研究难度较大，绝大多数食品的生物利用度尚不清楚，这无疑影响着食品粉体的科学化与规范化。目前的任务艰巨，需要探索新技术、新方法等进行创新性研究。

5.1　溶　解　理　论

5.1.1　溶解过程的相互作用

溶解是指一种或一种以上物质以分子或离子状态分散在另一种物质中形成均匀分散体系的过程。物质的溶解是溶质与溶剂的分子或离子相互作用的过程，这种相互作用力主要是氢键力、范德华力和偶极力（邱靖萱，2022）。正在溶解的物质（即溶质）的分子与分散介质（即溶剂）的分子产生相互作用时，由于不同种类分子间的相互作用力大于同一种类分子间的作用力，故溶质分子从溶质上脱离、扩散，最终在溶剂中达到平衡状态，即溶质的溶解速度与其结晶速度相等。水作为一种强极性溶剂，能溶解强电质、弱电解质和大量的极性化合物，如含有氧或氮原子的羟基化合物、醛酮类化合物和胺类化合物等。

在溶解中，水分子与溶质间产生不同的相互作用力：水分子可以与一些强电解质离子产生离子-偶极力吸引；与极性羟基化合物产生定向力（范德华力）结合；与极性溶质中的氧原子或氮原子形成氢键。在同一溶解过程中，这些作用力可能同时发生，也可能单一存在。在这些相互作用中，以离子-偶极力作用最强，氢键次之，定向力作用最弱。所以，电解质在水中有较大的溶解度。当溶剂的极性减弱时，极性物质在溶剂中的相互作用力减小，溶解度减小，如某些电解质在极性较水小的醇中就不易溶解。相反，如果溶质的极性较小，如在分子中具有酯基、烃链等非极性基团时，它们在水中的溶解度随非极性基团的数量增加而明显降低，而在乙醇、丙二醇等极性较水弱的溶剂中有较大的溶解度。极性很弱或非极性溶质可能在水及其他极性溶剂中难溶或几乎不溶，而在非极性溶剂中则有较大的溶解度，这时溶质与溶剂间主要是色散力发生作用（杨世波，2021）。

乙醇、丙二醇、甘油等一些极性溶剂能诱导非极性分子产生一定极性而溶解，这类溶剂又被称为半极性溶剂，溶解中产生的相互作用力包括诱导力和定向力。由于半极性溶剂具有诱导作用，它们常常可以和一些极性溶剂或非极性溶剂混合使用，作为中间溶剂而使本不相溶的极性溶剂与非极性溶剂混溶，用于提高非极性溶质在极性溶剂中的溶解度。

5.1.2　影响食品溶解度的因素

1. 分子结构

食品在溶剂中的溶解度是食品分子与溶剂分子间相互作用的结果，若食品分子间的作用力大于食品分子与溶剂分子间作用力则食品溶解度小；反之，则溶解度大，即"相似相溶"。

2. 溶剂化作用与水合作用

食品离子的水合作用与离子性质有关，阳离子与水之间的作用力强，以至于阳离子周围保持有一层水，离子大小以及离子表面积是水分子极化的决定因素。离子的水合数目随离子半径增大而减小，这是由于半径增加，离子场减弱，水分子容易从中心离子脱离。

3. 粒子大小

对于可溶性食品，粒子大小对溶解度影响大，对于难溶性食品，粒子半径大于 2000nm 时粒径对溶解度影响不大，但粒子大小在 0.1～100mm 时溶解度随粒径减小而增加。在一定温度下，难溶性食品粉体的溶解度与固体食品粒子大小间的定量关系式如下，粒子愈小，溶解度愈大。

$$\ln \frac{S_2}{S_1} = \frac{2\sigma M}{\rho RT}\left(\frac{1}{r_2} - \frac{1}{r_1}\right) \tag{5-1}$$

式中：S_1 和 S_2——粒子半径为 r_1 和 r_2 时的溶解度；

　　　ρ——固体食品粉体的密度；

　　　σ——固体食品粉体与液体溶剂间的界面张力；

　　　M——食品粉体的摩尔质量；

　　　R——摩尔气体常数；

　　　T——热力学温度。

4. 温度

温度对溶解度的影响取决于溶解过程中吸热（$\Delta H_s > 0$）还是放热（$\Delta H_s < 0$）。当 $\Delta H_s > 0$ 时，溶解度随温度升高而升高；当 $\Delta H_s < 0$ 时，溶解度随温度升高而降低。食品溶解过程中其溶解度与温度的关系式如下。

$$\ln \frac{S_1}{S_2} = \frac{\Delta H}{R}\left(\frac{1}{T_1} + \frac{1}{T_2}\right) \tag{5-2}$$

式中：S_1、S_2——分别在温度 T_1 和 T_2 下溶解度；

　　R——摩尔气体常数；

　　T——热力学温度；

　　ΔH_s——摩尔溶解焓。

　　5. 包合物与固体分散体

　　将食品与稳定载体制成包合物，可保护有效成分，增大溶解度。如使用 β-环糊精制成包合物，可以改变食品的溶解性。例如芦荟大黄素中的许多成分是疏水物质，而在 β-环糊精溶液中溶解度可达到原有溶解度的 9.13 倍（王利敏，2015）。再如黑木耳在水中的溶解度为 0.37mg/mL，制成 β-环糊精包合后，溶解度增加了 2.51 倍（袁放，2014）。多数食品与 β-环糊精形成包合物后，溶解度增加。将食品与水溶性载体（高聚物等）形成固体分散物，同样可增大食品溶解度。

5.2　粉体在溶液中的溶出速率

5.2.1　食品粉体的溶出度

　　粉体的溶出度指粉体在一定条件下、一定溶剂中溶出的速率及程度，亦称溶出速率或释放度。定时测定被溶出物质在溶液中的浓度，将两次溶出的浓度差比上时间差，就是溶出度。食物粉体为固体，固体只有溶出才能被机体吸收，因此，食品中有效成分溶出或释放量的多少常被当作衡量食品效果的指标之一，它是一种模拟口服固体制剂在胃肠道中崩解和溶出的体外实验法，是评价和控制食品制剂质量的一个重要参数，利用溶出度测定固体食物的溶出量或释放量是食品粉体应用研究、食品粉体批量生产和食物质量控制的重要手段之一，对评估制剂的批次质量、优化配方及制备工艺、保证配方工艺变更前后产品质量的一致性等方面有重要作用（向玉婷，2018）。根据溶出度的定义，食品从固体中溶出的速度和程度，与食品的粒度、配方、晶型、辅料、工艺等有关，与主食品含量无关。同时，虽然食品粉体的生物利用度高低最终是依据临床效果来判定的，但多数情况下也与食品粉体体外溶出行为有关。

　　美国食品药品监督管理局（FDA）在相关文件中特别强调了固体食品溶出度比较的意义。FDA 规定，改变后的食品粉体如果和已批准的食品粉体溶出度相同，则不需要再申请 FDA 的批准，也不需要做生物等效性实验。这样不仅可以减少审批部门的工作，还能大大降低成本，提高产品开发速度（姜红和金少鸿，2000）。我国针对固体食品的溶出度研究是从 20 世纪 70 年代开始，首先引入的是口服固体食品，并对其溶出度进行研究。到 1985 年，研究涉及 7 个种类，并不断深入，到 2000 年已经增长到 180 余种，此时我国的溶出度研究已经相当普遍，成为行业监控质量的重要手段、重要指标。20 多年后的今天，针对溶出度的测试也在不断摸索和完善中前进，各种检测设备也不断改进，食品粉体的质量保证能力不断提高，分辨率检测技术发生了重大飞跃，自动化成为检测手段的主要发展趋势。

5.2.2　溶出度的评价方法

食品粉体的溶出度测试，能够有效判断粉体的效果和优劣。建立一个有效和适合的溶出度评价方法不但是对食品生产和质量控制的需要，也对食品粉体配方中辅料的种类或用量、生产工艺等变更前后产品品质的一致性的评估有重要作用。在溶出度检查方法研究中，建立一个方法固然重要，但更重要的是设计相应的实验，对方法的合理性和对食品粉体质量变化的分辨效力等进行研究。

体外溶出度测定，是制备食品粉体和筛选程序以及减少盲目性开发的重要参考，它是用于控制食品粉体质量的体外测定，基于实验验证某些理论，通过一定的数学手段去处理各项实验数据，进而得出一定的结论。一般而言，只有食品在体内进行评估才是最可靠的，但对固体食品而言，体内测试需要使用耗时且昂贵的测量生物利用度的方法来评估，实施起来有些困难。尽管体外和体内的结果会稍有差异，但是存在一定的相关性，结果不会偏差很大，所以在大多数情况下，更倾向于选择实施简单、经济实惠的体外测试。在一定情况下，体外溶出度和生物利用度呈现相关性，通常从其体外溶出度也能估计食品生物利用度。

食品粉体溶出度测定早期可以使用的方法有容量分析法、吸收系数法、比色法等，随着现代仪器的使用，绝大部分食品固体的溶出度检查方法选用对照品法和自身对照法（王娟，2018）。对照品法也称标准物质对照法，是做对照测定或计算食品粉体的溶出度，其溶出量为绝对值，食品粉体中有效成分与溶出量呈正相关，可以计算出食品粉体溶出或释放（以下简称溶出）的绝对量，溶出程度以食品粉体有效成分的标示量作参比，计算溶出百分率。食品粉体的配方工艺即溶出特性与食品含量也存在关系，当食品对照品的组分与其他厂家生产的产品组分比例不同，或者不同批号产品的原料所含组分比例不同，其测定结果也不同，因此不能正确反映食品有效物质的溶出情况。溶出度自身对照法正好能够避免该问题，它不能直接计算出食品粉体溶出度的绝对量，溶出程度以自身所含食物粉体量作参比，计算溶出百分率，凭借着在可测定的范围内与食品粉体本身的含量无关，不受食品粉体配方中辅料干扰两大优势，在食品粉体溶出度一般检验中有较大应用价值。

采用溶出度自身对照法则可以减弱食品中有效成分测定项目间关联性，无需对照品或标准品（王丽琼和余敏灵，2020）。取同批号的食品粉体样品 1g，按标示量用溶出介质稀释到所需浓度，过滤，取出滤液作为自身对照溶液，即可快速检验，检定方便，有利于食品质量管理及监督。另外，采用同批号的样品作自身对照时，可以排除配料干扰。这样测出的溶出结果更加科学合理，可起到控制溶出度质量的目的。若某食品中有效物质的实际含量为 75%，在食品中完全溶出的情况下，对照品仍显示出 75%，而自身对照法得到的溶出量为 100%。溶出度自身对照法符合溶出度检查的目的，即使在食品粉体含量不合格情况下，也能真实、准确反映出食品粉体的溶出度；若食品粉体含量在合格范围内时，自身对照法与对照品法对食品溶出度值的计算结果基本一致，因此在自身对照法与对照品法对食品粉体溶出度值的计算结果基本一致情况下，应用自身对照法测定溶出度，不必另外消耗对照品，只需用自身对照溶液即可得出食品粉体溶出度，无疑比对照品法方便。溶出度自身对照法仅反映食品粉体的溶出性，会将不合格的食品粉体判为合格，完全不考虑样品的实际含量是否合格，也是其自身的一个缺点。但是，在食品质量标准的起草和实施中，食品粉体本身含量不合格必定会引起食品不合格，因此，食品有效成分的含量测定也是一个不可缺少的项目。

　　除此之外，在统计学上综合各种溶出度比较方法，可以将其分为：①数据分析法（图 5-1）；②数学比较法［式（5-1）、式（5-2）］；③统计和模式法。常见溶出度评价方式包含：对数曲线法、机率单位法、戈珀兹曲线法、指数模式法、韦伯分布法。就数据统计学方式来看，主要包含：多变因子法、回归分析法、相似因子法、方差法、Chow 和 Ki 法等（姜红和金少鸿，2000）。

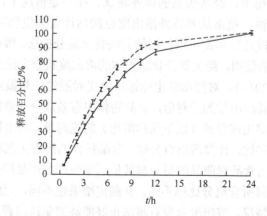

图 5-1　实验制剂（实线）和参比制剂（虚线）溶出度曲线

$$f_1 = \frac{-\sum_{t=1}^{n} |R_t - T_t|}{\sum_{t=1}^{n} R_t} \times 100\% \tag{5-3}$$

$$f_2 = 50\lg\left\{\left[1 + \frac{1}{n}\sum_{t=1}^{n} w_t (R_t - T_t)^2\right]^{-0.5} \times 100\right\} \tag{5-4}$$

式（5-3）为变异因子，式（5-4）为相似因子。式中：n 为溶出度的时间点；R_t 和 T_t 分别为在 t 时间点处对照品和供试品的溶出度值（至少平行测定 12 次）；w_t 为权重系数。

5.2.3　影响食品粉体溶出度的因素

食品粉体通常是食品的粉末或提取物，其活性成分必须从粉体中溶解出来，随后通过体液和组织分散或溶解在体内，最终再发挥其功效。活性成分的释放特性对体内所含活性物质的摄取有重要影响，如果食品不易从粉体中释放出来或食品的溶解速度极为缓慢，则该食品粉体中有效成分的吸收速度及程度均达不到被人体吸收并发挥应有效果的目的；另外，某些食品中有效成分反应大、安全指数小、吸收迅速的食品，如果溶出速度太快，可能产生明显的不良反应。在这种情况下，必须对食品粉体中有效成分的溶出速率进行控制。影响食品粉体溶出速率的因素有很多，如检验方法、溶剂的影响；粉体生产过程中的影响，包括工艺处方、原辅料特性、工艺参数以及机器性能等；取样方面，取样的方法是否科学、取样人员操作是否准确也会对溶出度产生影响（张津瑷，2019）。以上这些因素对食品粉体溶出度结果存在不可忽视的作用，但针对不同的产品，其中各项指标的影响大小不同，需要具体问题具体分析。例如生产中有些原料自身的理化性质不同，原料粒径大小等因素对溶出度的影响也会不一样，可接受的生产程度就不同，这些还要视产品工艺以及生产设备情况而定。

1. 生产制备工艺及机器

若食品粉体由一种以上的成分组成，则粉剂配方比例、混合的时间、混合设备及操作顺序都会对溶出速率产生影响；不是原料混合时间越长，混合就越均匀。粉剂型产品的混合均匀性随时间的变化趋势为随时间的增加其混合均匀度逐渐增加，当达到某一混合均匀度后，其混合均匀度会随着时间的增加而降低，因此混合时间的长短对混合均匀性有显著的影响，进而影响溶出度的检测。

2. 原辅料特性

对于一些不易粉碎的食品原料，如高糖与高油原料，需要添加不同的辅料帮助其粉碎。这些辅料中各种成分的构成比例差异巨大，各原料的添加比例和顺序对产品溶出度具有显著影响。差异较大的原料，在混合时的表面吸附是影响混合均匀度和产品批次间构成差异的重要因素，造成溶出度检测不准确，因此在混合过程中应考虑将密度较大的原料置于上面（戴晓慧，2020）。

3. 颗粒性质

颗粒性质是影响食品粉体溶出度的重要性质。颗粒的大小、形状、密度和分布是颗粒性质的体现，也影响着颗粒在环境中的存在状态和稳定性。研究发现，原料的粒径是影响食品粉体溶出速率的关键质量属性。单个颗粒的性质对粉体的性质有一定影响，其表面积、孔隙度、空间结构和吸附特性等直接影响产品特性（牛潇潇，2021）。比表面积是描述粉体性质的重要指标之一，也是食品粉体的水合性质、吸附性质及活性物质的重要表征指标之一。通常，对于粉末状物料（粒径分布 0.1~1000μm）可以通过气体吸附和液体渗透的方法测量，对于疏松多孔、形状不规则的物料可以采用超声波辅助测量。

从工艺的角度出发，将粉末粒径控制在一定范围有利于有效成分溶出。研究发现，粉体粒径不同，其粉体学特性和体外溶出度等都存在不同程度的差异。微粉化技术是近年来新兴的一项粉碎技术，它是利用流体动力的方法，将物料颗粒粉碎至微米级甚至纳米级超细粉体微粉的过程。微粉化可改善难溶性食品的溶解度和生物利用度，改变粉体的晶型或晶态，提高其稳定性和生物活性。经过微粉化的物料具有更大的比表面、孔隙率和表面能（柳双双，2020），一定程度的微粉化有助于活性成分的溶出，这是由于随着粒径的减小，比表面积增大，其有效成分溶出速度加快。但微粉过细，又会阻碍活性成分的溶出，使得含量下降，因为随着粒度的进一步减小，粉末比表面积就会越大，表面能升高，使粉末处于非稳定状态，易聚集，使之产生团聚现象，颗粒之间结团，导致溶出度降低。综上所述，活性成分的溶出效果并非粉体粒度越小越好，一定程度的微粉化有助于食品有效成分的溶出，但微粉过细后，又会阻碍溶出度的溶出，使得含量下降，因此对食品粉体的粒径分布和比表面积进行变化调整有助于提升食品粉体的品质。

5.2.4　改善食品粉体溶出度的方法

配方和制造过程在很大程度上影响食品粉体的溶出度，因此，可以通过对粉体配方优化、食品微粉化处理、改变干燥工艺、改进制备工艺及混合与制粒工艺来进一步调节食品有效成分的溶解程度，改变食品中有效成分的吸收程度（刘秋敏，2018）。

1. 优化食品粉体配方

食品要达到溶解的状态必须是食品粉体溶解或者食品有效成分达到释放状

态。易溶性食品有效成分的降解程度可以代表溶解程度，但不容易溶解的食品有效成分，其溶解程度和食品有效成分的吸收程度本身没有太大的联系。提高食品有效成分的崩解度在很大程度上能够提高食品有效成分的溶出率，而各种赋形剂和辅助溶剂以及增溶的其他食品会影响食品有效成分的溶出速度。崩解剂可以用来制作具有更好崩解效果的固体粉末，前提是在制作过程中要选择良好的崩解剂。助溶剂可以辅助食品有效成分的溶解，一般是低分子化合物，且宜选用无生理作用的物质；表面活性剂有很多用途，尤其是作为增溶剂的作用，当其浓度较低时，可以湿润食品，溶解食品的脂质，进而提高溶解速度（胡昕，2022）。吐温是最常用的表面活性剂，研究显示 PEG 6000 用作生产大米基质特医全营养粉固体分散体的载体，所制造的产品在溶解速率、粒度等方面都比原始的效果要好很多。

2. 食品微粉化处理

食品颗粒的大小也会对溶解度产生影响，因为随着食品颗粒的变大，其总体的表面积越小，越不容易溶解，所以颗粒小的食品的溶解度一般较高。微粉化就是将食品颗粒变小的过程，以此增大食品整体的表面积，达到提高溶解速度的目的。微粉食品有两种主要的方式：化学方法和机械方法。机械方法是通过粉碎的方式实现的，通过粉碎机将食品粉碎到 $10\mu m$ 以下的颗粒。微粉化处理后，通常不溶性食品的溶解速率显著增加，生物利用度也得到改善。机械粉碎过程中需要时刻注意污染物以及重结晶的产生，研磨过程中可以增加化合物解吸和相转移方式，以达到避免产生上述现象的目的（丁华，2022）。食品粉体中，大部分以复合形式出现，其物质基础也是复杂的混合物，化学粉碎方式往往较难实现，当然，对于某些有效单体组成的食品原料，化学方式仍旧可以采用，通过化学方式进行微粉化，以增加食品的溶解度。

3. 改变干燥工艺

干燥过程也会对食品粉体的溶解度产生影响，使用常规的加热方式往往出现颗粒发硬的情况，食品有效成分的溶解难度就会增加。目前具备的干燥技术主要有日晒、热风干燥技术、微波真空干燥技术、远红外干燥技术、真空冷冻干燥技术、变温压差膨化干燥技术、高压电场干燥技术、热泵干燥技术和喷雾干燥技术等（聂波等，2016）。

冷冻干燥方式适用于液体物质，通过将液体变为固体，然后升华达到食品干燥的目的，并且通过冻干技术制备的快速溶解膜在几秒内迅速溶解，吸收率比普通口服食品粉体快，生物利用度高，服用方便，不需要水辅助吞咽，这是独特的优势。喷雾干燥是使用喷雾装置将材料喷雾成分散在热气流中的液滴，由此水被快速蒸发以使其干燥。由于原料液被雾化成 $10\sim60\mu m$ 的液滴，因此表面积较大，食品溶解度较高,而且喷雾干燥的方式还有一个优点,食品的颗粒颜色分布均匀,溶液也十分清晰,不会产生较多的悬浮物。热泵干燥能够较高地利用能量,节约能源,能够独立准确地控制湿度、温度、气流等干燥介质,适用于对温度比较敏感物料的干制。因为能够准确控制热泵干燥机冷凝器和蒸发器的温度,因此能够实时控制干燥质量,最终干燥质量好,产品有较好的色泽和风味,营养成分得到了保留;不间断工作使得生产能够持续进行,增加产量,节省运营费用。相对于同样的干燥能力,热泵干燥装置的费用是冷冻升华干燥的四分之一到五分之一,运营费用是冷冻升华干燥的三分之一。热泵干燥技术比传统干燥工艺温度低,在不开放的热泵干燥系统中,干燥中除了产生水,没有其他废物产生,不污染环境。此外,热泵干燥技术拥有较宽的温度及湿度调节范围,能够干燥加工多种物料。

4. 改进制备工艺及混合与制粒工艺

食品粉体的生产过程也是溶出速率的关键因素,改变生产工艺也可能增加食品有效成分的溶出速度,提高食品的生物利用度。将粉末混合入食品,通过粉末在食品表面的分散增加食品和溶剂之间的接触面积,增加食品的溶出度。赋形剂和食品与内部和外部添加剂混合,食品或提取物和赋形剂的细粉可以通过内部添加完成,通过内部的崩解达到崩解的目的。使用固体分散方法将食品分散到微粒的状态,以提高其溶解度,加快溶解的速度,还有采用吸附食品到不易溶解的载体的方式,以此提高食品的溶解速度。

5.2.5　食品粉体的溶出过程与溶出特性

食品粉体中有植物性和动物性粉体两大类。植物性食品的有效成分的分子量一般都比无效成分的分子量小,为了有效地分离有效成分与无效成分,可增加提取时间,尽可能使有效成分透过细胞膜而被浸出,而无效成分仍留在细胞组织中。动物性食品的有效成分绝大部分是蛋白质或多肽类,分子量较大,难以透过细胞膜。因此,采用超微粉碎技术将食品原料制成超微粉,可提高食品有效成分的提取率,其基本原理相似,均为溶质从食品固相中传递到溶剂液相中的传质过程,按扩散原理,可分为下列相互联系的四个阶段(周泽琴等,2014)。

(1)浸润阶段:食品与溶剂混合时,溶剂首先附着于食品表面使之润湿,然后通过毛细管和细胞间隙进入细胞组织内部,因此浸润与溶剂表面张力、食品表面积及其所附气膜有关。食品原料经超微粉碎,细胞组织破碎,食品中有效成分更易从细胞组织中脱落、扩散。

(2)溶解阶段:溶剂进入细胞后,可溶性成分逐渐溶解,溶质转入到溶剂中。

水能溶解晶体及胶质，故其提取液多含胶体物质而呈胶体溶液，乙醇提取液含胶质少，亲脂性提取液则一般不含或少含胶质。

（3）扩散阶段：溶剂进入细胞组织内逐渐形成浓溶液，具有较高的渗透压，溶质向细胞外不断地扩散，以平衡其渗透压，新的溶剂又不断地进入细胞组织内，直到达到平衡。

（4）置换阶段：提取技术关键在于造成较大的浓度差，通过搅拌、更新溶剂，尽可能充分地提取有效成分，有利于提取顺利进行。

食品有效成分的提取、溶出是一个复杂的过程，当食品样品加入溶剂中后，溶剂通过浸润扩散作用，使食品所含有效成分逐渐溶解，并扩散到溶剂中，直至细胞内外溶液中化学成分的浓度达到平衡。因此，在其过程中，食品原料的粉碎度、提取温度及时间、溶剂种类等，都是影响溶出的因素，应选择合理的条件，提高有效成分的溶出速率。

食品粉体的溶出特性表现为食品粉体组分多以微粒簇的形式存在，若所有微粒同样大小，则该微粒团簇为单分散体；若大小不同，则为多分散体。若粉末是多分散体，其团簇中既有无限小的粒子，又有无限大的粒子，对于这种团簇的溶出，主要以闭合方式进行，即团簇是"无穷大"：以大小为零开始（无限小），在体积无限大结束（再次以无限小开始）。

5.3　食品粉体生物利用度的影响因素及提高方法

在食品营养学领域，生物利用度是指从食品中摄取的营养物质或化合物经过人体吸收，因而对身体的生理机能或储存有帮助的比例。食品粉体的生物利用过程包括人体胃肠道释放、溶解、运输和吸收，该过程会受到食品粉体性质、粉碎技术、食品体系组成的影响，基于此，本节还介绍了能够提高食品粉体生物利用度的方法。

5.3.1　粉体性质对食品粉体利用度的影响

1. 粒径

食品粉体粒径小到纳米级或微米级，使得粉末颗粒具有表面效应、体积效应、量子效应和宏观隧道效应等，其对物质的吸附性较大，有利于物质的消化吸收（高尧来和温其标，2002）。一方面，对于食品粉体而言，粒径不同，其营养成分组成也不同。例如，小麦粉所含蛋白质的含量与其粒径大小有关，粒径<17μm 时，粉体蛋白质含量最高，随着粒径的增大，粉体蛋白质含量减少，以淀粉粒为主。根

据小麦粉的这一特点，可以对小麦粉分级制备以获取不同特性的粉体，但在生物利用度方面，粒径越小，其蛋白质含量越高，人体吸收利用的效率也就越高（林江涛，2022）。燕麦超微粉粒径不同，营养成分有明显差异、物理特性不同，进行人体胃液消化模拟发现燕麦常规全粉、皮粉以及粒径小于 58μm 的芯粉的消化吸收情况最好（杨璐，2019）。另一方面，粒径的大小与细胞结构有关。植物及大型真菌细胞壁结构强韧、不易被破坏，其中所含的营养素及功效成分的释放效率通常较低，因此为了提高植物性食物的利用价值，必须对其进行破壁处理。温俊达等（2006）发现当植物药的粒度在 150~180μm 范围内，颗粒中大多数细胞组织是完整的，而达到 47μm 以下的细粉时，细胞组织大多已破碎。破壁细胞中的内容物可直接接触溶媒，主要成分可以全部直接进入溶媒被人体吸收，从而达到提高生物利用度的目的。

粒径小的粉末每单位质量有更多的颗粒，当与其他粉状食品配料混合时，细粉更有利于提高混合物的均匀性。此外，与粗粉相比，粒径小的粉体更容易进入食品结构，与其他成分形成更好的均匀混合物。同时，超细粉体所带来的大量特定功能基团能更好地与原料中的其他成分相互作用，从而提高产品质量。例如，超细处理会导致绿茶中茶多糖和茶多酚的溶解，这些化学物质会与小麦粉蛋白发生强烈的相互作用，从而增强面团的混合均匀性和黏弹性。

2. 比表面积

比表面积是食品粉体的一项重要的物理特性，是反映粉体表面积和形态的物理参数，对各种超细粉状物质都有这种特性的要求。一般来说，食品粉体的吸附能力主要取决于粉体的比表面积。难溶性食品粉体的溶解与其比表面积有关，粒径愈小，比表面积愈大，溶解性越好，吸附率越高，才能保证充分吸收。如前所述，将样品的颗粒尺寸减小到微米或纳米级会显著影响其物理化学性质，包括吸附性质，这已被许多研究证实。相比于原料不溶性膳食纤维（10.48μm），经研磨处理后的样品（10.48μm）对葡萄糖的吸附量更高，有利于其在肠道中的功能发挥（Ma et al.，2016）。一般来说，粉体的比表面积越大，许多其他性质如吸附能力、水化性能、溶解性和抗氧化性也会随之改善，有利于营养物质的释放与吸收。例如，石榴皮粉末表面积增加可以促进活性功能成分快速溶解，从而提高生物利用度和吸收率（Zhong et al.，2016）。但并非总是如此。例如，研究发现，更细的绿茶粉具有更大的比表面积，更大的比表面积增加了颗粒表面与 O_2 的接触，这会加速氧敏感的茶多酚的氧化。

3. 粒子形态

食品粉体指食品固体颗粒组成的集合体，颗粒自身形状具有多样性，包括椭球形、球形、多角形、树枝形和多孔形等，可分为规则的与不规则的，一般认为具有规则形状的圆球形颗粒具有比较好的流动性，而不规则形状的颗粒流动性较差。颗粒的形状跟颗粒其他诸多性质密切相关，亦直接与食品粉体在混合、压制、烧结、储存、运输等过程的行为相关。球形颗粒具有较好的流动性和填充性，片状颗粒的黏附性较好，而长条形颗粒的抗冲击强度较大等。不同的加工方法，所得的食品粉体的表面形貌有很大的差异，从而直接影响颗粒的相容性。例如海鲜菇（帽和柄）超微粉体，由图 5-2（a）和图 5-2（b）可知，经剪切粉碎得到的粉体最大的特点是颗粒形状呈锋利的菱形，颗粒表面尖角比较多，粒度不均一，形状差别比较大，表面褶皱较多；由图 5-2（c）和图 5-2（d）可知，经研磨粉碎得到的粉体形状较圆，棱角较少，且粒度较为均一；由于研磨粉碎帽粉体褶皱较多，所以比表面积比研磨粉碎柄粉体大。比表面积大，具有较强的聚合力和吸附能力，能有效吸附在食品表面（刘素稳等，2015）。

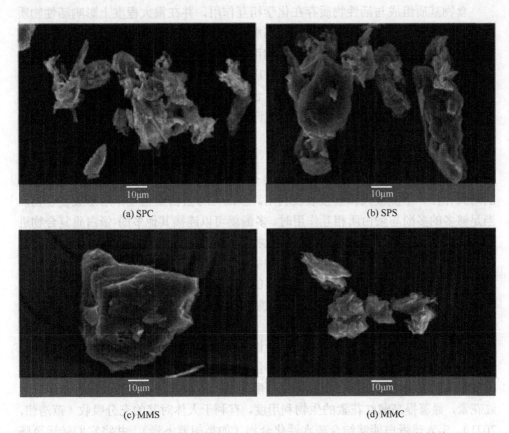

(a) SPC　　　　　　　　　　　(b) SPS

(c) MMS　　　　　　　　　　　(d) MMC

图 5-2　将海鲜菇的帽和柄烘干，分别采用研磨和剪切方法得到不同的粉体

SPC：机械剪切盖粉；**SPS**：机械剪切柄粉；**MMS**：机械研磨柄粉；**MMC**：机械研磨盖粉

5.3.2　食品体系组成对食品粉体生物利用度的影响

食品是多组分、浓缩的系统，由不溶于水的材料（如细胞膜和脂滴）、离子和非离子化合物的复杂水溶液组成，不同的相也可以处于不同的物理状态（Capuano et al.，2017）。在食品体系中，营养素被包含在一个较大的连续介质中，这个介质可能是由细胞组成的，也可能是加工过程中产生的微观结构，它们在不同的长度尺度上可以与介质的成分和结构相互作用。食品中除了含有人体所需的各种营养素外，还具有很多生物活性物质，如生物碱、皂苷、多糖、多酚类、蒽醌类，因此可制备功能性食品。研究表明周围食品组分的性质在一定程度上决定了食品中脂质和其他生物活性成分的消化和吸收特性。常见的食品体系组成有脂类、蛋白质、碳水化合物以及纤维素等。

食物基质组成与活性物质存在化学相互作用，并在很大程度上影响活性物质的生物利用度。许多研究表明，食物基质的性质通过改变这些活性物质在人体胃肠道中的吸收或转化来影响它们的生物可及性。一般来说，食物基质效应取决于食物中的化学成分，如脂肪、蛋白质、碳水化合物、矿物质和各种其他成分，以及这些成分的结构组织方式。反过来，食物基质的特征影响共同摄入的活性物质的结构和组成，从而影响其溶解性、代谢和摄取。

1. 蛋白质

食品粉体中的亲水性活性物质，如一些多酚类物质，多以酯、糖苷或聚合物的形式存在，不能被人体直接吸收利用。多酚可与蛋白质相互作用形成复合物。当足够多的多酚与蛋白质相互作用时，多酚就可以连接其他多酚-蛋白质复合物进一步形成复合物聚合体，从而改变其生物利用度。食品粉体中的活性物质以不同的方式与蛋白质结合，这取决于化学物质的性质。蛋白质与生物活性物质之间的相互作用主要受到蛋白质和化合物种类的影响，且其对生物活性成分生物利用度的影响机理可能是两者结合后会影响生物活性物质在胃肠道中的释放和吸收，从而造成其生物利用度的差异。

食品体系中蛋白质对食品粉体中活性成分的生物利用度影响存在争议。藏红花素主要通过范德华力和氢键结合到酪蛋白的活性囊中，形成了稳定的结构。模拟胃肠液的实验结果表明，藏红花素与酪蛋白形成纳米级复合物后能有效缓释藏红花素，显著提高藏红花素的生物利用度，有利于人体对其的充分吸收（范浩伟，2021）。β-乳球蛋白能够结合疏水性化合物（如类胡萝卜素），并将它们转运至肠上皮细胞的刷状缘膜，进而增强其生物利用度。多酚类物质可以与蛋白质发生疏水作用，形成沉淀。疏水相互作用是由多酚的芳香环与蛋白质的疏水点结合形成的。这种现象发生在口腔内，产生涩味物质，并降低了多酚在胃肠道中的生物利用度。另外，蛋白质也能显示出一定的抗氧化能力，这会防止胃肠道中食品粉体中生物活性物质的降解，从而起到改善其生物利用度的作用。例如，当 β-乳球蛋白和多酚结合时，可以保护多酚不被氧化降解。

2. 脂类

食品行业的研究表明，亲脂性营养物质的生物利用度可以通过改变食品基质中脂类的类型和数量来提高（Failla et al.，2008）。体外生物利用度研究也表明，水果和蔬菜中亲脂性生物活性成分与可消化脂类混合，有助于小肠对膳食中化学物质的吸收，其生物利用度（胶束增溶）和吸收性（细胞培养吸收）大大增加，如酚类物质，因为它们增加了可溶解和运输疏水化合物的混合胶束的数量。当脂质与一些多酚相互作用时，可以形成包被多酚的脂质体，保护多酚通过胃肠道时不被降解，从而提高其生物利用度和抗氧化活性。此外，脂质对脂溶性活性化合物（如番茄红素、姜黄素、槲皮素和其他类胡萝卜素等）生物利用度具有明显的积极影响。食品粉体中生物活性成分还与脂质相互作用，这种相互作用可能会影响脂质的液滴大小，进而影响它们在小肠中的消化吸收。这是因为它们经过口腔-胃消化阶段释放后会溶解到油相中，并形成较好的乳化液形态。之后，溶解于脂滴中的有效成分会在小肠阶段与游离脂肪酸和胆盐等成分共同形成混合胶束，随后它被转运至肠上皮细胞并被人体吸收利用（易建勇等，2019）。

3. 碳水化合物

多糖对食物性原料中活性物质的影响主要反映在通过非共价键的结合中（图 5-3）。一方面，一些疏水性活性物质如类胡萝卜素可以与水分或凝胶结合到淀粉系统中。这些活性物质可以以分散在淀粉水凝胶基质中的小晶体的形式存在。在该系统中，水分对类胡萝卜素色素施加保护性影响。一些体外研究已经表明，此类淀粉水凝胶的微结构在口腔和胃环境中几乎不受显著影响，但它们可以在小肠条件下其结构完全断裂。然后这些活性物质可能到达小肠并完全暴露，从而增加吸收（图 5-3）。此外，对于一些亲水植物化学物质，淀粉还可以在分子之间形成强氢键，然后在无定形区域形成像水泥一样的结构。先前的研究表明，淀粉可以通过其羟基与酚类物质形成氢键。另一项研究表明，酚类物质的羟基形成氢键，可以干扰淀粉聚合物链的排列（Beta and Corke，2004）。同时，这些亲水化合物可能会影响淀粉的糊化。当添加到淀粉中的酚类物质和淀粉-酚复合物会干扰聚合物链的排列时，多酚和直链淀粉会形成包合物（图 5-3），这种组合使食物具有耐热和不易消化的特性。

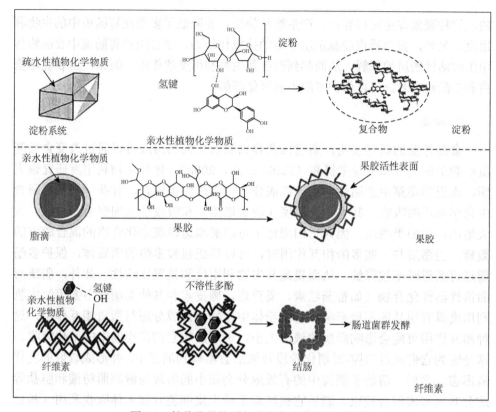

图 5-3　植物化学物质与碳水化合物的相互作用

4. 纤维素

　　食物粉体中的膳食纤维影响活性物质的生物利用度。事实上，在粉碎之后，活性物质可以在体外与植物细胞壁中的碳水化合物与膳食纤维（包括果胶和纤维素）相互作用。一些酚酸与食物粉体中的膳食纤维有关。例如，在谷物中，与纤维素有关的主要化合物是阿魏酸，其次是磷酸、香豆酸和咖啡酸。事实上，95%的谷物酚类化合物与膳食纤维多糖有关，主要是阿拉伯木聚糖，通过酯键共价结合。在小肠消化过程中，膳食纤维可以与食物基质中的膳食化学物质相互作用和结合。这些相互作用可以是氢键、共价键相互作用或膳食纤维的物理化学捕获作用。膳食纤维的存在还可以调节类胡萝卜素的生物利用度。众所周知，纤维素通过捕获类胡萝卜素并与胆汁酸相互作用来减少类胡萝卜素的吸收（Maiani et al.，2009）。部分多酚类物质可与膳食纤维接触并黏附在其表面，从而改变其生物可及性和生物利用度。不溶性多酚可以通过膳食纤维携带到结肠，发酵后被细菌释放（图 5-3）。

5.3.3 粉体工艺对食品粉体生物利用度的影响

1. 干燥技术

在高温干燥过程中，各种化学反应加速。因此在大多数干燥过程中，食品的分子结构发生了显著变化。不同的干燥条件下，固体食品在脱水过程中产生不同的超分子结构。干燥速度对生成的超分子结构的特性有重要影响。液体产品快速脱水导致无定形结构，而缓慢干燥允许低分子量物质结晶。在干燥过程中，多肽大分子的三级和四级结构可能发生变化。例如，蛋白质展开，其疏水内部暴露于外部，并观察到疏水相互作用导致的分子聚集。因此，产品的溶解度、消化率和营养价值发生变化。此外，物质在烘干过程中可以形成分子复合物，这种分子复合物可能导致活性物质的生物利用度增加。例如，将以富含类胡萝卜素玉米黄质而闻名的枸杞果实与牛奶共干燥，可以显著提高玉米黄质的生物利用度。进入血液的玉米黄质可以增加大约 3 倍。图 5-4 显示了天然枸杞细胞内玉米黄质的积累［图 5-4（a）］和喷雾干燥的牛奶蛋白/枸杞粒内玉米黄质的精细分布［图 5-4（b）］。

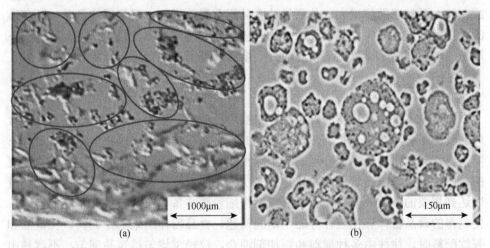

图 5-4　玉米黄质（图中所圈之处）嵌在本地枸杞组织（a）和截面的喷雾干燥牛奶/枸杞颗粒（b）

2. 粉碎技术

利用不同的粉体技术对食品原料进行粉碎所获得的食品粉体，具有不一样的粒径大小、表面能、形状、比表面积等，对食品粉体后续的制备工艺性能及产品质量影响甚大。物料利用程度和粉体理化性质密切相关，不同的生产工艺对原料的理化性质和生物活性有重要影响，粉碎工艺对粉体的特性和粒度起到关键作用。

粉体技术对食品粉体利用度的影响实质上是通过制成不同性质的粉末颗粒，从而表现出不同的利用度。粉体技术对食品粉体生物利用度的影响机理主要分为两个方面：①提高食品原料的有效成分、营养物质、微量元素等成分的溶出率；②保持食品原料原有的生物活性和营养成分，增加体内消化吸收。

粉碎技术主要借助球磨粉碎机、冲击式粉碎机、气流粉碎机及高频振动式超微粉碎机等常用设备的机械作用，使物料颗粒相互产生剧烈的冲击、碰撞和摩擦等作用力，从而实现对物料的粉碎，可直接破坏阻碍植物次生代谢物释放的各级物理屏障进而影响其生物利用度。理论上讲，能够通过降低食品粒径大小、增加颗粒表面积或破坏细胞结构、增加细胞内化合物释放的单元操作都会提高消化过程中食物的生物利用度。以普通冲击式粉碎生产的食品粉末颗粒粗（成品粒子大于 50μm），形状不规则，食物成分溶出度较小，生物体吸收率低，生物利用度低。气流粉碎生产的粉体粒度小（可达亚微米级）且分布窄，且通常物料粒度可达 10μm，食物营养成分溶出度及溶解速率大，生物体吸收率高。由于气流粉碎过程中的焦耳-汤姆孙效应（节流效应），温度未见明显升高，对一些热敏成分非常有益。但颗粒表面因气流冲刷而带有静电，粒子小表面能高，这种粒子极易团聚，导致流动性差，制造食品粉体过程需加特殊处理。微流化能使颗粒内部产生空隙或空腔，颗粒表面积增大，从而导致食品组分释放增加。但值得注意是，随着微流化压力的继续增大，其食物成分的分散指数和溶解度可能发生了不同程度的下降，这可能与高压微流化下物质成分大量活性基团暴露有关（李良等，2019）。

3. 分级技术

分级技术在食品粉体的制备过程中被广泛使用，无论是机械粉碎还是化学合成的食品粉体，粒径分布通常是比较宽的。食品粉体里的大颗粒会使吸收速率下降，使营养效果变差，但合理的大小颗粒配比又可以达到控制有效成分吸收速度的目的。因此，需要对食品粉体进行多次分级，以方便人工调控食品粉体的细度以达到想要的吸收效果。现有食物原料超细粉碎装备存在分级精度不高的问题，使制得的食品粉体存在粒径分布不均的问题。食品粉体用来制作调料、保健品和餐饮配料时，往往由多种原料和添加剂混合，粒径越均匀越容易混匀，不容易出现分级或分层现象。

5.3.4 制粉过程对食品粉体营养组分生物利用率的影响

1. 淀粉

植物原料细胞具有不可消化的细胞壁，同时多数淀粉被蛋白质基质包裹。研究发现，淀粉分解的程度遵循淀粉＞破碎细胞＞完整细胞的顺序，表明完整的植物细胞可以降低淀粉的消化率，同时提出包裹淀粉的蛋白质和细胞壁可能是影响消化率的主要因素之一。细胞壁对淀粉酶扩散进入细胞构成了物理障碍，延缓了细胞内淀粉的消化。同时，由于蛋白质包埋在淀粉颗粒周围形成屏障，阻止淀粉酶的进入，也会降低淀粉的消化率。因此，控制适当的研磨，可以达到降低和减缓淀粉消化的目的。淀粉的消化率与颗粒粒度有很大的关联，粗颗粒粉的消化速度比细颗粒粉慢，因为淀粉颗粒单位体积的有效表面积较低，可能阻碍淀粉酶的结合，致使酶反应速率较慢。另外，研究发现，破损淀粉能加快淀粉的水解消化，淀粉损伤程度越高，消化率越高，这可能是因为淀粉被损伤后对酶的敏感性增强，研磨造成的破损淀粉减小了颗粒尺寸，增加了表面积，颗粒内部有更多的表面空洞或通道，为酶和淀粉的相互作用提供了更大的机会，进而影响淀粉消化率；同时，破损淀粉独特的颗粒结构可能有助于水扩散和酶穿透更容易，这是酶反应所不可缺少的。

2. 蛋白质

研究表明，制粉过程可以提高蛋白质的消化利用率，这是因为制粉破坏了细胞壁，致使存在于细胞壁中的一些抗营养因子，如影响蛋白质吸收的植酸和易与蛋白质结合的单宁等被破坏，植酸等抗营养物质由于具有螯合特性而降低了食物中的蛋白质吸收。Ertop 等（2020）比较了研磨前后的小麦籽粒与小麦粉蛋白质的消化率及植酸含量，发现研磨后，植酸质量分数从 2.47% 降低到了 1.9%，蛋白质的消化率则由 50.66% 增加到了 74.46%，Carcea 等（2019）的研究也证实，随着细胞壁中膳食纤维的加入，蛋白质的消化率逐渐降低，表明高含量的纤维会抑制蛋白质的消化吸收。

3. 矿物质

制粉导致细胞结构破坏，一方面，可以使不同成分（如矿物质、抗营养素）和酶更紧密地接触，影响矿物质的生物可及性和生物利用度；另一方面，通过破坏细胞壁，可以消除矿物质生物利用度的物理障碍（Rousseau et al.，2020）。Latunde-Dada 等（2014）通过机械研磨破坏糊粉层细胞，发现对糊粉层的微研磨显著增加了铁的溶解度和生物可及性。小麦籽粒中矿物质的化合状态并非人类直接可利用的形式，主要以不溶性形态存在，而且籽粒中的植酸常常与钙、铁、锌等形成不溶性的盐类，对这些元素的吸收有不利影响；当将小麦籽粒研磨成粉后，虽然矿物质含量显著降低，但矿物质消化率增加，这与研磨造成植酸含量下降有关。研究表明，多酚及单宁等物质的存在降低了必需矿物质的生物利用度，而多酚与单宁多存在于植物细胞壁中，通过研磨可以降低多酚等抗营养素的含量，以改善矿物质的吸收利用（Aslam et al.，2018）。

5.3.5　提高食品粉体生物利用度的方法

1. 超微粉碎技术

超微粉碎技术是一种新型的精细粉碎加工技术，通过利用机械及流体作用力克服体内的凝聚力使物料破壁至粉碎，使粒径在 3mm 以上的物料颗粒粉碎到 10~25μm 的技术，其粉碎程度比一般粉体更高，在生物利用度方面具有显著优势（李光辉等，2019）。随着物质的超微化，其表面分子排列、电子分布结构及晶体结构均发生变化，产生块材料所不具备的表面小尺寸效应、量子效应和宏观量子隧道效应，从而使得超微粉碎产品与宏观颗粒相比具有优异的物理、化学及表界面性质。超微粉体技术加工形成的粉体微细化特性显著改变食物营养物质的释放和生物利用度（Hu et al.，2012）。微粉工艺过程持续时间短，大部分的生物活性化学成分基本不会被该过程带走，有利于制成所必需的高品质微粉产品。由于超微粉碎技术在原料上使用的外力分布是很均匀的，得到的粉末粒径分布均匀。经过各种超微粉碎处理技术，物料的密度和表面积逐渐增大，当进行各种生物、化学反应时接触面积增大，溶解速度、反应速率等就被提高。研究表明，经过超微粉碎的食品，由于其粒径非常小，营养物质不必经过较长的路程就能释放出来，并且微粉体由于粒径小而更容易吸附在小肠内壁，加速了营养物质的释放速率，使食品在小肠内有足够的时间被吸收（魏凤环等，1999）。

在食品加工方面，一些蔬菜、水果等经过超微粉碎后，可以保存其内部的营养物质，膳食纤维增加水溶性也能增加蔬菜的口感，也有利于人体直接吸收。超细粉碎处理可以使纤维素由不溶性转化为可溶性，从而提高可溶性纤维的比例。超细粉碎后不可溶性纤维素含量降低可能是由于纤维素、半纤维素和木质素降解。此外，超微粉碎也会增加可溶性纤维的浸出量。例如，超细粉碎工艺对藕节粉的总膳食纤维含量没有影响，但其不可溶性纤维素含量显著下降，可溶性膳食纤维含量则相反（金文筱等，2015）。类似地，经气流磨粉处理后，脱脂大豆粉的可溶性膳食纤维含量显著高于未处理大豆粉（王秋，2015）。小麦麸皮就可以添加至面粉当中，制作高蛋白面粉，其内部的粗纤维在超微粉碎后改变了性质，成为可以被人体吸收和利用的可溶性膳食纤维。总体而言，超微粉碎作为一种新型的食品加工方法可以保存食品的原有特征，同时也让颗粒的流动性、溶解速率与吸收速率增加，其食用价值更加突出。除了大分子外，超微粉碎技术也可以提高其他小分子成分的生物利用率。与蛋白质、多糖和膳食纤维相比，分子量较小的咖啡因和三萜在超细处理后更容易被人体利用。

超微粉碎技术也已经被广泛地应用于功能食品的生产过程中，包括黄酮类、多糖、脂肪代替品等，这些类型食品的结构与功能也成为研究的重点（栗亚琼，2019）。在功能性食品研发过程中，目前已经应用超微粉碎技术的功能性食品包括冬虫夏草、蜂胶等，超微粉碎的主要作用在于保留其营养成分，利用传统粉碎方法与水解加工会破坏其内部成分。超微粉碎在–67℃左右的低温与净化气流条件下不存在高温影响，其内部的有效成分得到保留。但需要注意的是，并不是所有食品都能利用超微粉碎进行改良，如某些含有淀粉的食材，超微粉碎引起的淀粉释放会对有效成分的溶出产生不良影响，且食品原料经过超微粉碎后，粒子在不稳定的状态下还需要考虑到相容性与分散性方面的问题。

2. 粉体混合技术

由于食品体系组成对食品粉体中的营养物质以及生物活性物质的利用率有影响，因此可以根据人体需要配制不同成分的混合食品粉体，主要是在食品粉体中加入特定含量的营养成分或其他活性物质。由于大部分食物中的脂质含量较少，因此，为了提高食品粉体中活性成分的生物利用度，在加工过程中往往会添加一些外源性脂质。这是因为油脂经过消化后会水解成游离脂肪酸，有助于更多的活性成分进入到混合胶束中。目前市场上出现的营养保健粉就是典型的复合粉体产品。营养保健粉是在各种谷物粉中添加强化物的混合粉，有分别添加碘、锌、钙、铁、维生素 B_2 等维生素、矿物质、氨基酸的营养型面粉；有添加膳食纤维、谷芽、螺旋藻的功能性面粉；还有含水溶性珍珠粉、薏米粉、维生素 E 等成分的美容面粉；有含有魔芋粉、赖氨酸等 15 种成分的益寿面粉；有含有卵磷脂、牛磺酸等18 种成分的益智面粉等，其生物价较高。

混合粉包括按照食品加工工艺特征配制、利用营养互补原理配制及二者兼有的 3 种混合粉类型，现多是以小麦粉为主体的混合粉，也有含谷、豆、薯类粉比例较高的混合粉（唐忠，1997）。在实际加工过程中，按照相关食物强化的标准，将不同营养强化剂按比例并配一定辅料制成预混料，再将预混料按照一定剂量加入食物载体制成强化食品。其中一些微量营养素，在每千克食物载体中的添加量往往只有几毫克至几十毫克，因此，营养素强化剂在食物载体中的均匀分布就成为强化食品的重要质量指标，也是强化食品的重要技术基础。因此，这些不同成分粉体混合是否均匀，对后续产品的生物利用度有着巨大的影响。混合越均匀，其用生物利用度就越均匀稳定，其营养功能就越稳定。所以需根据不同的食品粉体选取不同的混合技术及设备以达到理想的混合结果。一般情况下，单食谷、豆、薯类生物价在 50～70；植物粉混食可达 70～80，动植物粉混食则达到 80～90，可见单食、偏食养分浪费大，混食营养互补效应较好，其利用率还要高（表 5-1）。

表 5-1 混合蛋白生物价

蛋白来源	配比/%	生物价	
		单食	混食
豆腐	42	65	77
面筋	58	67	
玉米	23	60	73
小米	25	57	
大豆	52	64	
小麦	39	67	89
小米	13	57	
牛肉	26	69	
大豆	22	64	

3. 递送体制备技术

食品体系组成可以与食品粉体活性物质发生可逆或不可逆反应，一些反应对生物活性成分的生物利用度有明显的积极作用，而另一些则产生负面影响。因此，食品体系组成设计是提高食品粉体生物利用度的一个重要研究领域，可以利用不同食品组分设计基于食物的新型递送系统，以提高食品粉末中活性成分的生物利用度。

蛋白质和多糖由于良好的生物相容性和可生物降解的特征，被视为递送生物活性成分的良好壁材。多糖载体多以壳聚糖、果胶、透明质酸等为壁材。牛血清白蛋白、酪蛋白、乳铁蛋白、β-乳球蛋白以及玉米醇溶蛋白是较为常用的载体蛋白。Liu 等（2018）运用反溶剂法所制备的表没食子儿茶素没食子酸酯-玉米醇溶蛋白纳米颗粒不仅增强稳定性，还显著提升表面抗氧化活性和生物可利用率。

固体脂质纳米粒是一种新型载体，食品粉体可浸没、溶解或包裹在纳米级生理相容聚合物和凝胶材料中，这些高分散性和具有表面活性的材料能够较大程度地改善难溶性食物的溶解性，提高食物营养物质和活性成分的渗透性和缓释性能，此外，对于功能性食品粉末，固体脂质纳米载体还能防止某些成分破坏胃肠道的酸和酶，减少其对胃肠道的刺激，使有效成分能够更好地被肠壁细胞吸收。除纳米粒本身在起效部位蓄积达到被动靶向外，还可采用主动靶向修饰技术，利用细胞特异性配体，如肽、蛋白质、抗体等进行表面修饰，该配体与生物膜上相对应的受体结合，实现有效精准的有效成分释放。

4. 表面改性技术

超细粉体（通常是指粒径在微米级或纳米级的粒子）具有比表面积大、表面能高及表面活性大等特点，因而具有许多大块材料难以比拟的优异光、电、磁、热和力学性能。然而由于超细粉体的小尺寸效应、量子尺寸效应、界面与表面效应以及宏观量子隧道效应,其在空气中和液体介质中容易发生团聚,若不对其进行分散处理,则团聚的超细粉体就不能完全保持其特异性能。根据粉体的相关研究,对超细粉体进行分散处理的最有效途径是对其进行表面改性(刘友星,2019)。近年来,粉体表面改性技术成为人们关注的热点技术之一,其中,表面包覆改性是表面改性技术中重要的一种(蒋且英等,2017)。

5.4　食品粉体与营养

食品粉体的粒度会影响粉体的理化性质,粒度减小会导致粉体各种特性改变,并具有一些不同于粗颗粒的特性。与粗颗粒相比,超微粉具有表面性能更强、食品加工性能更好、水溶性更强、生物活性化合物含量及抗氧化活性更高等特点。超微粉还有良好的溶解性、吸附性、分散性等,不但有利于营养的消化吸收,还能最大程度保留粉体的活性成分。

有关研究表明,经超微粉碎的食品等在人体内的吸收较快,这是超微粉碎的主要优势。食品中的有效成分通常分布于细胞内与细胞间质,并以细胞内为主,若采用常规方式粉碎,其单个颗粒常由数个或数十个细胞组成,细胞的破壁率较低,相应的有效成分(以水溶性成分为例)难以被人体充分吸收。一般粉粒进入胃中,在胃液的作用下吸水溶胀,在进入小肠的过程中有效成分根据简单扩散的原理不断地通过植物细胞壁及细胞膜释放出来,由小肠吸收。因颗粒的粒子较大,位于粒子内部的有效成分将穿过几个或数十个细胞壁及细胞膜方可释放出来,每个细胞壁及细胞膜两侧的有效成分的浓度差值非常低,释放速度很慢,因颗粒在体内停留时间有限,在低速释放的情况下总释放率也不会很高。由于颗粒的粒子较大,吸附在肠壁上的可能性较小。小肠的蠕动方式造成了有效成分在细胞周围的浓度会高于小肠壁上的浓度,使细胞壁内外的浓度差难以提高,减缓了释放速度。其中相当一部分粒子的有效成分在未完全释放出来之前就被排出体外,使保健食品或药物的生物利用度降低。

食品物料经过超微粉碎后,显微镜下观察仅有极少量完整细胞存在。细胞破壁后,细胞内的有效成分充分暴露出来,其释放速度及释放量会大幅度提高,人体吸收则较为容易。物料进入胃后,可溶性成分在胃液的作用下溶解,进入小肠后溶解的成分开始被吸收。由于物料为超细粒子,其不溶性成分易附着在肠壁上,有效成分会很快通过肠壁吸收,进入血液。而且这些超微粒子因附着力的影响排出体外所需时间较长,提高了有效成分的吸收率。因有效成分从植物细胞内向细胞外迁移所需的时间缩短,人体的吸收速度会明显加快,而且吸收量也会增加。

5.4.1　粉体粒径对食品营养含量的影响

1. 谷薯类

谷薯类食品富含淀粉、蛋白质、矿物质、维生素等营养物质，制成食物粉体之后，这些营养物质的含量有所上升，原因是随着粉碎程度加强，谷薯类食品平均粒径减小，粉体均匀性增加，淀粉、蛋白质、矿物质、维生素等营养物质更容易渗出，从而使可被检测的营养物质增加。朱爽等（2022）分析了不同粒度对大麦营养成分的影响，研究发现与 60 目粗粉相比，超微粉的蛋白质、淀粉、多酚、黄酮的含量均有提高，且不同粉体间具有明显的差异（表 5-2），其中，蛋白质的含量由 6.52% 提高到 16.14%，淀粉含量由 9.97% 提高到 12.41%，大麦粉多酚含量由 964.10mg/100g 增加到 1396.00mg/100g，黄酮含量由 11.10mg/100g 增加到 21.50mg/100g，分别提高了 431.90mg/100g 和 10.40mg/100g。

表 5-2　不同粒径大麦粉中营养成分含量（干基）

粉体（目数）	蛋白质/%	淀粉/%	多酚/（mg/100g）	黄酮/（mg/100g）
粗粉（60 目）	6.52±0.32	9.97±0.43	964.10±0.30	11.10±0.01
微粉Ⅰ（100 目）	11.08±0.28	10.15±0.51	993.50±0.55	15.90±0.01
微粉Ⅱ（150 目）	11.90±0.40	9.56±0.31	1033.80±0.44	16.00±0.01
微粉Ⅲ（200 目）	12.10±0.62	10.82±0.32	1048.00±0.31	19.30±0.01
微粉Ⅳ（250 目）	12.20±0.46	10.43±0.53	1142.00±0.55	18.90±0.01
微粉Ⅴ（300 目）	14.10±0.68	11.36±0.24	1281.20±0.38	19.60±0.01
微粉Ⅵ（350 目）	16.14±0.99	12.41±0.56	1396.00±0.33	21.50±0.01

2. 蔬果类

蔬果类食品含有大量的糖类、矿物质、维生素、膳食纤维等营养物质，以及由多酚、胡萝卜素、花色苷等组成的色素。制成食物粉体之后，发现其糖类、蛋白质、可溶性膳食纤维等含量上升，而维生素 C、胡萝卜素、花色苷等易被氧化的营养物质含量下降。原因是随着食品粉体的粒径降低，这些营养物质与光及空气的接触面积增大，更易于被氧化造成分解。聂波等（2016）把胡萝卜加工成粉体，分析不同粒度胡萝卜粉体所含营养成分，发现：胡萝卜粉中总糖及氨基态氮含量呈先升高再降低后趋于稳定的态势，如图 5-5 所示。胡萝卜粉粒径越小，其细胞结构被破坏得越厉害，细胞壁、细胞膜、细胞间质等中的蛋白颗粒会释放出来，氨基态氮含量因而增加。羰氨反应是引起食品非酶褐变的主要因素之一。随着粒径的减小，胡萝卜粉的比表面积越大，越容易发生羰氨反应，引起氨基态氮损失，因此就会出现先增大后减小的趋势，其中粒径为 109～120μm 的胡萝卜粉氨基态氮含量达到最高（聂波等，2016）。

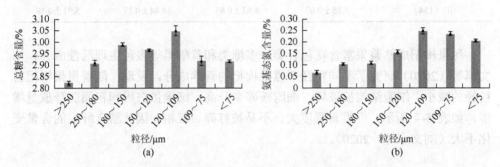

图 5-5　不同粒径胡萝卜粉中总糖含量（a）和氨基态氮的含量（b）

　　而胡萝卜粉中的胡萝卜素和维生素 C 含量随着粒径的减小而显著降低，如图 5-6 所示。这可能是由于在胡萝卜素分子中有不稳定的共轭双键结构，随着胡萝卜粉颗粒变小，比表面积增加，与光和氧接触机会增加，更容易氧化分解。维生素 C 易溶于水，暴露在潮湿环境或者强光下，会逐渐氧化、脱色。所以胡萝卜粉粒径越小，比表面积越大，越容易受到外界条件干扰，维生素 C 的损失就越大。

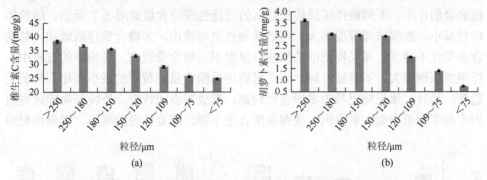

图 5-6　不同粒径胡萝卜粉中维生素 C 含量（a）和胡萝卜素含量（b）

　　洪森辉等（2021）分析比较了笋衣各种粒径粉体基本营养成分的差异。研究发现：随着粒径减小，粉体粗纤维含量大幅度下降，其中粉体Ⅲ（154μm）比粉体Ⅰ（450μm）和粉体Ⅱ（200μm）分别下降 38.66% 和 20.41%；而粗蛋白质、粗脂肪、粗灰分含量变化不大，如表 5-3 所示。分析原因可能是粉碎越细，离子基团暴露越多，越容易受到酸碱破坏（洪森辉等，2021）。

表 5-3　笋衣粉体营养成分含量比较（全干基础，%）

粉体（粒径/μm）	灰分	粗纤维	粗蛋白质	粗脂肪
Ⅰ（450）	3.06±0.09	12.23±0.66	33.48±0.72	5.81±0.29
Ⅱ（200）	3.11±±0.27	10.62±0.13	33.56±0.58	5.85±±0.06
Ⅲ（154）	3.35±0.07	8.82±0.93	34.44±0.17	5.91±0.19

　　黑果枸杞成熟浆果富含花色苷类、多糖类和黄酮类等多种生理活性成分。刘文卓等（2020）研究了不同粒径下黑果枸杞的营养成分，发现：随着黑果枸杞粉粒径的减小，细胞结构被破坏，细胞破碎率升高，细胞蛋白质和粗脂肪释放量增多，如表 5-4 所示。纤维素强度大、不易被打碎、粒粗，因此膳食纤维的含量变化不大（刘文卓等，2020）。

表 5-4　不同粒径对黑果枸杞粉中基本营养成分的影响

不同粒径大小/目	含水量/%	蛋白质/(mg/mL)	粗脂肪/%	灰分/%	膳食纤维/%
<60	5.72±0.19	0.98±0.24	3.45±0.0	0.31±0.00	12.99±0.01
60～120	5.27±0.77	1.97±0.36	4.02±0.01	0.82±0.01	12.59±0.01
120～200	5.14±0.37	2.11±0.65	8.56±0.03	1.33±0.01	10.08±0.01

　　黑果枸杞中含有丰富的多糖类和酚类物质以及花色苷，具有很好的抗氧化、抗衰老的作用。不同粒径黑果枸杞粉体的功能性成分含量如图 5-7 所示。随粉体粒径减小，细胞破碎程度增大，可溶性物质更易溶出，多糖含量逐渐增加，总酚含量变化不显著。黑果枸杞中的果皮纤维组织总酚含量较高，在粉碎的过程中，纤维组织硬度大，不易被打碎，因此呈现出总酚含量随粒度的减小变化不显著的趋势；另外，黑果枸杞粉中多糖含量较高，形成黏性团状物，干燥和粉碎过程组织中的多糖类物质大量溶出，使得总酚含量下降。随着粒径的减小，黑果枸杞粉

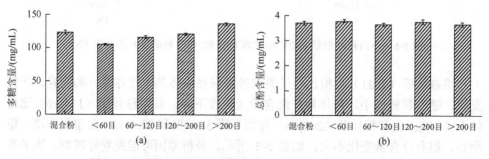

图 5-7　不同粒径黑果枸杞粉多糖含量（a）和总酚含量（b）

体的花色苷含量在 120～200 目时达到最大值，之后花色苷含量下降。这是因为在粉碎过程中，氧气、pH、温度和水分等因素对黑果枸杞粉体中花色苷含量造成影响（刘文卓等，2020）。

3. 菌菇类

菌菇类具有特殊的鲜味，是因为其体内含有丰富的氨基酸。谷氨酸（Glu）和天冬氨酸（Asp）是呈鲜的特征氨基酸，其中 Glu 的鲜味最强，它不仅是鲜味氨基酸，还参与许多生理活性物质的合成。Glu 脱羧基后转变为 γ-氨基丁酸，其在哺乳动物中枢神经系统中作为抑制性神经递质发挥重要的生理功能。蛋氨酸（Met）、赖氨酸（Lys）、精氨酸（Arg）和色氨酸（Trp）具有抗氧化活性。Arg 则是儿童生长发育过程中所不可缺少的一种重要氨基酸，与人的长寿关系密切。此外，菌菇中含有的 Lys 可以弥补谷物中的 Lys 不足，对以谷物为主的膳食者来说，起到营养互补的作用。

郑艺梅等（2014）开展了粉碎粒度对杏鲍菇菌柄基部氨基酸含量影响的研究。表 5-5 是不同粒度杏鲍菇菌柄基部粉体特征氨基酸分析的结果。由表 5-5 中看出，7 种不同粒度的杏鲍菇菌柄基部粉体特征氨基酸之间差异不大，质量分数最高的是呈味氨基酸，其占总氨基酸比例在 50%左右；其次是抗氧化氨基酸，其占总氨基酸比例在 30%左右；支链氨基酸占总氨基酸比例在 16%左右；鲜味氨基酸占总氨基酸比例在 25%左右。其中呈味氨基酸中有约 50%是鲜味氨基酸，说明呈味氨基酸尤其是鲜味氨基酸对杏鲍菇的滋味贡献最大，这就不难解释为何杏鲍菇味道比较鲜美。支链氨基酸具有特殊的营养生理功能，可消除或减轻肝性脑病症状，改善肝功能，提高免疫机能，缓解疲劳，延长寿命。此外还可通过产生腺苷三磷酸（ATP）降低蛋白质的分解，并通过促进胰岛素分泌量加强蛋白质的合成。支/芳值是经典的判断肝病氨基酸代谢异常的指标。正常人和哺乳动物的支/芳值在3～3.5，当肝受损伤时则降为 1.0～1.5。因此，高支、低芳氨基酸及混合物具有保肝作用。7 种粉体的支/芳值在 2 左右，说明杏鲍菇菌柄基部同样具有一定的保肝和护肝作用。

表 5-5　不同粒度粉体特征氨基酸分析（%）

指标	杏鲍菇菌的粒度/目						
	40	80	120	160	200	250	300
总氨基酸（TAA）	10.66	11.15	11.31	11.62	11.13	11.35	11.32
支链氨基酸	1.73	1.80	1.81	1.91	1.80	1.79	1.79
呈味氨基酸	5.26	5.56	5.64	5.70	5.57	5.68	5.71
鲜味氨基酸	2.64	2.81	2.85	2.84	2.79	2.85	2.86

指标	杏鲍菇菌的粒度/目						
	40	80	120	160	200	250	300
抗氧化氨基酸	3.19	3.29	3.36	3.48	3.26	3.37	3.30
支链氨基酸/TAA	16.23	16.14	16.00	16.44	16.17	15.77	15.81
呈味氨基酸/TAA	49.34	49.87	49.87	49.05	50.05	50.04	50.44
鲜味氨基酸/TAA	24.77	25.20	25.20	24.44	25.07	25.11	25.27
鲜味氨基酸/呈味氨基酸	50.19	50.54	50.53	49.83	50.09	50.18	50.09
抗氧化氨基酸/TAA	29.93	29.51	29.71	29.95	29.29	29.69	29.15
支/芳值	2.14	2.20	2.18	2.15	2.17	2.03	2.11

4. 其他

随着生活水平的提高，人们逐渐尝试将一些含有丰富营养物质但之前不作为食物的物质加入到食品中，以改善风味，增加营养。例如各种鲜花中含有大量的多糖、蛋白质、膳食纤维以及具有生理活性的色素等。将鲜花制成超微粉，作为食品配方的辅料添加到饼、菜肴等中（唐忠，1997）。刘战永（2015）将玫瑰花制成超微粉，检测超微粉碎对于玫瑰花中营养成分的影响，研究发现玫瑰花超微粉碎后，Mg、Fe 含量增加，Zn、Na 含量变化不大，Cu、Mn 含量有所降低。对于有害矿物质元素除 Ni 含量增加明显外，Cr、Se、Cd 变化较小，说明超微粉碎对玫瑰花矿物质元素的含量有一定影响，如表 5-6 所示（刘战永，2015）。

表 5-6 矿物质含量测定结果

样品（粒径/μm）	Na	Zn	Cu	Mg	Mn	Fe	Cr	Ni	Se	Cd
玫瑰花细粉（114）	28.94	27.21	12.22	227.14	40.53	56.05	0.97	1.09	3.08	0.58
玫瑰花超微粉 I（52）	33.18	33.04	10.46	266.35	32.24	75.75	1.03	4.92	2.87	0.52
玫瑰花超微粉 II（20）	23.93	29.77	9.10	224.96	32.57	66.21	1.65	4.55	4.32	0.63
玫瑰花超微粉 III（9）	29.97	30.82	9.40	260.16	31.48	73.08	1.33	4.17	3.59	0.71

玫瑰花超微粉碎后，营养成分发生了一定改变，水分、蛋白质含量有所降低，脂肪、灰分含量有所增加，如表 5-7 所示。玫瑰花超微粉碎前后水分含量变化很大，细粉水分含量为 5.16%，超微粉降至 4.50%～4.89%，玫瑰花瓣经粉碎后，其结构被破坏，原来固着于组织中的游离水裸露在外面，再加上超微粉碎过程中的热力效应，使水分含量降低。玫瑰花经超微粉碎后，蛋白质含量有所降低，原因可能是在超微粉碎过程中强烈的剪切、冲击力作用下，蛋白质因受到机械作用而

发生变性，高级结构受到破坏，肽链伸展，蛋白质长链断裂，一级结构分解为二、三、四级结构；也可能是超微粉碎过程中高热条件使得蛋白质发生变性（刘战永，2015）。玫瑰花细粉和超微粉脂肪含量表现为随着粒径的减小而显著提高。超微粉碎时，随着机械力时间的延长，大颗粒被完全破碎，在测定粗脂肪含量时其中的脂肪溶出率提高，使得可测得的粗脂肪含量有所增加。玫瑰花经超微粉碎后，灰分含量有所上升，这可能与超微粉碎时间延长，导致粉体受到一定程度的金属污染有关（刘战永，2015）。

表 5-7　基本营养成分含量

样品（粒径/μm）	水分/%	蛋白质/%	脂肪/%	灰分/%
玫瑰花细粉（114）	5.16±0.1	15.39±0.2	3.48±0.2	2.51±0.09
玫瑰花超微粉Ⅰ（52）	4.89±0.09	11.45±0.3	4.11±0.1	2.59±0.08
玫瑰花超微粉Ⅱ（20）	4.64±0.07	10.89±0.2	5.98±0.1	2.79±0.03
玫瑰花超微粉Ⅲ（9）	4.50±0.08	10.91±0.2	6.66±0.2	2.88±0.05

由表 5-8 可知，玫瑰花经超微粉碎后，总纤维素含量变化不大，可溶性膳食纤维含量明显上升，不溶性膳食纤维含量呈下降趋势，超微粉碎的粉碎程度越大，可溶性膳食纤维含量越高（刘战永，2015）。不可溶性膳食纤维的结构较紧密，结晶度高，无分支，人体一般无法直接吸收利用，生理活性低。经超微粉碎之后，膳食纤维组成成分发生了变化，不可溶性膳食纤维的结构被破坏，结晶度高的长链被打断，变成短链的小分子，使得其中不溶性成分减小，可溶性成分增加；同时超微粉碎使物料的粒度减小、比表面积增大，进而使不可溶性膳食纤维分子中的亲水基团暴露率增大，从而提升了可溶性膳食纤维含量（刘战永，2015）。

表 5-8　膳食纤维含量测定结果

样品（粒径/μm）	总膳食纤维（TDF）/%	可溶性膳食纤维（SDF）/%	不溶性膳食纤维（IDF）/%
玫瑰花细粉（114）	58.77±0.09	9.76±0.2	49.61±0.5
玫瑰花超微粉Ⅰ（52）	58.80±0.5	10.82±0.1	47.98±0.3
玫瑰花超微粉Ⅱ（20）	57.84±0.7	13.13±0.5	44.71±0.2
玫瑰花超微粉Ⅲ（9）	58.76±0.1	15.55±0.3	43.21±0.1

随着食品工业诸多高新技术的推广应用，人们可以根据人体营养需要和食品加工工艺及色香味形的要求，采用挤压膨化、超微粉碎、速冻干燥、蛋白提取、生物工程、添加剂应用等技术，把多种植物性的谷、豆、薯、果、蔬，动物性的

蛋、肉、骨、血、奶，酵母及各种食品添加剂和辅料等单独或混合地制造成可食性粉粒体，按功能与营养科学配方比例，生产出各种粉、液、片、粒、块、糊状食品，以满足不同人群食物结构和膳食营养的需要。

单元粉是以某一种原料（小麦粉、荞麦粉、薯淀粉、全蛋粉）进行工艺加工、粉碎（研磨）制成的食品基料，是传统的粉体加工形式。单元粉俗称多用粉或通用粉。任何食品都可制作，达不到食品质量要求时，往往通过辅料及添加剂进行适当调节。某一种粉体（如小麦的搭配或小麦基础粉）配制，通过考虑加工性能、成分比例配制或营养物质配比及添加剂应用，可以生产系列食品专用粉和营养保健粉。

多元粉是以两种以上的谷物粉（麦粉）、豆类粉（蚕豆粉、花生粉）、薯类（淀粉）、果蔬粉（水果粉、瓜粉）、动物粉（肉骨粉、昆虫粉）按科学配方进行交叉配制的混合粉体，也包含各种颗粒料配合后粉碎的粉体配制。可广泛用于方便食品、早餐食品、工程（营养）食品基料，也可作为功能、保健、疗效食品原料。

谷薯类混合粉包括按照食品加工工艺特征配制、利用营养互补原理配制及二者兼有的三种混合粉类型，现多是以小麦粉为主体的混合粉，也有非小麦组分的谷、豆、薯粉的混合粉。谷、薯类多以基础粉、胚、淀粉、皮等不同比例参与混合粉的配制，用于制造食品，属于典型的高碳水化合物型粉体。由于各种粉料物性差异大，如烘焙性、黏结性、吸水性等不具小麦粉面筋特定的功能，需采用物理、化学、生物等方法及添加黏合剂、成型剂进行处理。

豆类、油料类混合粉主要含有高蛋白质和高脂肪成分，参与配粉制造食品，需要解决的问题与非小麦谷类粉有些相似，如吸水量和烘焙、烹调性能对于所制造食品的体积、黏性、结构、口感等品质均有不同程度影响，有的性能变化较大，所以对各类粉体应区别情况进行预处理则尤为重要。

混合粉可以通过添加不同类型的粉体制备，如果蔬粉中山楂粉、柑橘粉、百合粉、板栗粉、菠萝粉、西红柿粉、南瓜粉、萝卜粉、青菜粉、野菜粉、海藻粉等；作为天然调味料的芫荽粉、葱粉、蒜粉等；具有疗效功能的中草药粉；绿青苗、红苋菜天然色素粉；维生素、矿物质含量高的虾粉、血粉、肉骨粉、昆虫粉等。国外已开始在配制混合粉中添加，多以辅料和微量添加剂形式加入，或作为保健功能食品基料，国内也有报道在混合粉中添加粉末油脂、果蔬粉和香辛料等物质。

工程化食品粉按人体的营养需要或按某种食物性质以多种原料进行配合加工，再补充多种营养素、香料、色素调味剂，使成为营养全面的食品和符合人们需要的色、香、味、形俱全的合成食品。如有一种婴儿代乳粉的配方为：米粉 37%、豆粉 15%、冷榨花生粉 10%、小麦粉 5%、大麦芽粉 4%、蛋黄粉 1.3%、肝粉 3%、白糖 17%、骨粉 1.5%、花生油 4%、食盐 0.5%、核黄素 1mg/100g。用混合粉还可生产人造虾片;合成肉、鱼、蛋、奶制品;仿制食品,生产军队用的营养模块、自热口粮、野战食品等。

食品粉体按各类粉体理化性质、营养特性科学地进行配制混合,对人体营养的互补是多方面的,包括蛋白质互补和维生素、矿物质的填平补缺,物性差异大的(动、植物粉混配)比物性差异小的(麦粉混配)生物价及营养互补范围大、功能强。谷、薯类淀粉含量高,主要供给碳水化合物,也是部分蛋白质、维生素、矿物质来源;豆类、油料类及动物粉主要是提供人体蛋白质和脂肪等,而果蔬粉则是维生素、无机盐、膳食纤维的重要来源,以补充其他食物中的维生素、矿物质不足。

5.4.2　食品粉体消化热力学、动力学参数变化

食物制成粉体状态,其消化热力学和动力学参数会随着粒径的改变而发生变化。

1. 水溶性和吸湿率

水溶性指的是物质在极性溶剂(主要是水)中的溶解性质。随着食品粉体粒度下降,一方面粉体中的可溶性物质更容易溶出,另一方面原来不可溶性物质向可溶性物质转变。

由表 5-9 可知,与 60 目粗粉相比,大麦粉的水溶性整体呈逐渐增加趋势,微粉 I 的水溶性由 49.45%增加到 64.93%,微粉Ⅵ增加了 35.68 个百分点;随着粉碎目数增加,粒径减小更有利于可溶性组分的溶出(朱爽等,2022)。

表 5-9　不同粒径大麦粉体的理化特性

粉体/目	水溶性/%	堆积密度/(g/mL)	溶胀力/(mL/g)	持水力/%	持油力/%	休止角/(°)	滑角/(°)
粗粉(60 目)	49.45± 4.74	0.42± 0.01	9.17± 0.43	3.30± 0.26	4.04± 0.16	30.56± 2.00	41.85± 2.58
微粉 I (100 目)	64.93± 3.76	0.41± 0.01	9.95± 0.44	3.76± 0.09	3.57± 0.17	36.33± 1.77	56.16± 2.82
微粉Ⅱ(150 目)	67.25± 2.22	0.38± 0.01	8.47± 0.40	3.95± 0.20	3.69± 0.07	39.17± 2.04	61.89± 2.94
微粉Ⅲ(200 目)	76.78± 4.71	0.36± 0.01	7.33± 0.57	3.60± 0.08	3.00± 0.12	45.90± 2.36	61.93± 2.48
微粉Ⅳ(250 目)	75.9± 3.06	0.34± 0.03	8.41± 0.45	3.51± 0.22	2.53± 0.15	48.26± 1.53	75.10± 2.45
微粉Ⅴ(300 目)	79.93± 2.20	0.30± 0.03	7.52± 0.38	2.63± 0.14	1.65± 0.11	55.49± 1.93	73.25± 3.39
微粉Ⅵ(350 目)	85.13± 3.19	0.24± 0.02	6.27± 0.44	2.35± 0.17	1.36± 0.12f	56.84± 1.66	79.93± 1.89

　　由图 5-8 可知，随着粒径的减小，粉体的溶解度依次增加，其中粉体Ⅲ的溶解度分别比粉体Ⅰ和粉体Ⅱ提高了 17.38%和 7.46%。随着粉体粒径减小，细胞破碎程度提高，粉体中可溶性物质更易溶出，且颗粒与水接触的表面积增大，粉体在水中的分散性和溶解性提高（朱爽等，2022）。

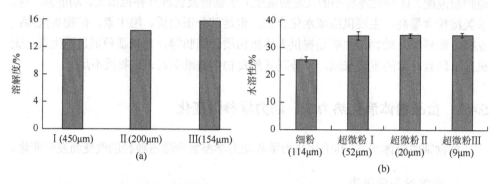

图 5-8　不同粒径笋衣粉体溶解度比较（a）和玫瑰花粉体的水溶性（b）

　　芹菜叶粉体的溶解度如表 5-10 所示。随着粉碎程度的增强，粉体的溶解度呈现上升的趋势。分段热风干燥的芹菜叶样品，超微粉体的溶解度显著高于粗粉，由 0.34g/g（30OG，小型打粉机打粉 30s 过 30 目）增加至 0.43g/g（150SG，超微粉碎机粉碎 60s 过 150 目）和 0.45g/g（300SG，超微粉碎机粉碎 90s 过 300 目），但 150SG 和 300SG 之间并无显著差异。真空冷冻干燥的样品，300SG 的超微粉溶解度为 0.35g/g，高于 150SG 超微粉和粗粉的溶解度（0.32g/g 与 0.31g/g），但三者无显著差异。这表明，超微粉碎处理可能会使得芹菜叶中的纤维素、半纤维素和木质素被降解成可溶性的小分子物质，并随着粉碎程度的增加，粉体粒径减小，也使得芹菜叶粉末的可溶性成分充分溶出（赵愉涵，2022）。但在溶解过程中，溶解温度过高（80℃），也促使粉体中不溶性物质向可溶性物质转变，且粉末颗粒内部的可溶性物质在温度较高时被完全释放，从而造成了粗粉和超微粉之间差异不显著。

表 5-10　不同粒径芹菜叶粉体的理化特性

粉体	溶解度 /(g/g)	持水力 /(g/g)	膨胀度 /(mL/g)	堆积密度 /(g/mL)	振实密度 /(g/mL)	休止角 /(°)	滑角/(°)
IHA-B + 30OG	0.34±0.02	6.94±0.30	7.88±0.05	0.47±0.01	1.21±0.10	44.88± 0.48	40.69± 1.32
IHA-B + 150SG	0.43±0.01	3.75±0.15	0.94±0.06	0.31±0.01	1.40±0.05	44.54± 0.78	30.83± 1.75
IHA-B + 300SG	0.45±0.01	2.98±0.16	0.90±0.27	0.32±0.01	1.50±0.06	43.62± 0.26	29.44± 0.16

续表

粉体	溶解度/(g/g)	持水力/(g/g)	膨胀度/(mL/g)	堆积密度/(g/mL)	振实密度/(g/mL)	休止角/(°)	滑角/(°)
VF+30OG	0.31±0.01	10.15±0.66	1.98±0.29	0.15±0.00	0.31±0.00	44.91±1.20	42.68±1.40
VF+150SG	0.32±0.04	5.73±0.19	0.74±0.03	0.24±0.00	1.44±0.47	43.81±1.21	38.28±1.17
VF+300SG	0.35±0.01	4.00±0.09	0.69±0.09	0.29±0.00	1.59±0.12	41.69±1.92	34.13±0.34

由图 5-8 可知，玫瑰花经超微粉碎后，粉体在 60℃条件下的水溶性大于细粉，差异达 8.83%，但不同粒径的超微粉水溶性变化很小，三者之间没有显著差异。这是因为超微化后，粉体的平均粒径减少，比表面积增大，表面能增大，单个颗粒的性质十分活跃，更容易溶解于水，从而提高了水溶性；并且由于超微过程对物料有着强烈的压力、剪切力和摩擦力，在这些力共同作用下，玫瑰花细粉中的部分不溶性成分会发生熔融现象或部分键断裂，转化为可溶性成分（刘战永，2015）。

吸湿率指的是物质吸收水分占自身质量的比重。粉体吸湿性和亲水基团的数量、暴露程度及粉末颗粒比表面积有关，随着粒径的减小，粉末颗粒的亲水基团暴露量增加，颗粒与空气接触的表面积增大，粉体抗吸湿性能和稳定性下降，吸湿性增强。由表 5-11 可知，南瓜粉体吸湿性随粒度的变小而升高，试样Ⅵ（40～50nm）组吸湿性在各组中最高，达到 19.76%（安静林等，2009）。

表 5-11　不同粒径南瓜粉体的理化特性

粉体（粒径）	Ⅰ（大于14μm）	Ⅱ（8～14μm）	Ⅲ（1～5μm）	Ⅳ（150～200nm）	Ⅴ（80～100nm）	Ⅵ（40～50nm）
吸湿性	16.68	17.84	18.42	18.97	19.39	19.76

由图 5-9（a）可知，3 种笋衣粉体吸湿性强弱依次为粉体Ⅲ（154μm）＞粉体Ⅱ（200μm）＞粉体Ⅰ（450μm）。由图 5-9（c）可知，从常规细粉到超微粉Ⅰ玫瑰花粉体的吸湿率显著增大，这是由于花粉粒度减小，比表面积增加，更多的亲水基团暴露，物料更易吸收水分。微粉Ⅱ比微粉Ⅰ略低，基本没有差异，而随着粉体粒径的进一步减小，超微粉Ⅲ吸湿性显著降低，粉体吸湿率呈先上升再下降的趋势。可能是颗粒过于细小，在吸湿的过程中，会在范德华力和氢键的作用下发生团聚作用，易黏结在一起，阻止了水向花粉内部渗透，并且黏合团聚导致比表面积减小，因而可以降低微粉的吸湿速度和程度（洪森辉等，2021）。

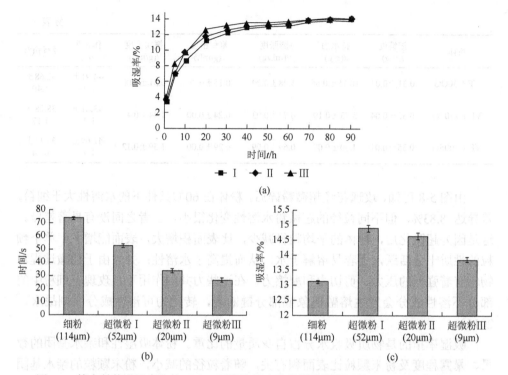

图 5-9　笋衣粉体吸湿率比较（a）、不同粒径玫瑰花粉体的润湿性（b）及吸湿率（c）

润湿性用一定量的粉体被水完全浸润的时间来表示，润湿时间越短，润湿性越强。润湿性强表示加工工艺性能好，能添加到更多种类的食品中，使用范围广；润湿性强有利于人体的消化吸收，提高营养和保健功效。从图 5-9（b）中可以看出，玫瑰花不同粉体之间润湿性存在极显著差异，超微粉和细粉相比，润湿时间缩短，润湿性增强。并随着玫瑰花超微粉粒径的减小，润湿性逐渐增加。吸水特性与组织结构的关系并不十分密切，而与渗透过程的距离密切相关，所以粒径的大小对润湿性的影响非常明显。润湿性的测定结果也充分说明了玫瑰花超微粉相比于一般玫瑰花粉在食品应用领域有着巨大的优势。

2. 溶胀率、持水率和持油率

溶胀力是反映水合能力的重要参数，水合能力是在再次加工过程中保持水分的能力。一定粉体大小可以使得粉体溶胀力上升，水合能力增强，但随着粉体粒度的逐渐变小，亲水的蛋白质和纤维遭到破坏，导致粉体的水合能力下降。

由表 5-9 可知，大麦超微粉溶胀力先是由粗粉的 9.17mL/g 增加到微粉 I 的9.95mL/g，又持续减小到微粉 VI 的 6.27mL/g；可能是由于粉碎目数增加，破坏了大麦粉膳食纤维结构，使其颗粒变小，吸水膨胀后相互间产生的阻力增大，阻碍了粉体膨胀（朱爽等，2022）。

从图 5-10 可以看出，随着粒径的减小，水合能力先增大再减小，其中粒径为 250~180μm 的胡萝卜粉水合能力最大（4.691）。水合能力的大小与纤维的持水能力、蛋白质和淀粉含量及性质有关。纤维有较强的持水能力，最大持水能力是本身质量的 25 倍。在蛋白质的肽链骨架上有许多极性的基团，使得蛋白质具有亲水性，能够保持食物的水分一直到成品的阶段。此外，在较低的温度下，淀粉通过氢键作用结合部分水分子而分散，因此淀粉颗粒也具有一定的吸水能力。胡萝卜在粉碎成小粒径的过程中，纤维、蛋白质和淀粉均会受到破坏，从而导致其水合能力降低。由图 5-10 可知，随着笋衣粉体粒径的减小，膨胀力逐渐增加。其中，粉体Ⅲ膨胀力比粉体Ⅰ和粉体Ⅱ分别增加 25.59%和 8.75%（洪森辉等，2021）。

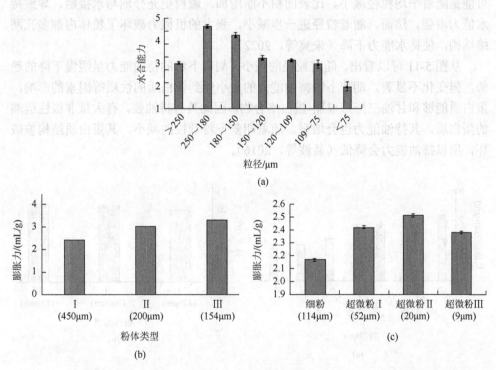

图 5-10　不同粒径胡萝卜粉的水合能力（a）、笋衣粉体膨胀力比较（b）、不同粒径玫瑰花粉体的膨胀力（c）

由图 5-10 可以看出，超微粉碎对玫瑰花粉体的膨胀力影响显著，随着粉体的细化膨胀力逐渐增大，以超微粉Ⅱ的膨胀力最大，和细粉（2.17mL/g）相比，超微粉Ⅱ的膨胀力（2.49mL/g）增大了 1.15 倍，差异极显著；但随着粉体的进一步细化，超微粉Ⅲ的膨胀力（2.37mL/g）又有所降低，呈现出先增大后减小的趋势。这是由于玫瑰花中含有多糖、蛋白质和膳食纤维等成分，经超微粉碎后，一方面，花粉粒度减小，比表面积增加，更多的亲水基团暴露，溶于水后，颗粒伸展产生更大的容积，使得膨胀力增大。另一方面，当纤维长链完全被破坏时，短链数目不再增多，膨胀力也不再增大（刘战永，2015）。随着粒度的进一步减小，物料中大分子物质的长链断裂，小分子物质增加，对水分的吸附能力降低，导致膨胀力降低（刘战永，2015）。

持水力是描述由分子（通常以低浓度构成的大分子）构成的机体通过物理方式截留大量的水而阻止水渗出的能力。持油力是指纤维和油混合后油保留的质量（g），主要取决于膳食纤维结构的多孔性。

超微粉碎降低了大麦粉的持水和持油力（表 5-9）。大麦粉的持水力呈先增后降趋势，其中微粉Ⅱ的持水力最高，为 3.95%，微粉Ⅵ的持水力最低，为 2.35%，可能是随着平均粒径减小，比表面积不断增加，颗粒更充分地与水接触，导致持水能力增强。然而，随着粒径进一步减小，强大的机械力破坏了粉体内部多孔网络结构，使持水能力下降（朱爽等，2022）。

从图 5-11 可以看出，随着粒径的减小，胡萝卜粉的持油能力呈缓慢下降的趋势，但变化不显著。胡萝卜粉持油能力的大小受到蛋白质的性质等因素的影响，蛋白质能够和甘油三酯形成脂-蛋白络合物，因此具有持油性，有大量非极性链端的蛋白质，其持油能力也会增强。随着胡萝卜粉颗粒的减小，其蛋白质结构被破坏，所以持油能力会降低（聂波等，2016）。

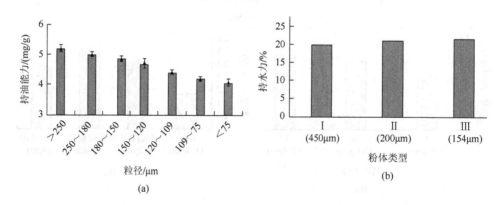

图 5-11　不同粒径胡萝卜粉的持油能力（a）、笋衣粉体持水力比较（b）

由图 5-11 可知，随着笋衣粉体粒径的减小，持水力逐渐增加。粉体Ⅲ持水力比粉体Ⅰ和粉体Ⅱ分别增加了 7.60%（$P<0.05$）和 0.37%（$P>0.05$）。随着粒径的减小，颗粒中的亲水基团暴露增多，粉末颗粒与水分的接触面增大，使得粉体膨胀力和持水力提高（洪森辉等，2021）。

由图 5-12 可知，随着粉体粒径的减小，笋衣粉体持油力增加，其中粉体Ⅲ持油力比粉体Ⅰ和粉体Ⅱ均提高了 15.33%。这可能是由于粒径减少，粉体暴露出更多的亲油基团，使之包裹油体的能力提高。此外，粉体细化，其表面积增大，吸附能力增加，使得粉体持油力增加。

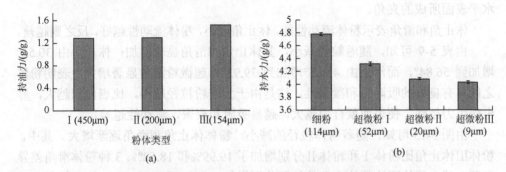

图 5-12　笋衣粉体持油力比较（a）、不同粒径玫瑰花粉体的持水力（b）

如表 5-10 所示，随着粉碎程度的增强，分段热风干燥和真空冷冻干燥处理的芹菜叶粉末（赵愉涵，2022），其持水力都呈显著下降的趋势（$P < 0.05$）。分别由 6.94g/g、10.15g/g（300G）下降至 3.75g/g、5.73g/g（150SG）和 2.98g/g、4.00g/g（300SG）。在相同的粉碎程度下，冷冻干燥的芹菜叶样品的持水力高于分段热风干燥的样品。可能的原因是，芹菜叶原料中易吸水溶胀的膳食纤维含量较高，而超微粉碎破坏了部分纤维及基团结构，使其持水性下降（赵愉涵，2022）。此外真空冷冻干燥处理也能使得芹菜叶的膳食纤维得到一定程度的保留，使得粉体能够束缚更多的水分。

由表 5-10 可知，两种干燥处理的芹菜叶样品，其超微粉（150S 和 300SG）的膨胀度显著低于（$P < 0.05$）粗粉，而 150SG 和 300SG 之间并无显著差异（$P > 0.05$）。分段热风干燥处理的样品，150SG 和 300SG 的膨胀度分别较粗粉下降了 88.1%和 88.6%。真空冷冻干燥处理的样品，150SG 和 300SG 的膨胀度分别较粗粉下降了 62.6%和 66.6%。这是由于芹菜叶粉体中含有蛋白质和纤维等大分子长链结构，超微粉碎可使长链变短，降低其水合能力，造成粉体不易吸水膨胀（赵愉涵，2022）。

由图 5-12 可知，玫瑰花超微粉和细粉相比，持水力显著下降，并随着粒径的减小，持水力不断降低。这是因为随着粉体粒径的减小，细胞裂片增加，使得其中的可溶性物质溶出，粉体持水力下降；另外，粉体含有一定量的膳食纤维，在超微粉碎过程中，膳食纤维的长链结构断裂，使短链增加，这也使得膳食纤维对水分的束缚减小，导致持水力降低（刘战永，2015）。

3. 休止角和滑角

休止角亦称安息角，是斜面使置于其上的物体处于沿斜面下滑的临界状态时，与水平表面所成的最小角度（即倾斜角越大，斜面上的物体将越容易下滑；当物体达到开始下滑的状态时，该临界状态的角度称为休止角）。

滑角：将粉体铺于板面上，将板倾斜到能使约90%的粉体流动，此时平板与水平表面所成的夹角。

休止角和滑角表示粉体流动性能。休止角越小，粉体流动性越好，反之则越差。

由表 5-9 可知，随着粒径减小，其休止角和滑角显著增加；休止角由 30.56°增加到 56.84°，而滑角由 41.85°增加到 79.93°；超微粉滑角显著增大，表明粉体之间具有良好的吸附力和凝聚性。这是由于大麦粉粒径越小，比表面积越大，静电作用力越强，使表面聚合力越大，越易吸附和凝聚，流动性越差。

由图 5-13 可知，随着粉体粒径的减小，粉体休止角和滑角逐渐增大。其中，粉体Ⅲ休止角比粉体Ⅰ和粉体Ⅱ分别增加了 19.99%和 18.52%。3 种粉体滑角差异显著，其中粉体Ⅲ比粉体Ⅰ和粉体Ⅱ分别增加 34.19%和 17.23%。这可能是由于随粉体粒径减小，颗粒间接触面变大，粉体聚合力增大，更多颗粒互相吸引并聚合，形成不易分散的整体，导致流动性变差。

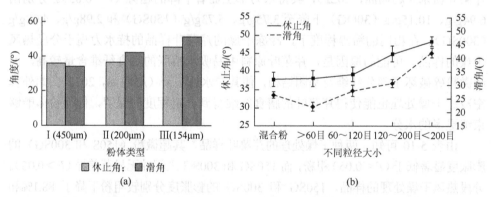

图 5-13 笋衣粉体休止角和滑角比较（a）、不同粒径对黑果枸杞粉流动性的影响（b）

通过测定休止角和滑角对粉体流动性进行比较分析，休止角和滑角越小，流动性越好。黑果枸杞粉体的休止角与滑角变化趋势如图 5-13（b）所示，其流动性随着粒径的减小而增加，混合粉体的流动性介于大于 60 目与 60～120 目粉体之间，混合粉体中的部分大颗粒能改善其流动性。随着粉碎时间的增加，小于 200 目粉体的滑角和休止角变化程度不大。粉碎程度增加，粉体间具有吸附和凝聚特性，从而引起表面聚合力和吸附性能增大，流动性减小（刘文卓等，2020）。

如表 5-10 所示，两种干燥处理的芹菜叶样品，随着粉碎程度的增强，粉体的休止角均呈下降趋势，但三者之间并无显著差异（P＞0.05）。分段热风干燥处理的芹菜叶样品，其超微粉（150SG 和 300SG）较粗粉，其滑角显著下降（P＜0.05），由 40.69°（30OG）下降至 30.83°（150SG）和 29.44°（300SG），但 150SG 和 300SG 之间并无显著差异。真空冷冻干燥的样品，随着粉碎程度的提升，粉体的滑角呈现显著下降的趋势（$P<0.05$），由 42.68°（30OG）下降至 38.28°（150SG）和 34.13°（300SG）。这表明超微粉碎后的芹菜叶粉末拥有更好的流动性，原因可能是随着粉碎程度的加强，粉体的粒径减小，比表面积增大，颗粒间的分子间作用力增强，芹菜叶粉末更易团聚形成大颗粒，在重力的作用下粉体易滑动，从而流动性增大（赵愉涵，2022）。

由表 5-12 可见，玫瑰花超微粉较细粉而言，休止角和滑角均有所降低，休止角从 47.1554°降至 44.2073°以下，滑角从 38.6482°降至 35.9388°以下，说明超微粉碎增加了粉体的流动性（刘战永，2015）。

表 5-12　休止角和滑角

样品（粒径/μm）	休止角/(°)	滑角/(°)
玫瑰花细粉（114）	47.1554±0.87	38.6482±1.22
玫瑰花超微粉 I（52）	44.2073±0.63	35.9388±1.02
玫瑰花超微粉 II（20）	40.5724±0.75	34.2150±0.83
玫瑰花超微粉 III（9）	39.6742±1.01	32.7201±0.77

5.4.3　食品粉体对营养物质消化吸收的影响

食品中的各类营养物质虽然经过口腔咀嚼和消化液消化，但细胞本身含有的细胞膜和细胞壁，导致细胞内营养物质不能充分溶出，无法完全被人体消化吸收，因此块状食物的营养消化吸收率较低。将食物制成粉体，使得食品的水溶性和吸湿性增加，食物中的营养物质更容易溶解在消化液中被人体吸收，提高人体对食物营养成分的消化吸收率。休止角和滑角的提高，也使得对于块状食物不好吞咽的人群或因特殊工作不便进食块状食物的人群能够更好地获得食物营养，提高食物的生物利用度。米振海和郑茂松（1998）研究了粉体粒度对于蛋白质消化吸收的影响，研究发现：随着粉体粒度变细，生物对蛋白质的消化吸收显著升高，且以 90～100 目为最佳。

有些特殊生物活性的物质如多酚、类黄酮类物质在制成粉体的食物中能更快速地被人体消化吸收。赵愉涵（2022）测试了小鼠对于芹菜叶粉含有的多酚类物质如槲皮素、木犀草素及芹菜素的消化吸收，研究结果显示：芹菜叶超微粉会使得小鼠体内的槲皮素、木犀草素及芹菜素浓度快速升高，是粗磨粉达到吸收浓度最高时间的三分之一左右。而粗磨粉中三种营养素的升高则较为缓慢。但粗磨粉血清槲皮素浓度消除较为缓慢，也表明其在小鼠体内能够存留较长的时间（赵愉涵，2022）。

食品粉体溶胀力和持水力及持油力增加，提高了食物的水合能力，一定程度上降低了人体对其他食品的消化吸收。

霍瑞等（2022）研究了在燕麦-玉米粉中添加魔芋粉对燕麦-玉米粉体外消化率的影响（图 5-14）。研究发现：混合任意比例魔芋粉的燕麦-玉米粉淀粉水解速率均小于原料燕麦-玉米粉，魔芋粉中含有大量魔芋葡甘露聚糖，这是一种水溶性膳食纤维，通过限制水溶性非淀粉多糖水合作用中的水分子来抑制淀粉的凝胶化，从而降低淀粉消化率。这对预防心血管疾病和糖尿病等有非常重要的意义。

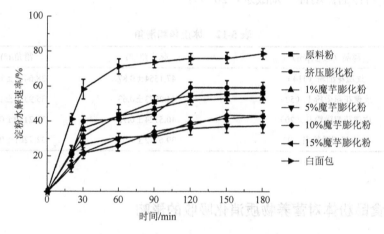

图 5-14　原料粉、挤压膨化粉和魔芋膨化粉的淀粉体外消化率

参 考 文 献

安静林，张兆国，刘坦. 2009. 不同粒径南瓜粉体的营养成分溶出与理化特性研究. 东北农业大学学报，40（7）：
　　111-114

戴晓慧. 2020. 大米基质特医全营养粉的制备及其理化性质研究. 广州：华南农业大学硕士学位论文

丁华. 2022. 灰枣超微粉制备、性能表征及应用. 乌鲁木齐：新疆农业大学硕士学位论文

范浩伟. 2021. 藏红花素-酪蛋白纳米复合物理化性质及其对藏红花素生物利用度的影响. 南昌：南昌大学硕士学位
　　论文

高尧来，温其标. 2002. 超微粉体的制备及其在食品中的应用前景. 食品科学，（5）：157-160

洪森辉，陈佳媛，符宁珍. 2021. 粉碎粒度对笋衣营养成分及特性的影响. 农产品加工，533（15）：21-25

胡昕. 2022. 蔗糖酯的乳化性能研究. 无锡：江南大学硕士学位论文

霍瑞，张美莉，郭新月. 2022. 挤压膨化及添加魔芋粉对燕麦-玉米混粉糊化特性及体外消化率的影响. 中国粮油学
　　报，37（8）：137-143

姜红，金少鸿. 2000. 固体食品制剂的溶出度比较. 中国药事，（5）：46-48

蒋且英，曾荣贵，赵国巍，等. 2017. 表面包覆改性工艺参数对中药浸膏粉体流动性及吸湿性的影响研究. 江西中医药，48（8）：63-65，80

金文筠，Hussain Shehzad，严守雷，等. 2015. 超微粉碎对藕节膳食纤维理化性质的影响. 食品安全质量检测学报，6（6）：2071-2076

李光辉，王军，高雪丽，等. 2019. 超微粉碎对斑马豆粉物化性质及抗氧化能力的影响. 食品工业，40（6）：211-215

李良，周艳，王冬梅，等. 2019. 微流化对豆乳粉蛋白结构及溶解性的影响. 食品科学，40（17）：178-182

栗亚琼. 2019. 超微粉碎对食品理化性质的影响分析. 现代食品，（6）：96-98

林江涛. 2022. 不同粒度小麦粉的表面化学组成及其对品质的影响与调控. 郑州：河南工业大学硕士学位论文

刘秋敏. 2018. 食品固体制剂及其溶出度的研究概况. 世界最新医学信息文摘，18（74）：101-103

刘素稳，赵希艳，常学东，等. 2015. 机械剪切与研磨超微粉碎对海鲜菇粉体特性的影响. 中国食品学报，15（1）：99-107

刘文卓，雷菁清，崔明明，等. 2020. 不同粒径黑果枸杞粉体的理化性质分析. 现代食品科技，36（10）：108-117

刘友星. 2019. 超细碳化硅粉体表面改性及分散性研究. 北京：北京化工大学硕士学位论文

刘战永. 2015. 超微粉碎对玫瑰花理化性质的影响. 秦皇岛：河北科技师范学院硕士学位论文

柳双双. 2020. 超微粉碎对绿豆粉物性及其蛋白质功能特性的影响. 哈尔滨：哈尔滨商业大学硕士学位论文

米振海，郑茂松. 1998. 饲料粉体粒度对蛋白质消化吸收率影响. 中国饲料，（11）：26

聂波. 2016. 胡萝卜干燥特性及超微粉碎粉体性质研究. 郑州：河南工业大学硕士学位论文

聂波，张国治，王安建，等. 2016. 不同粒径胡萝卜粉体理化性质及营养溶出研究. 轻工学报，31（4）：69-75

牛潇潇. 2021. 超微粉碎马铃薯渣理化性质和功能特性的研究. 呼和浩特：内蒙古农业大学硕士学位论文

邱靖萱. 2022. L-脯氨酸及其衍生物的溶解行为与溶剂化效应研究. 长春：长春工业大学硕士学位论文

唐忠. 1997. 食用粉体配制技术. 粮油食品科技，（3）：11-12

唐忠. 1997. 食用粉体配制技术研究. 粮食与饲料工业，（8）：3-5

王娟. 2018. 溶出度自身对照法在食品质量控制中的应用价值. 甘肃科技，34（22）：119-120

王丽琼，余敏灵. 2020. 自身对照法测定复方甘草酸苷胶囊的溶出度，35（1）：97-100

王利敏. 2015. 铁皮石斛—环糊精包合技术及制剂研究. 南京：南京师范大学硕士学位论文

王秋. 2015. 谷物杂粮超微混合粉营养、功能特性及其应用的研究. 哈尔滨：哈尔滨商业大学硕士学位论文

魏凤环，田景振，牛波. 1999. 超微粉碎技术. 山东中医杂志，（12）：559-560

温俊达，蔡光先，杨永华，等. 2006. 微粉化对栀子等 20 种植物药细胞组织的影响. 时珍国医国药，（2）：226-228

向玉婷. 2018. 三种含异喹啉类生物碱中药粉体的表征、理化性质及体外溶出度研究. 长沙：湖南中医药大学硕士学位论文

杨璐. 2019. 超微粉碎对燕麦粉品质影响及体外模拟消化研究. 沈阳：沈阳农业大学硕士学位论文

杨世波. 2021. 玉米秸秆多糖的溶出动力学行为及过程机理解析. 昆明：昆明理工大学硕士学位论文

易建勇，侯春辉，毕金峰，等. 2019. 果蔬食品中类胡萝卜素生物利用度研究进展. 中国食品学报，19（9）：286-297

袁放. 2014. 黑木耳—环糊精超微粉体及制剂研究. 南京：南京师范大学硕士学位论文

张津瑷. 2019. 基于六西格玛 DMAIC 方法的药品溶出度改善研究. 天津：天津大学硕士学位论文

赵愉涵. 2022. 芹菜叶超微粉的制备及性质研究. 济南：齐鲁工业大学硕士学位论文

郑艺梅，许君波，符稳群. 2014. 不同粒度杏鲍菇菌柄基部粉体氨基酸组成及总糖含量研究. 食品工业科技，35（11）：332-336

周泽琴，蔡延渠，张雄飞，等. 2014. 中药水提取有效成分转移率低的问题分析. 中草药，45（23）：3478-3485

朱爽，宋莉莎，张佰清，等. 2022. 大麦超微粉的营养品质及物理特性分析. 现代食品科技，38（1）：289-295

Aslam M F, Ells P R, Berry S E, et al. 2018. Enhancing mineral bioavailability from cereals: current strategies and future perspectives. Nutrition Bulletin，43（2）：184-188

Beta T，Corke H. 2004. Effect of ferulic acid and catechin on sorghum and maize starch pasting properties. Cereal Chemistry，81（3）：418-422

Capuano E，Oliviero T，Boekel M V. 2017. Modelling food matrix effects on chemical reactivity：challenges and perspectives. Critical Reviews in Food Science and Nutrition，58（16）：2814-2828

Carcea M，Turfani V，Narducci V，et al. 2019. Stone milling versus roller milling in soft wheat：influence on products composition. Foods，9（1）：3

Ertop M H，Bektas M，Atasoy R. 2020. Effect of cereals milling on the contents of phytic acid and digestibility of minerals and protein. Ukrainian Food Journal，9（1）：136-147

Failla M L，Huo T，Thakkar S K. 2008. *In vitro* screening of relative bioaccessibility of carotenoids from foods. Asia Pacific Journal of Clinical Nutrition，17（S1）：200-203

Hu J H，Chen Y Q，Ni D J. 2012. Effect of superfine grinding on quality and antioxidant property of fine green tea powders. LWT-Food Science and Technology，45（1）：8-12

Latunde-Dada G O，Li X，Parodi A，et al. 2014. Micromilling enhances iron bioaccessibility from wholegrain wheat. Journal of Agriculture and Food Chemistry，62（46）：11222-11227

Liu Y，Hu S，Feng Y，et al. 2018. Preparation of chitosanepigallocatechin-3-O-gallate nanoparticles and their inhibitory effect on the growth of breast cancer cells. Journal of Innovative Optical Health Sciences，11（4）：1-10

Ma S B，Ren B，Diao Z J，et al. 2016. Physicochemical properties and intestinal protective effect of ultra-micro ground insoluble dietary fibre from carrot pomace. Food and Function，7（9）：3902-3909

Maiani G，Castón M J P，Catasta G，et al. 2009. Carotenoids：actual knowledge on food sources，intakes，stability and bioavailability and their protective role in humans. Molecular Nutrition & Food Research，53（S2）：S194-S218

Rousseau S，Kyomugasho C，Celus M，et al. 2020. Barriers impairing mineral bioaccessibility and bioavailability in plant-based foods and the perspectives for food processing. Critical Reviews in Food Science and Nutrition，60（5）：826-843

Zhong C，Zu Y，Zhao X，et al. 2016. Effect of superfine grinding on physicochemical and antioxidant properties of pomegranate peel. International Journal of Food Science and Technology，51（1）：212-221

第6章 粉体包装

包装是一古老而现代的话题，也是人们自始至终在研究和探索的课题。从远古的原始社会、农耕时代，到科学技术十分发达的现代社会，包装随着人类的进化、商品的出现、生产的发展和科学技术的进步而逐渐发展。随着食品工业的不断发展，人们对食品包装的要求越来越高。包装工业和技术的发展，推动了包装科学研究和包装学的形成。包装学科涵盖物理、化学、生物、人文、艺术等多方面知识，属于交叉学科群中的综合科学，它有机地吸收、整合了不同学科的新理论、新材料、新技术和新工艺，从系统工程的观点来解决商品保护、储存、运输及促进销售等流通过程中的综合问题。

6.1 包装的基础知识

6.1.1 包装的概念与功能

根据中华人民共和国国家标准（GB/T 4122.1—2008），包装的定义是为在流通过程中保护产品、方便储运、促进销售，按一定技术方法而采用的容器、材料及辅助物等的总体名称。也指为了达到上述目的而采用容器、材料和辅助物的过程中施加一定技术方法等的操作活动。

其他国家或组织对包装的含义有不同的表述和理解，但基本意思是一致的，都以包装功能和作用为其核心内容，一般有两重含义：一是关于盛装商品的容器、材料及辅助物品，即包装物；二是关于实施盛装和封缄、包扎等的技术活动。

现代包装具有多种功能，最主要的是以下四种功能。

1. 保护功能（最重要的功能）

包装最重要的作用就是保护商品。商品在储运、销售、消费等流通过程中常会受到各种不利条件及环境因素的破坏和影响，采用科学合理的包装可使商品免受或减少这些破坏和影响，以期达到保护商品的目的。对食品产生破坏的因素大致有两类：一类是自然因素，包括光线、氧气、温湿度、水分、微生物、昆虫、尘埃等，可引起食品氧化、变色、腐败变质和污染；另一类是人为因素，包括冲击、振动、跌落、承压载荷、盗窃、污染等，可引起内装物变形、破损、变质等。

不同食品、不同的流通货物，对包装保护功能的要求不同，如饼干易碎、易吸潮，其包装应耐压防潮；油炸豌豆极易氧化变质，要求其包装能遮光照；而生鲜食品为维持其生鲜状态，要求包装具有一定的氧气、二氧化碳和水蒸气的透过率。因此，包装工作者应首先根据包装产品的定位，分析产品的特性及其在流通过程中可能发生的质变及其影响因素，选择适当的包装材料、容器及技术方法对产品进行适当的包装，保护产品在一定保质期内的质量。

2. 方便储运

包装能为生产、流通、消费等环节提供诸多方便：方便厂家及物流部门运输装卸、存储保管、商店陈列销售。也方便消费者携带、取用和消费。现代包装还注重包装形态的展示方便、自动补货、消费开启和定量取用的方便性。一般说来，产品没有包装就不能储运和销售。

3. 促进销售

包装是提高商品竞争能力、促进销售的重要手段。精美的包装能在心理上征服消费者，增加其购买欲望；超级市场中包装更是充当着无声推销员的角色，随着市场竞争由商品内在质量、价格、成本竞争转向更高层次的品牌形象竞争，包装形象将直接反映一个品牌和一个企业的形象。

现代包装设计已成为企业营销战略的重要组成部分。企业竞争的最终目的是使自己的产品为广大消费者所接受，而产品包装包含了企业名称、标志、商标、品牌特色以及产品性能、成分等商品说明信息。因此包装形象比其他广告宣传媒体更直接、更生动、更广泛地面对消费者。消费者从产品包装上得到更直观精确的品牌和企业形象。食品作为商品所具有的普遍和日常消费性特点，使得其通过包装来传达和树立企业品牌形象更显重要。

4. 提高商品价值

包装是商品生产的继续，产品通过包装才能免受各种损害而避免降低或失去其原有的价值。因此投入包装的价值不但在商品出售时得到补偿，而且能增加商品价值。包装的增值作用不仅体现在包装直接给商品增加价值这一最直接的增值方式，更体现在通过包装塑造名牌所体现的品牌价值这种无形而巨大的增值方式上。当代市场经济倡导名牌战略。同类商品名牌与否差值很大；品牌本身不具有商品属性，但可以被拍卖，通过赋予它的价格而取得商品形式，而品牌转化为商品的过程可能会给企业带来巨大的直接或潜在的经济效益，包装增值策略运用得当将取得事半功倍、一本万利的效果。

6.1.2 包装标准

标准是为了在一定的范围内获得最佳秩序，经协商一致制定并由公认机构批准，共同使用的和重复使用的一种规范性文件。包装标准是围绕实际包装的科学化、合理化而制定的各类标准，是保证产品在流通过程中安全可靠、性能不变，而对包装材料、包装容器、包装方式所作的统一的技术规定。

我国对食品包装材料的卫生监管最早出现在 1979 年国务院颁布的《中华人民共和国食品卫生管理条例》中，它将食品容器和包装材料列入引起食品污染的原因之一。食品包装材料的安全性越来越受到食品安全监督管理部门的重视，并在 1995 年颁布的《中华人民共和国食品卫生法》将食品包装材料纳入了其管理范围，实施卫生监管，食品包装材料的安全性有了法律的保护。于 2009 年取代其作用的《中华人民共和国食品安全法》进一步明确食品标准的制定应包含食品相关产品的内容，其正式颁布实施后，我国对食品包装材料的管理逐步完善，且开始了食品包装材料标准体系构建（王健健和生吉萍，2014）。2021 年修订的《中华人民共和国食品安全法》（以下简称《食品安全法》）对食品包装材料进行了更为详细的规定。

《食品安全法》第一章第二条规定：用于食品的包装材料、容器、洗涤剂、消毒剂和用于食品生产经营的工具、设备（以下称食品相关产品）的生产经营应遵守本法；至此，我国将食品容器和包装材料列入食品相关产品的管理范畴进行监管。《食品安全法》进一步明确食品标准的制定应包含食品相关产品的内容。2009 年《食品安全法》正式颁布实施后，我国食品包装材料的管理正在逐步完善，食品包装材料标准体系正在构建之中。

目前，我国食品包装材料标准主要包括国家标准和行业标准。食品包装材料标准主要由基础标准、产品标准、检验方法标准及规范四部分构成，现已初步形成了较为完整的食品包装材料标准体系。

其中，最为基础的通用性标准主要有 GB 9685—2016《食品安全国家标准 食品接触材料及制品用添加剂使用标准》、GB/T 23887—2009《食品包装容器及材料生产企业通用良好操作规范》和 SN/T 1880《进出口食品包装卫生规范》。

产品标准主要由产品安全标准和产品质量标准构成。产品安全标准规范了诸如塑料、橡胶、陶瓷、复合包装袋等一系列包装成型品的卫生规范，这些产品安全标准主要规定了产品卫生指标。除此之外，还有 GB 19778—2005《包装玻璃容器 铅、镉、砷、锑溶出允许限量》、GB 4806.4—2016《食品安全国家标准 陶瓷制品陶瓷烹调器铅、镉溶出量允许极限和检测》涉及具体的重金属溶出量的安全标准。产品质量标准则是针对塑料制品、橡胶制品、陶瓷制品等日常使用品的耐热性、机械强度、阻隔性等质量指标制定的标准。

目前我国食品包装材料检测方法标准主要为 GB/T 5009 系列和 GB/T 23296 系列。GB/T 5009 食品卫生理化检验方法系列中有 32 项有关食品容器包装材料的检测方法标准，其中两项标准为通用基础方法标准，即 GB/T 4806.1—2016《食品安全国家标准 食品接触材料及制品通用安全要求》和 GB/T 5009.166—2003《食品包装用树脂及其制品的预试验》，其余为针对产品安全标准中的限量指标的检测方法。GB/T 23296 为食品接触材料中物质迁移量的检测方法系列标准，其中 GB/T 23296.1—2009《食品接触材料 塑料中受限物质 塑料中物质向食品及食品模拟物特定迁移试验和含量测定方法以及食品模拟物暴露条件选择的指南》规定了迁移实验的通用要求，该系列中的其他标准为产品中具体物质的迁移实验方法标准。这两个系列分别规定了包装材料总添加剂安全限量指标和迁移量指标及其实验和检验方法，是我国食品包装材料检验方法的主要指导标准。

我国尚无强制性食品包装材料规范，仅有行业标准和推荐性国际标准，比较重要的有 SN/T1880 系列进出口食品包装卫生规范和 GB/T 23887—2009《食品包装容器及材料生产企业通用良好操作规范》。SN/T 1880 系列规定了进出口食品包装材料中聚对苯二甲酸乙二醇酯包装、软包装和一次性包装的分类和卫生要求。GB/T 23887—2009 规定了食品容器、包装材料生产企业的厂区环境、设备、人员、生产过程和卫生管理、质量管理等方面的基本要求。

随着我国经济的高速发展和国家、消费者对食品安全重视程度的提高，我国食品包装材料的食品安全标准体系建设已经初具规模，相较于之前的无标可依、无法可究的局面有了长足的进展。食品安全国家标准审评委员会也成立了食品相关产品分委会负责食品包装材料标准的制定和修订，增大了标准的科学性和透明性，为食品包装材料的安全提供了保障。

尽管我国已形成了较全面的食品包装材料标准体系，但随着市场上产品生产工艺手段日益增多，产品种类日益丰富，安全性监管的要求日益增高，该标准体系中凸显出的问题也越来越多。主要体现在以下几个方面。

1. 标准数量太少

具体表现在产品安全标准缺失，检测方法标准缺失，缺乏食品包装材料用原料物质的标准和缺乏食品包装材料物质的质量规格标准等。

2. 标准的科学性亟待提高

标准的制定应以风险评估为基础，只有经过广泛的调查研究和科学分析，才能确保食品安全标准的科学性。我国食品包装材料风险评估工作基础薄弱，未建立完善的食品包装材料膳食暴露监测体系和暴露模型，未能有效发挥风险评估在食品包装材料标准制定中的作用，因此在一定程度上影响了标准的科学性。

3. 现行标准制定年限过长

目前，现行的食品包装材料卫生标准大部分是二十世纪八九十年代制定的，随着市场的不断发展，生产工艺不断优化，产品质量不断提高，现行标准中的很多内容已不能适应当前产品和市场需求，不能和发达国家的标准相接轨，势必影响产品的安全性和新产品的开发，降低我国产品在国际市场上的竞争力。

4. 标准管理模式亟待改进

欧美发达国家对食品包装材料安全性的管理侧重于源头管理，这充分体现在食品包装材料安全性管理法规上。在国家层面的良好生产规范的要求下，一般要求各个企业制定更为详细和严格的生产规范，在此基础上，发达国家的终产品的相关安全标准很简单甚至未设立相关标准。我国食品包装材料标准体系应充分借鉴发达国家管理经验，逐步将控制重点前移，尽快建立食品包装材料使用卫生规范，同时加强标准宣传，强化企业守法意识，提高企业诚信，两手并举才能达到有效控制食品包装材料安全的目的。

5. 标准支撑体系建设亟待加强

我国食品包装材料标准制定多以部门为主，缺乏统筹规划和综合协调，没有形成标准制定和修订工作的合力。食品包装材料标准研制力量薄弱，专业技术人才队伍明显不足，少数起草单位工作责任心亟待提高，这些都与标准制定工作的实际需要存在较大差距。

6. 标准不能得到有效实施

要实现真正控制食品包装材料安全性的目的，除了有完善的标准体系之外，企业和监管部门采取有效手段正确实施标准也至关重要。目前出现的一些食品安全问题很多是源于企业行业、监管机构对标准的理解不正确，导致不能正确实施标准（赵琢等，2008；朱蕾等，2012）。

6.1.3　食品包装现代化与发展趋势

历史上出现了两次重大的食品储藏保鲜的技术革命：第一次是 19 世纪后半期的罐藏、人工干燥、冷冻三大主要储藏技术的发明与应用；第二次是 20 世纪以来出现的快速冷冻及解冻、冷藏气调、辐射保藏和化学保鲜技术。这些技术的发明与应用，表明食品包装储藏技术已由过去的依靠自然气候条件进入人工控制条件阶段，很大程度上克服了人类包装储藏食品对自然界的依赖性。

现代食品包装已不再简单直观，而是需要借助于理论性和应用性极强的包装工程，对于某种食品采用何种包装材料，何种包装技术才能使其更好地保存、运输转移、促进销售，进而增加附加值或减少损失；或改进已有的包装，选用理想的材料和包装方法，使其更加完美，这也正是当前所必须研究和解决的问题。未来的食品包装技术课题将表现在以下几方面。

1. 绿色包装材料的发展

包装行业的污染主要是包装材料废弃物的污染，绿色包装材料的研发是解决包装污染的关键。绿色包装材料主要有两大类：可降解包装材料和可食性包装材料。可降解包装材料部分取代传统的化学合成的塑料包装材料，其保护功能应满足使用要求，保存期间性能稳定，使用完毕废弃后在自然环境下，在一定时间内可生物降解成对环境无害的物质。可食性包装膜是以人体可消化吸收的蛋白质、淀粉等为基材制得的可食用的、不影响食品风味的包装薄膜。可食性包装膜不仅可以包装食品，保护食品，提供营养，还能最大限度地利用资源，并且不产生任何包装废弃物，解决了食品包装与环保的矛盾（朱恩俊，2006；朱逸，2012）。

2. 纳米材料在食品包装中的应用

物质在纳米范围具有新的界面现象，从而获得特殊的功能，如表面效应、小尺寸效应和宏观量子隧道效应等。添加纳米材料的包装材料会在热力学、光学、电学、力学和化学方面有显著提高。在食品包装中常用的纳米材料有蒙脱土、纳米二氧化硅、纳米银、纳米二氧化钛和碳纤维管等。

3. 用于鲜活果蔬农产品的选择性透气薄膜材料

随着饮食观念的改变，人们越来越倾向于食用不加工或少加工的新鲜果品和蔬菜。果蔬产品在储存和运输过程中要维持一定程度的呼吸和新陈代谢作用。所以果蔬产品的包装应当有适当的透气性，既能使氧气缓慢地透入，又能使二氧化碳、乙烯等有害的新陈代谢产物排出。不同品种的果蔬对透气性的要求也不同。研发不同类型的这种"呼吸薄膜"是生鲜果蔬产品和鲜花包装的迫切要求。

4. 用氧化硅等来源丰富的无机物取代铝箔制备高阻隔性复合材料

多层复合薄膜材料在食品包装中用途广泛，而要求高阻隔性的食品、药品等往往要用含有铝箔的复合材料，以提高其阻隔性能。近年研发的用氧化硅等无机物经过特殊加工与聚酯薄膜或尼龙薄膜等制成的新型复合薄膜材料，不仅节约了战略物资铝，而且包装透明，还可以用于微波加热。

5. 覆膜铁金属罐取代传统的涂料金属罐

用涂覆了一层均匀牢固的高分子薄膜的镀铬无锡铁罐取代传统的镀锡涂料罐。这种升级产品不仅节约了贵金属锡，提高了罐头食品的安全性，还能消除涂料在生产、加工和施涂过程中的环境污染问题。

6. 活性包装技术（AP包装）广泛应用

活性包装是通过具有特殊功能的包装材料与包装容器内部的气体或食品间的相互作用来有效延长食品的保质期，改善安全性的技术。

7. 智能温控包装标签（TTI）的应用

智能温控包装标签可以显示食品在该温度下已经储藏了多长时间，能确保消费者安全。又如，智能标签中的物质可以与食品腐败时产生的气体发生反应，同时标签改变颜色，显示食品已不能食用等。

8. 重视包装材料的保护功能检测和安全检测

食品包装的阻氧性、阻湿性、阻香性等与食品的保质期和质量有密切关系；而塑料、加工纸材以及涂料、油墨、黏合剂等包装辅助材料中的化学组分向食品中迁移又与食品安全有重要关系。因此，建立完善的食品包装材料和容器以及包装件的检测体系，研发迅速、准确的分析检测仪器和分析方法是实现绿色包装的必要组成部分。

总之，食品包装工业正在发生变革，正朝着高技术、多功能、环保化的方向发展，并且不断涌现出新的包装形式，如活性包装、智能包装、无菌包装等，使食品的质量和安全性得以提高。今后，活性包装和绿色包装材料的开发和应用是未来食品包装发展的重点。在包装设计时要有集成化的设计理念，将几种包装技术和功能集于一体，降低有毒、有害加工助剂的使用，减少有毒、有害物质的迁移，从而使食品包装达到最佳的效果。除提高包装技术外，还需考虑环境保护和可持续发展等因素，因此应加大力度发展可食性和可降解性包装材料（易欣欣和孙容芳，2013；赵艳云等，2013）。

6.2 食品包装原理与方法

食品品质包括食品的色香味、营养价值、应具有的形态和质量及应达到的卫生指标。食品在生产、运输、加工、储存和销售过程中，都会受到各种环境因素（光、氧、水分、温度、微生物等）的影响，造成其原有化学性质或物理性质和感官性状发生变质，降低或失去其营养价值和商品价值，这个过程为食品变质（图 6-1）。

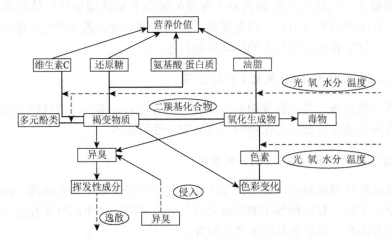

图 6-1　包装食品在流通过程中可能发生的品质变化

1. 光对食品品质的影响

光对食品品质影响很大，它可以引发和加速食品中营养成分的分解，发生食品的腐败变质反应。光引起食品变质的几个方面：促使食品中油脂的氧化性酸败，使食品中的色素发生化学反应而变色，使植物性食品中的绿、黄、红色及新鲜肉类的红色发暗或变成褐色，使对光敏感性维生素如维生素 B 和维生素 C 破坏，引起食品中蛋白质和氨基酸的变性。

食品包装时，可根据食品和包装材料的吸光特性，选择一种对食品敏感的光波，且有良好效果的材料作为该食品的包装材料，可有效避免光对食品质变的影响。遮光的方法：玻璃加色处理；采用涂覆遮光层；透明薄膜加入着色剂。

2. 氧对食品品质的影响

氧气对食品的品质变化有显著影响，主要表现为氧使食品中油脂发生氧化；氧会使食品中的维生素和多种氨基酸失去营养价值；氧可加剧食品的氧化褐变反应；氧可促使微生物繁殖生长，造成食品的腐败变质；氧气可促进生鲜果蔬的呼吸作用。

因此对氧气敏感的食品必须采用阻氧的包装材料隔绝外界环境的氧气侵入，真空、充气包装技术是常用的隔氧包装技术，而需要完全去除包装内部氧气，特别是吸附在食品上的微量氧时，可采用封入脱氧剂包装技术，以有效延长食品的储藏期。

3. 水分或湿度对食品品质的影响

水分对食品品质影响很大，主要表现为水能促使微生物的繁殖，助长油脂氧化分解，促使褐变反应和色素氧化；水分使一些食品发生物理变化（吸水和脱水）；水分对食品中微生物也有影响。

一般食品都含有不同程度的水分，这部分水分是维持食品固有质构所必需的。对于水分含量低于 5%，平衡相对湿度低于 25%的干燥食品，如粉状调味品、奶粉、饼干等要采用严格的防潮包装，使食品与周围的环境隔绝开来，不受环境湿度的影响，从而得以延长食品的保质期。食品中水分含量为 6%～30%的谷物、干果、果脯等，因本身含水量与环境的相对湿度较接近，对防潮包装的要求不高。而面包、带馅糕点等焙烤食品，内部水分约为 20%～45%，需要防潮包装以防止水分散失而发生表面开裂、变色，从而失去商品价值。通常防潮包装是采用高阻湿性的包材，以保持内部食品含水量稳定为原则。

4. 温度对食品品质的影响

在一定湿度和氧气条件下，温度对食品中微生物繁殖和食品品质反应速度的影响很大。在一定温度范围内（10～38℃），食品在恒定水分条件下每升高 10℃，许多酶促和非酶促的化学反应速率加快 1 倍，其腐变反应速度将加快 4～6 倍。

温度的升高还会破坏食品内部组织结构，严重破坏其品质。过度受热也会使食品中的蛋白质变性，破坏维生素特别是含水食品中的维生素 C，或因失水而改变物性，失去食品应有的物态和外形。为有效减缓温度对食品品质的不良影响，现代食品工业采用食品冷藏技术和食品流通中的低温防护技术，可有效地延长食品的保质期。

低温冻结造成对食品内部组织结构和品质破坏。冻结会导致液体食品变质：如果将牛奶冻结，乳浊液即受到破坏，脂肪分离，牛乳蛋白质变性而凝固。易受冷损害的食品不需极度冻结，大部分果蔬采摘后为延长其细胞的生命过程，要求适当的低温条件，但有些果蔬在一般冷藏温度 4℃下保存会衰竭或枯死，随之发生包括产生异味、表面瘢痕、各种腐烂等变质过程。

5. 微生物对食品品质的影响

食品中的微生物有细菌、真菌等，其在食品中的繁殖会引起食品腐败变质而不能食用，其中有些细菌还能引起人食物中毒。细菌性中毒案例最多的是肠类弧菌（50%）；其次是葡萄球菌和沙门氏菌（约占 40%）；其他常见的能引起食物中毒的细菌有：肉毒杆菌、致病大肠杆菌、产气荚膜梭菌、蜡状芽孢杆菌、弯曲杆菌属、耶尔森氏菌属。

食品中常见的真菌主要为霉菌。霉菌在自然界中分布极广、种类繁多，常以寄生或腐生的方式生长在阴暗、潮湿和温暖的环境中。霉菌有发达的菌丝体，其营养来源主要是糖、少量的氮和无机盐，因此极易在粮食和各种淀粉类食品中生长繁殖。大多数霉菌对人体无害，许多霉菌在酿造或制药工业中被广泛利用。

作为食品原料的动植物在自然环境中，本身已带有微生物，这就是微生物的一次污染。食品原料加工成食品后，在流通过程中还会经受微生物的污染，称为食品的二次污染。食品二次污染过程包括运输、加工、储存、流通和销售。大部分食品根据其来源、化学成分、物理性质及加工处理的条件，分别形成各自独特的微生物相，并在食品储存期间，因微生物群中某一特定菌种有适合其繁殖的环境条件而使食品腐败变质。

因此，食品在包装前一定要注意包装材料和食品的灭菌处理。食品包装的灭菌方法有化学灭菌（过氧化氢灭菌和环氧乙烷灭菌等）、物理灭菌（紫外线灭菌、辐射灭菌和微波加热灭菌等）。

光、氧、水分、温度及微生物对食品质量的影响是相辅相成、共同存在的，采用科学有效的包装技术和方法避免或减小这种有害影响，保证食品在加工流通过程中的质量稳定，更有效地延长食品保质期，是食品包装科学研究解决的主要课题。

6.2.1 包装分类和材料的选择

1. 包装分类

现代包装种类很多，因分类角度不同形成多种分类方法。

1）按流通过程中的作用分类

销售包装又称小包装或商业包装，不仅具有对商品的保护作用，而且更注重包装的促销和增值功能，通过包装装潢设计手段来树立商品和企业形象，吸引消费者，提高商品竞争力。瓶、罐、盒、袋及其组合包装一般属于销售包装。

运输包装又称大包装，应具有很好的保护功能以及方便储运和装卸功能，其外表面对储运注意事项应有明确的文字说明或图示，如"防雨"、"易燃"、"不可倒置"等。瓦楞纸箱、木箱、金属大桶、各种托盘、集装箱等都属运输包装。

2）按包装结构形式分类

包装可分为托盘包装、泡罩包装、热收缩包装、可携带包装、贴体包装、组合包装等。

托盘包装是将产品或包装件堆码在托盘上，通过捆扎、裹包或黏结等方法固定而形成的一种包装形式。

泡罩包装是将产品封合在用透明塑料片材料制成的泡罩与盖材之间的一种包装形式。

热收缩包装是将产品用热收缩薄膜裹包或装袋，通过加热，使薄膜收缩而形成产品包装的一种包装形式。

可携带包装是在包装容器上制有提手或类似装置，以便于携带的包装形式。
贴体包装是将产品封合在用塑料片制成的，与产品形状相似的型材和盖材之间的一种包装形式。

组合包装是将同类或不同类商品组合在一起进行适当包装，形成一个搬运或销售单元的包装形式。此外，还有悬挂式包装、可折叠式包装、喷雾式包装等。

3）按包装材料和容器分类

这是一种传统的分类方法，将食品包装材料及容器分为七类，分别为：纸、塑料、金属、玻璃陶瓷、复合材料、木材、其他。

4）按销售对象分类

包装可分为出口包装、内销包装、军用包装和民用包装等。

5）按包装技术方法分类

包装可分为真空和充气包装、控制气氛包装、脱氧包装、防潮包装、冷冻包装、软罐头包装、无菌包装、热成型、热收缩包装、缓冲包装等。

6）按食品形态、种类分类

可将食品包装分为固体包装、液体包装、农产品包装、畜产品包装、水产品包装等。

总之，食品包装分类方法没有统一的模式，可根据实际需要选择使用（薛林美，2015）。

2. 包装材料的选择

食品包装材料是指食品工业中用于食品包装的各种材料。包装材料是商品包装的物质基础，因此，了解和掌握各种包装材料的规格、性能和用途是很重要的，也是设计好包装的重要一环。《食品包装容器及材料 分类》（GB/T 23509—2009）中规定，食品包装容器及材料按照材质分为塑料包装容器及材料、纸包装容器及材料、玻璃包装容器、陶瓷包装容器、金属包装容器及材料、复合包装容器及材料、其他包装容器、辅助材料和辅助物。

常用的包装材料有以下几种。

整个包装设计发展进程中，纸质包装材料作为一种普遍的包装材料，被广泛运用到生产、生活实践中，大到工业产品、电器包装，小到手提袋、礼品盒等，从一般包装用纸到复合包装用纸，无不显示出纸质包装材料的魅力。纸张是我国产品包装的主要材料，它的品种很多，主要有以下几种：白板纸、铜版纸、胶版纸、卡纸、牛皮纸、艺术纸、再生纸、玻璃纸、黄版纸、过滤纸、油封纸、浸蜡纸、铝箔纸、箱板纸。纸包装材料具有许多优点，如价格低廉、防护性能好、加工储运方便、易于造型装潢、不污染内容物、回收利用性能好、易与其他材料复合以进一步改善和提高材料性能等，目前也是广泛使用的食品包装材料之一。

高分子包装材料包括塑料、橡胶和涂料。塑料可分为热塑性和热固性两大类；橡胶按基料来源可分为天然橡胶和合成橡胶；涂料按成膜条件可分为高温成膜涂料和常温成膜涂料，按材质可分为环氧树脂涂料、有机氟涂料、有机硅涂料、过氯乙烯涂料、漆酚涂料和石蜡涂料等。高分子材料因具有好的阻隔性、耐热性和耐蚀性，加上密度小、使用方便，以及色彩斑斓、外观美丽等特性，目前已成为极其重要的食品包装材料，得到广泛采用。高分子材料最大的缺点是绝大多数不易降解，焚烧会产生有毒气体。

金属是传统的包装材料之一，广泛应用于工业产品包装、运输包装和销售包装，在包装材料中占有重要地位。金属包装材料具有以下性能特点：机械性能优良、强度高，可制成薄壁、耐压强度高且不易破损的包装容器；加工性能优良，加工工艺成熟，能连续化、自动化生产，具有很好的延展性和强度，可以轧成各种厚度的板材、箔材；具有极优良的综合防护性能，如较强的阻气性、防潮性、遮光性和保香性；具有特殊的金属光泽，易于印刷装饰，如金属箔和镀金属薄膜都是理想的商标材料。

玻璃与陶瓷属于硅酸盐类材料。玻璃与陶瓷包装是指以普通或特种玻璃与陶瓷制成的包装容器，如玻璃瓶、玻璃罐、陶瓷瓶与缸、坛、壶等容器。玻璃与陶瓷包装材料具有好的稳定性、阻隔性、卫生性和保存性，具有不易变形、容易实现盖密封和开封后仍可再度封紧、易于美化、原料丰富、成本低廉等诸多优点。但抗冲击强度低；密度大；不能承受内外温差的急剧变化；生产耗能大。

近年来，为了提高食品安全，减少环境污染，利用天然高分子材料作为原材料制备环境友好型、可生物降解的新型包装材料越来越受到人们的重视。预计将来，可循环再利用的环保型包装材料将成为包装行业发展的主要趋势，绿色包装材料和纳米包装材料将获得大力开发和发展。

材料的选择在包装设计中非常重要，如果选材不当，会给企业带来不必要的损失。包装材料的选择要根据产品自身的特性来决定，并以科学性、经济环保为基本原则。

1）以产品需求为依据

材料的选择不是随意的，首先应该结合商品特点，如商品的形态（固体、液体等），是否具有腐蚀性和挥发性以及是否需要避光储存等进行取材；其次要考虑商品的档次，高档商品或精密仪器的包装材料应高度注意美观和性能优良，中档商品的包装材料则应美观与实用并重，而低档包装材料则应以实用为主。

2）能有效地保护商品

包装材料应有效地保护商品，因此应具有一定的强度、韧性和弹性等，以适应压力、冲击、震动等外界因素的影响。

3）经济环保

包装材料应尽量选择来源广泛、取材方便、成本低廉、可回收利用、可降解、加工无污染的材料，以免造成公害。

6.2.2 食品包装技术与设备

1. 食品包装技术和方法

食品包装技术指为实现食品包装目的和要求，以及适应食品包装各方面条件而采用的包装方法、机械仪器等各种操作手段及其包装操作遵循的工艺措施、监控手段与保证包装质量的技术措施的总称。包括食品包装通用技术和食品包装专用技术。

食品工业产品的品种多种多样，其相应的食品包装技术也随之千变万化，但要形成一个独立包装件的基本工艺过程和步骤是一致的。食品包装通用技术就是指形成一个食品基本的独立包装件的基本技术和方法（图6-2），其主要包括食品充填技、灌装技术和方法；裹包与袋装技术和方法；装盒与装箱技术；热成型和热收缩技术；封口、贴标和捆扎技术与方法。

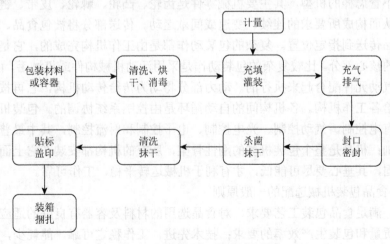

图6-2 食品包装一般工艺过程

为延长食品保存期和保证食品的质量，在食品包装通用技术的技术基础上又逐步形成了食品包装的专用技术，包括防潮包装技术；真空与充气包装技术；封入脱氧剂包装技术；无菌包装技术。

2. 食品包装机械

现代食品包装需通过食品包装机械来完成。包装机械是指完成全部或部分包装过程的机器。包装过程包括充填、裹包、封口等主要工序，以及与其相关的前后工序，如清洗、堆码和拆卸等。此外，包装还包括计量或在包装件上盖印等工序。使用机械包装产品可提高生产率，减轻劳动强度，适应大规模生产的需要，并满足清洁卫生的要求。

1）食品包装机械的种类

按包装操作任务分：包装印刷机械、包装材料及制品机械、产品包装机械等。

按包装过程的功能分：充填机、灌装机、裹包机、封口机、贴标机、打印机、集装机、清洗机、杀菌机、多功能包装机等。

按自动化程度分：半自动和全自动包装机。

按包装适应范围分：专用型、多用型和通用型包装机。

2）食品包装机械的基本构成

食品包装机械尽管种类繁多，应用范围广泛，但从基本结构和原理而言，一般由动力部分、传动机构、传送部分、工作机构、控制系统和机身等部分构成。动力部分是机械运动的原动力，一般是电动机，也有的采用液压泵和压缩机，但最终还是由电动机驱动的。传动机构起着动力传递作用，因不同的机型而异，但不管怎样的机型，其主要机械零件是齿轮、凸轮、棘轮、皮带、链条、螺杆等，从而构成所要求的连续、变速或间歇运动。传送部分将被包食品、包装材料和成品传送到指定位置。复杂的包装动作都是由工作机构完成的，它是整个包装机械的核心部分。比较复杂的包装动作是采用活动机械构件或机械手，由机械、电气或气动元件配合起来执行的。动力部分将动力传给传动机构，它再按需要把运动传给各工作机构。各机构间的自动循环是由控制系统协调的。包装机械的控制方法有电控制、气动控制、光电控制、电子控制和射流控制，其中最普遍的是机电控制；机身是整个包装机械的刚性骨架，所有的机构都安装在它上面。机身必须稳固，其垂心要尽可能低，才有利于机械运转平稳，工作可靠。

3）食品包装机械选配的一般原则

（1）满足食品包装工艺要求，对食品选用的材料及容器有良好的适应性，保证包装质量和包装生产效率的要求；技术先进，工作稳定可靠，能耗少，使用维修方便。

（2）注意机械通用性，能适应多种食品的包装需要。符合食品卫生的要求，易清洗，不污染食品。

（3）对食品包装所要求的条件，如温度、压力、时间、计量、速度等有合理的、可靠的控制装置，尽可能采用自动控制方式。长期生产单一产品，选用专用型机械。

（4）生产多品种，同类型，多规格产品时，选用多功能机械，一机可完成多项包装操作，提高效率，节省劳力及减少占地面积。改善工人劳动条件和减轻劳动强度。

3. 食品充填技术及灌装技术

1）充填技术及设备

充填是指将一定量的食品装入某一包装容器中的操作过程，主要包括食品计量和充入。按计量方式的不同，可将食品充填技术分为称重式充填、容积式充填和计数式充填。对粉状物料主要采用称重式充填和容积式充填，对液体、半液体物料采用容积式充填，对块状或颗粒状物料采用计数式充填。一般将液体食品的充填称为灌装。

食品充填、灌装时，应满足以下要求：食品按照要求的定量装入容器，一般规定有一定的计量精度要求；容器内要留有一定的顶隙，一般顶隙留量为整个容积的 6%；要求快装、快封，减少食品的污染，同时保持容器口、壁干净，以免汁液污染包装。

（1）称重充填法。

称重充填法是将产品按预定的质量充填到包装容器内，适用于易吸潮、易结块、粒度不均匀、容重不稳定的物料计量。此法精度较高，但工作速度较低，装置结构较复杂，多用于充填粉状和小颗粒食品。常用装置有杠杆秤、弹簧秤、液压秤、电子秤等。称重充填法可分为间歇称重式充填法、连续称重式充填法和称重-离心等分式充填法。

A. 间歇式称量装置：有净重充填法和毛重充填法两种。

净重充填法是称出预定质量的物料，将其充填到包装容器内，其结果不受包装容器质量的影响，是精确地称量充填。由于称量结果不受容器皮重变化的影响，因此称量精度很高，广泛应用于要求高精度计量的自由流动固体物料，如奶粉、咖啡等固体饮品，也可用于那些不适于容积充填法包装的食品，如膨化、油炸食品。

毛重充填法是在充填过程中，直接将包装容器放在秤上进行充填，达到规定质量时停止进料，称得的质量是毛重。毛重填充法没有计量斗，其计量精度受容器质量变化影响很大，计量精度不高。但由于食品不经计量斗而直接落入容器中称量，食品物料的黏附现象不会影响计量精度，因此，除可应用于能自由流动的物料外，还适用于有一定黏性物料的计量充填。

B. 连续式称量装置：采用电子皮带秤称重，可以从根本上解决杠杆秤发出的信号与供料停机的时间差导致物料的计量误差问题，同时还能大大提高计量速度，适应高速包装机的需要。

物料在皮带输送过程中，连续地流经秤盘。在秤盘上一段（测量距离）皮带上的物料质量变化通过传感器转化为电量变化，并与给定值进行比较，再经信号放大驱动执行机构，使其控制闸门升降，以调节料层厚度。

为了实现定量包装，在电子皮带秤物料流出端的下方设置一个等速放置的等分格转盘。转盘上各分格在相等的时间内截取一段皮带上的物料（即截取等质量的物料），然后注入包装容器中。可通过控制皮带速度来控制充填量。电子皮带秤的计量速度为每分钟 20～200 包，每包计量范围为 50～100g，计量精度为±（1.0～1.5）%，适应精度为±0.5g 要求的物料包装计量。

（2）容积充填法。

通过控制食品物料的容积进行计量充填，要求被充填物料体积质量稳定，否则会产生较大的时量误差，精度一般为±（1.0～2.0）%，比毛重充填法要低。分为计时振动充填法、螺旋充填法、重力-计量筒充填法和真空-计量充填法等。

计时振动充填法：储料斗下部连接着一个振动托盘进料器，进料器按规定的时间振动，将物料直接充填到容器中，计量由振动时间来控制。此法装置结构最简单，但计量精度最低。

螺旋充填法：当送料轴旋转时，储料斗内搅拌器将物料拌匀，螺旋轴将物料挤压到要求的密度，每转一圈就能输出一定量的物料，由离合器控制放置圈数即可达到计量目的。此法可获得较高的充填计量精度。

重力-计量筒充填法：储料斗下部装有两个或多个计量筒，均匀分布在回转的水平圆板上。计量筒上部有伸缩腔，可以上下伸缩来调节容积。计量筒转位到供料斗下面时，物料靠自重落入计量筒内，当计量筒转位到排料口即固定圆盘上的圆孔时，物料通过排料管进入包装容器内。为了使物料迅速注入容器，有时要对容器加以振动。此法适用于充填价格较低、计量精度要求不高的自由流动固体物料。

真空-计量充填法：储料斗下面装有一个带可调容积的计量筒转轮，计量筒沿转轮径向均匀分布，并通过管子与转轮中心连接，转轮中心有一个圆环真空-空气总管，用来抽真空和进空气。物料从储料斗落于计量筒中，经过抽真空后密实均匀，运输带不断将容器送入转轮下方，当转轮转到容器上方时，空气将物料吹入容器内。此法常用来充填广口瓶、袋、罐头等，充填容量范围从 5mg 至几千克，一般的计量精度为±1%。

（3）计数充填法。

计数充填法是将食品通过计数定量后充入包装容器的一种充填方法。常用于颗粒状、条状、片状、块状食品的计量充填。可分为长度计数法、光电式计数法和转盘式计数法。

A. 长度计数装置：使物品具有一定规则的排列，按其一定长度、高度、体积取出，获得一定数量。这种装置比较简单，由推板、输送带、挡板、触点开关四部分组成。常用于块状食品，如饼干、云片糕等的包装计数。

B. 光电式计数装置：物品在传送带上逐个通过光电管时，从光源射出的光线因物品的通过而呈现穿过和遮挡两种状态，由光电管把光信号转变为电信号送入计数器进行计数，并在窗口显示数码。

C. 转盘式计数装置：特别适用于形状、尺寸规则的球形和圆片状食品的计数。

2）灌装技术及设备

灌装是指将液体（或半流体）灌入容器内的操作，容器可以是玻璃瓶、塑料瓶、金属罐及塑料软管、塑料袋等。影响液体食品灌装的主要因素是黏度，其次为是否含有气体、起泡性、微小固体物含量等。因此，在选用灌装方法和灌装设备时，首先要考虑液体的黏度。

液体食品的种类有流体、半流体和黏滞流体。流体指靠重力在管道内按一定速度自由流动，黏度为 0.001～0.1Pa·s 的液料，如牛奶、饮料、酒等。半流体指除靠重力外，还需加上外压才能在管道内流动，黏度为 0.1～10Pa·s 的液料，如炼乳、蜂蜜、番茄酱等。黏滞流体指靠自重不能流动，必须靠外压才能流动，黏度在 10Pa·s 以上的物料，如调味酱、果酱等。

灌装使用的包装容器根据其强度可分为刚性包装容器（包括金属罐、玻璃瓶、陶瓷罐等）、柔性包装容器（包括塑料瓶、纸及铝箔等多层复合材料制成的盒等）。

（1）灌装方法。

常用灌装方法有常压灌装、真空灌装、等压灌装和机械压力灌装等。

常压灌装是在常压下依靠自身重力自由流动而灌入容器的方法。主要适用于灌装低黏度非起泡性液料，如牛奶、矿泉水、酱油、醋等。该方法因使用的设备构造简单、操作方便、易于保养而被广泛使用。

真空灌装是在低于大气压（真空）的条件下进行灌装。可分为重力真空灌装和真空压差灌装。重力真空灌装是在低于大气压的条件下进行灌装，适用于灌装白酒、葡萄酒。在此灌装过程中，挥发性气体的逸散量最小，不会改变酒精浓度，使包装产品不失醇香。灌装过程为储液箱处于真空，对包装容器抽气形成真空，随后料液依靠自重流进包装容器内。真空压差灌装指储液箱内处于常压，只对包装容器抽真空，料液依靠储液箱与待灌装容器间压差作用产生流动而完成灌装。适用于易氧化变质的液体食品，如富含维生素等营养成分的果蔬汁产品的灌装。

等压灌装是在高于大气压的条件下，首先对包装容器充气，使之形成与储液箱相等的气压，然后依靠被灌装液料的自重流进包装容器内。常用于灌装含 CO_2

饮料、汽水、啤酒、香槟等的灌装。加压的目的是使液体中 CO_2 含量保持不变，压力可取 0.1～0.9MPa。

机械压力灌装指利用机械压力如液泵、活塞泵或气压将被灌装液料压入包装容器内，主要用于黏度较大的稠性液料，如果酱、奶油类食品。

（2）灌装机常用定量方法。

A. 高度定量法：通过控制容器中的液位高度来达到定量灌装的目的，即每次灌装液料的容积等于一定高度的瓶内容积，故习惯称为"以瓶定量法"。

B. 容积定量法：用容量杯或一定行程的活塞缸容积完成定量，即先将料液注入定量杯或活塞缸，然后灌入包装容器内，因此，定量精度比高度定量法高。

（3）灌装设备。

灌装机按容器的输送形式可分为：旋转型灌装机和直线型灌装机。旋转型灌装机灌装迅速、平稳、生产效率高，是大中型企业首选的液体灌装设备。目前国内以旋转型灌装机为基础，吸收国际最先进的灌装技术开发出集洗瓶、灌装、封盖、贴标于一体的组合型灌装系统。

4. 裹包及袋装技术

1）裹包技术及设备

裹包和袋装都是使用较薄的柔性材料，如纸、塑料薄膜、金属箔以及它们的复合材料。其用料省，操作简单，包装成本低，销售和使用都很方便，因此，应用范围十分广泛。

裹包是用柔性包装材料将产品经过原包装的产品进行全部或局部包装的技术方法。裹包为块状类物品包装的基本形式，包装形式多样，不仅能对单件物品进行裹包，也能对排列的物品作集积式裹包。用料省，操作简便，用手工和机器均可操作，可以适应不同形状、不同性质的产品包装，包装成本低，流通、销售和消费方便，因此，应用十分广泛。

裹包形式有半裹包（物品的大部分被包裹）、全裹包（物品的表面被全部包裹，是最常见的一种裹包形式，可分为折叠式裹包、扭结式裹包、封缝式裹包和覆盖式裹包）、缠绕裹包（指将被包裹的物品用柔性材料缠绕多圈的裹包方式）、贴体裹包（将物品置于底板上，在其表面覆盖包装材料，然后加热并抽真空使材料紧贴物品，并与底面封合）、收缩裹包（用热收缩材料包裹物品，然后加热材料收缩并裹紧物品）和拉伸裹包（用弹性拉伸薄膜在一定的张紧力作用下裹紧物品）等。

（1）裹包方法。

A. 折叠式裹包：用一定大小的包装材料裹包在被包装物品上，先用搭接方式包成筒状，然后折叠两端并封紧，其包装件整齐美观。根据产品的性质和形状、机械化作业和表面装饰图案的需要、接缝位置和开口端折叠形式与方向，这种裹包方法又有多种变化。可用于卷烟、小盒装食品玻璃纸外裹包装。

B. 扭结式裹包：用一定长度的包装材料将产品裹成圆筒形，搭接接缝也不需要黏结或热封。然后将开口端的部分向规定方向扭转形成扭结。要求包装材料有一定的撕裂强度与可塑性，以防止扭断和回弹松开。从很早开始，糖果就采用这种方法包装，直到现在有的块糖仍在使用。此法无论是手工操作，或机器操作，动作都很简单；而且易于拆开。糖果的最大消费者是儿童，即使2～3岁的幼儿也很容易将糖纸剥开；另外，只要是小块糖果，无论是什么形状（球形、圆柱形、方形、椭球形……）都可以裹包。

C. 接缝式裹包：用挠性包装材料裹包产品，将末端伸出的裹包材料热压封闭。这种裹包方法适用于一般块状、筒状规则物品及无规则异形物品，且几乎不限制包装物的体积、质量等，常用于方便面、月饼、巧克力、糖果、膨化食品、饼干等食品的包装。

（2）裹包设备。

A. 折叠式裹包机：裹包材料输送机构，完成裹包材料的定长切断和定位输送；产品推送机构，将需裹包的产品送入到包装材料中；裹包执行机构，完成裹包材料的折叠、热封或黏结等裹包操作；传动机构，完成各操作机构的传动动作；机架等。

被包装物品被堆放在储料仓中，当推料机构链条上的推板运动到储料仓下部时，就将最底部的被包装件朝前推送，这时储料仓中的其他被包装件就在自重的作用下落到下部位置。当链条上的推板将被包装件向前推送的过程中，碰到了由输送、切断棍从卷筒材料上牵引并切下的包装材料，包装材料与被包装件一起进入回转塔的导槽中，导槽的侧板使包装材料对包装件形成三面裹包。转塔由间歇机构驱动，转塔就带着导槽中的包装件间歇向前转动，当转至侧面折叠机构下面间歇时，两折叠板对包装件进行长侧面的折叠裹包，继续转动至侧面热封接机构下时，完成对包装件侧面的封接。当导槽继续转动至水平位置时，由导槽后的推杆将包装件由导槽中推出。由输送链向前输送的过程中由端面折叠机构完成两端面的折叠，继续向前完成端面的封接。由推出机构将完成裹包的包装件成排堆放输出。折叠式裹包机应用广泛，包装外形美观。常用来裹包糖果、巧克力、香烟、香皂、音像制品及各种纸盒的外包装等。

B. 接缝式裹包机：接缝式裹包机是一种卧式的枕形包装机，是裹包机械中应用最广泛的一种。它的机型系列品种繁多，外观造型千差万别，结构、性能也存在差异，但包装工序流程基本相同。卷筒材料在成对牵引滚筒、主牵引辊轮和纵封器轮的联合牵引下匀速前进，在通过成型器时被折成筒状。供送链推板将物品推送入经成型器成型成的筒状材料内，物品将随同材料一起前进。横封切断器在热封左面袋的前端和右面袋的后端的同时,在中间切断分开,输送带将成品输出。

（3）裹包机的选用。

裹包机的种类很多,有通用的和专用的;有低速、中速、高速和超高速的;有半自动和全自动的;它们可以单独使用,也可以连在生产线上使用。

A. 半自动裹包机（通用型）,更换产品尺寸和裹包形式方便,机器运动多属于间歇式,生产速度一般为中低速（100～300pcs/min）。

B. 全自动裹包机（专用型）,一般只适用于单一产品,机械的运动形式有间歇式也有连续式,中速生产率（300～600pcs/min）,适用于如糖果、香烟裹包机等（单一品种）。

C. 高速和超高速裹包机对包装材料的适用性差,往往由于材料不合要求而不能保证质量或机器不能正常运转,故在设备选型时必须考虑材料的价格和供应情况。

D. 自动化程度越高,功能越完善,包括计算机控制、质量监测、废品剔除、产品显示、故障报警等。其结构和检测系统复杂,许多场合采用计算机控制,因此,对操作维修人员要求有较高的技术水平。

2）袋装技术及其设备

袋装成本低、价格便宜,可用于运输包装和销售包装,尺寸的变化范围大;用于袋装的材料很多,适应面广。松散态粉粒状食品及形状复杂多变的小块食品,袋装是其主要的销售包装形式,生鲜食品、加工食品或液体食品也广泛采用袋装。

（1）袋装的形式、特点和品种。

A. 袋装的形式:三边封口式、四边封口式、纵缝搭接式、纵缝对接式、侧边折叠式、筒袋式、平底碟形袋、椭圆碟形袋、底撑碟形袋、塔形袋、尖顶柱形袋、立体方柱形袋。

B. 袋装的特点:价格便宜,形式丰富,适合各种不同的规格尺寸;包装材料来源广泛,品种齐全;密度小,省材料,便于流通和消费。

C. 包装袋的品种:纸袋、塑料薄膜袋、纸塑复合袋、塑料复合袋及纸、铝箔等。

（2）袋装方法。

A. 立式制袋-充填-封口式装袋方法:特点是被包装物料的供料筒设置在制袋器内侧,适用于松散食品或液体食品的包装。被包装物料的流动性、密度、颗粒度、形态等物性对包装速度与质量均有很大的影响。

B. 卧式制袋-充填-封口式装袋方法:卧式制袋-充填-封口包装的制袋与充填都沿着水平方向进行,可包装各种形状的块状、颗粒状等各种形状的固态物料,如点心、面包、方便面、香肠、糖果等。

C. 四边封口式制袋-充填-封口包装：由两卷薄膜经导辊引至双边纵封辊进行纵封，物料由纵封辊凹形缺口之间装入，横封器与切断器连续回转，完成四边封口操作。该法很难保证两卷薄膜的商标同步定位，大多数只用于有一面薄膜不要求商标定位的场合。

D. 角形自立式制袋包装：平张复合膜经翻领式成形变为筒状，由预纵封器进行纵封，圆筒袋经方形导管周长不变，靠四个烫角器使方形固定下来，纵封器进一步完成纵封，折角板使两端收口，通过横封器横封两道口，并切断装好物料的角形自立式包装袋。物料由装料喷嘴注入袋内，横向封口之前，抽气板先把物料上方的空气抽出。与此同时，抄底板把角形袋的底部折成平底。

（3）袋装机械。

袋形的多样化，决定了袋成型-充填-封口机机型的种类繁多。

A. 立式成型制袋-充填-封口包装机：型式较多，按袋形可分为枕形袋、扁平袋和角形自立袋，可用于液体、半流体、粉体、颗粒状及块状物料的包装。

枕形袋立式成型制袋-充填-封口包装机主要用于松散物品包装，也可用于松散态规则物品、小块状物品包装。有象鼻成型制袋式袋装机和翻领成型制袋式袋装机等。

象鼻成型制袋式袋装机全机除计量装置外，还由象鼻成型器、匀速回转的辊式纵封器、不等速回转的横封器和回转切刀等组成。单张卷筒薄膜经多道导辊和光电管被引入象鼻成型器，将薄膜卷折成圆筒状，被连续回转的纵封辊加热加压热封定型，包装料袋自上而下连续移动，就是这纵封辊连续回转牵引薄膜的结果。横封器不等速回转，分别将上、下两袋的袋口和袋底封合，纵封器的转轴轴线与横封器回转轴线呈空间垂直，因而获得枕式袋，被包装物料经计量装置计量后由导料槽落入袋内，封好口的连续袋由下面回转切刀与固定切刀接触时切断分开。

翻领成型制袋式袋装机可完成制袋、纵封（搭接或对接）、装填、封口及切断等工作。平张卷筒薄膜经多道导辊引上翻领成型器，由纵封器封合定形，搭接或对接成圆筒状，以计量装置计量后的物料由加料斗通过加料管导入袋底，横封器在封底同时拉袋向下，并对前一满袋封口，又在两袋间切断使之分开，全机各执行机构的动作可由机、电、气、液配合自动完成。

扁平袋立式成型制袋-充填-封口包装机有多种形式：三面封式、四面封式、两列和多列四面封式包装机，主要用于小分量的粉料物品包装。

三角形成型制袋式袋装机是一种三面封式扁平式袋装机。对折后的薄膜上口有一块隔离板，帮助袋口张开，薄膜料袋的间歇移动靠牵引辊间歇回转带动，制成开口向上的空袋后，可先行装填，而后横封、切断。也有空袋制成后先行分切交由带夹持手的直线输送链式间歇回转工序盘，在每次运动停歇的工位上进行装袋、封口及卸料。

四面封口扁平式袋装机将两卷单张薄膜经导辊引至双边纵封辊，薄膜呈对合筒状。单卷平张薄膜经在三角形缺口导板的缺口尖端处有刀片将运动着的薄膜中央剖切为二片，并经此导板分成两路，再往下先对合纵封，再装料，而后横封、切断。

角形自立袋立式成型制袋-充填-封口应用翻领式成型器制袋，薄膜经过成型器和四个均布的折痕滚轮，再经纵封器封合后呈搭接圆筒状，料管下端部分由圆形截面变成方形截面。

B. 卧式制袋-充填-封口包装机：该机应用范围较广，主要运用于块状物料的包装，如饼干、面包、冰淇淋、方便面等，其袋形为枕形。连续卧式袋成型-充填-封口包装机根据包装材料上商标图案印刷的不同（有标卷材和无标卷材）而不同。对于有标卷材，为保证商标图案的完整性，必须采用光标自动定位系统，对包装材料进行定位封合及切断；而对于无标卷材，只需采取定长切断即可。

（4）袋装机械的选用。

袋装机及其配套设备种类很多，功能、生产能力、所用包装材料及价格、包装袋的形状和尺寸均不相同，差别很大，选用时必须根据工厂和市场情况综合考虑。

A. 充填的计量装置要选择适当。当包装某些颗粒状和粉状物料时，其密度必须控制在规定的范围内才能选用容积式计量，否则应考虑称量式计量，对空气温度、湿度敏感的包装物料，在选用设备时更应注意。

B. 当袋装速度快、被包装物品价格较高时，应采用称重计量充填，并配有检重秤，随时剔除超重或欠重包装件，并能自动调整充填量。

C. 封口时的加热温度和时间应能调节到与所用包装材料的热封性能相适应，以保证热封质量。

D. 充填粉末物料时，袋口部分易沾粉尘而影响封口质量，多数情况是由于塑料包装材料带静电而吸附粉尘，因此，这类设备必须设有防止袋口沾污粉尘的装置。

E. 单机形成自动化生产线时应选用高可靠性的机型，以免单机故障而影响整条生产线的正常生产。

5. 装盒与装箱技术及设备

纸箱与纸盒是主要的纸制包装容器，两者形状相似，习惯上小的称盒，大的称箱。一般由纸板或瓦楞纸板制成，属于半刚性容器。由于它们的制造成本低、密度小，便于堆放运输或陈列销售，并可重复使用或作为造纸原料。因此，至今乃至将来仍是食品、药品包装的基本形式之一。

盒装包装是一种广为应用的包装方式，它是将被包装物品按要求装入包装盒中，并实施相应的包装封口作业后得到的产品包装形式。包装作业可借助于手工及其他器具，也可用自动化的盒装包装机完成。现代商品生产中，装盒包装工作主要采用自动化的装盒机来完成。装盒包装工作中涉及待包装物品、包装盒与自动装盒机三个方面，三者之间以包装工艺过程相连接。

装箱机械是用来把经过内包装的商品装入箱子的机械，装箱工艺过程和装盒类似，所不同的是装箱用的容器是体积大的箱子，纸板较厚，刚度较大；包装用纸箱按结构可分为瓦楞纸箱和硬纸板箱两类，用得最多的是瓦楞纸箱。通常由制箱厂先加工成箱坯，装箱机直接使用箱坯，采用的箱坯种类不同，装箱工艺过程也不同，即使采用相同箱坯，工艺过程也有多种，因此装箱机械也就表现为种类多样。

1）装盒技术及设备

盒是指体积较小的容器，大部分用纸板制成，包装纸盒一般用于销售包装。在食品包装上，折叠纸盒具有保护性好、经济实用、便于机械化操作和促进销售等功能，广泛地应用于糕点、固态调味品、冷冻食品、糖果等产品的包装。

（1）装盒方法。

目前，装盒方法有手工装盒、半自动机械装盒和全自动机械装盒。

手工装盒简单便捷，不需要设备投资和维修费用，但速度慢，生产效率低，易造成微生物污染，食品卫生安全性不高。

半自动装盒由操作人员配合装盒机完成装盒包装、取盒、打印、撑开、封底、封盖等。封盖等所有工序由机器完成，用手工将产品装入盒中。半自动装盒机结构比较简单，但装盒种类和尺寸可以多变，改变品种后调整机器所需时间短，很适合多品种小批量产品装盒。

全自动装盒全部工序由机器完成，生产速度高，一般为 500～600 盒/min。但设备投资大，机器结构复杂，操作维修技术要求高，变换产品种类和尺寸范围受到限制。一般适合于单一品种的大批量装盒包装。

（2）装盒机械。

根据不同的装盒方式，装盘机械一般分为充填式和裹包式两大类型。充填式能包装多种形态的物品，使用模切压痕好的盒片经现场成型或者预先折合好的盒片经现场撑开（有的包括衬袋）之后，即可进行充填封口作业；裹包式的多用来包装呈规则形状（如长方体、圆柱体）、有足够耐压强度的多个排列物件，而且需借助成型模加以裹包，相关作业才能够完成。它们各有特点和适用范围，但占优势地位的，应属充填式装盒机械，也就是国家标准 GB/T 17313—2009《袋成型-充填-封口机通用技术条件》所指的"开盒-充填-封口机"及"盒成型-充填-封口机"等机种。

A. 充填式装盒机械：开盒-充填-封口机在工艺上可采用推入式充填法及自落式充填法。

连续式开盒-推入-充填-封口机采用全封闭式框架结构，主要组成部分包括：分立挡板式内装物传送链带、折叠供送装置、下部吸推式纸盒片撑开供选装置、推料杆传动链带、分立夹板式纸盒传送链带、纸盒折舌封口装置、成品输送带与空盒剔除喷嘴以及编码打印、自动控制等工作系统。

开盒自落充填封口机适用于上下两端开口的长方体纸盒。散粒物料大都依靠自身重力进行自落充填。为便于同容积式或称重式计量装置配合工作，并且合理解决传动问题，将计量充填振实工位集中安排在主传送路线的一个半圆弧段。其余的直线段可用于开盒、插入链座、封盒底、封盒盖等作业。对这种盒型，多以热焙胶黏接封合。

成型-充填-封口机的工艺通常采用的有衬袋成型法、纸盒成型法、盒袋成型法、袋盒成型法等。

衬袋成型法：首先把预制好的折叠盒片撑开，逐个插入间歇转位的链座，并装进现场成型的内衬袋。这种包装工艺方法的特点是：采用三角板成型器及热封器制作两侧边封的开口衬袋，既简单省料，又便于实现袋子的多规格化；因底边已被折叠，因此主传送过程减少一道封台工序；纸盒叠平，衬袋现场成型，不仅有利于管理工作，降低成本，还使装盒工艺更加机动灵活，尤其能根据包装条件的变化适当选择不同品质的盒袋材料，而且也可不加衬袋很方便地改为开盒充填封口的包装过程；其缺点主要是需要配备一套衬袋现场成型装置，占用空间较大。

纸盒成型法：该法适于顶端开口难叠平的长方体盒型的多件包装。纸盒成型是借模芯向下推动已模切压痕好的盒片使之通过型模而折角黏搭起来的。然后将带翻转盖的空盒推送到充填工位，分步夹持放入按规定数量叠放在一起的竖立小袋及隔板。经折边舌和盖舌后，就可插入封口。

盒袋成型法：先将纸盒片折叠成为两端开口的长方体盒型，转为竖立状态移至衬袋成型工位。采用翻领形成型器和模芯制作有中间纵缝、两侧窝边、底面封口的内衬袋。

袋盒成型法：卷筒式材料一经定长切割，即以单张供送到成型转台。该台面上均布辐射状长方体模芯，借机械作用将它折成一端封口的软袋。接着，用模切压痕好的纸盒片紧裹其外。待黏搭好了盒底便推出转台，改为开口朝上的竖立状态。然后沿水平直线传送路线依次完成计量充填振实、物重选别剔除、热封衬袋上口、黏搭压平盒盖等作业。由于该机的成型与包装工序较分散，生产能力得以提高。

B. 裹包式装盒机械：裹包式装盒机械有半成型盒折叠式裹包机和纸盒片折叠式裹包机等。半成型盒折叠式裹包机裹包方法有连续裹包法和间歇裹包法。

连续裹包法适于大型纸盒包装。工作时先将模切压痕好的纸盘片折成开口朝上的长槽形插入链座，待内装物借水平横向往复运动的推杆转移到纸盒底面上之后，再开始各边盖的折叠、黏搭等裹包过程。此裹包式装盒方法有助于把松散的成组物件包得紧实一些，以防止游动和破损。而且沿水平方向连续作业可增加包封的可靠性，大幅度提高生产能力。

间歇裹包法借助上下往复运动的模芯和开槽转盘先将横切压痕好的纸盘片形成开口朝外的半成型盒，以便在转位停歇时从水平方向推入成叠的小袋或多层排列的小块状物，然后在余下的转位过程完成其他边部的折叠、涂胶和紧封。

纸盒片折叠式裹包机适于对较规则形体（如长方体、棱柱体）且有足够耐压强度的物件进行多层集合包装。先将内装物按规定数额和排列方式集积在模切纸盒片上，然后通过由上向下的推压作用使之通过型模，即可一次完成除翻转盖、侧边舌以外盒体部分的折叠、涂胶和封合。接着沿水平折线段完成上盖的黏搭封口，经稳压定型再排出机外。

2）装箱技术及设备

装箱技术一般是对已经进行小包包装的产品，为了使其在运输过程中不被损坏、便于储存而将它们按一定的方式装入包装箱中，并将箱口封好的技术。

（1）装箱方法。

装箱与装盒的方法相似，但装箱的产品较重，体积也大，还有一些防震、加固和隔离等附件，箱坯尺寸大，堆叠起来也较重。因此装箱的工序比装盒多，所用的设备也复杂。

A. 按操作方式分类：手工操作装箱，先把箱坯撑开成筒状，然后把一个开口处的翼片和盖片依次折叠并封合作为箱底，产品从另一开口处装入，必要时先后放入防震、加固等材料；最后封箱。用黏胶带封箱可用手工进行，如有生产线或产量较大时，宜采用封箱贴条机。

半自动与全自动操作装箱，这类机器的动作多数为间歇运动方式，有的高速全自动装箱机采用连续运动方式。半自动操作装箱，取箱坯、开箱、封底均为手工操作。

B. 按产品装入方式分类：装入式装箱法，产品可以沿铅垂方向装入直立的箱内。所用的机器称为立式装箱机；产品也可以沿水平方向装入横卧的箱内或侧面开口的箱内，所用的机器称为卧式装箱机。铅垂方向装箱通常适用于圆形的和非圆形的玻璃、塑料、金属和纤维板制成的包装容器包装的产品，分散的或成组的包装件均可。广泛用于各种商品，如食品、玻璃用具、石油化工产品和日用化学品等。

裹包式装箱法，与裹包式装盒的操作过程相同。在箱片仓上堆积有许多箱片，真空吸头吸出最下层箱片并释放在链式输送带上；电机经传动系统将运动传给主动链轮，以带动链式输送带工作；推爪将纸箱片向右推并作步进运动，推送到压痕工位进行压痕，然后进到裹包工位进行裹包装箱；被裹包的物料由输送带输送，推料板把它们推送到待裹包的箱片上进行裹包。

套入式装箱法适合包装质量大、体积大和较贵重的大件物品，如电冰箱、洗衣机等。采用套入式，其特点是纸箱采用两件式，一件比产品高一些，箱坯撑开后先将上口封住，下口没有翼片和盖片，另一件是浅盘式的盖，开口向上也没有翼片和盖片，长宽尺寸略小于高的那一件，可以插入其中形成一个倒置的箱盖。装箱时先将浅盘式的盖放在装箱台板上，里面放置防震垫。重的产品可在箱下放木质托盘，然后将产品放于浅盘上，上面也放置防震垫，再将高的那一件纸箱从上部套入，直到把浅盘插入其中，最后用塑料带捆扎。

（2）瓦楞纸箱和装箱设备的选用。

A. 瓦楞纸箱的选用：瓦楞纸箱是运输包装容器，其主要功用是保护商品。选用时首先应根据商品的性质、质量、储运条件和流通环境来考虑，运用防震包装设计原理和瓦楞纸箱的设计方法进行设计，应遵照有关国家标准。出口商品包装要符合国际标准或外商的要求，并要经过有关的测试。在保证纸箱质量的前提下，尽量节省材料和包装费用，还要照顾到商品对箱内容积的利用率，箱对卡车、火车厢容积的利用率以及仓储运输时堆垛的稳定性。

B. 装箱设备的选用：一般情况下生产厂不设制箱车间，瓦楞纸箱均由专业的制箱厂供应。选购装箱机应考虑以下几点：①在生产率不高、产品轻、体积小时，如盒、小袋包装品、水果等在劳动力不短缺的情况下，可采用手工装箱。但对一些较重的产品，或易碎的产品，如瓶装酒类、软包装饮料、蛋等，一般批量也比较大，可选半自动装箱机。②高生产率、单一品种产品，应选用全自动装箱机，如啤酒和汽水等装纸箱或塑料周转箱。③全自动装箱机结构复杂，还要有产品排列、排行、堆叠装置相配合。虽然生产速度和效率都很高，但必须建立在机器本身的动作协调，配套装置齐全，运转平稳，以及控制系统灵敏可靠的基础上，用于生产量大的场合。

6. 热成型和热收缩包装技术

1）热成型包装技术

热成型包装是用热塑性塑料片材热成型制成容器，并定量充填灌装食品，然后用薄膜覆盖并封合容器口的完成包装的方法。

（1）热成型包装技术特点。

A. 包装适用范围广；

B. 包装生产效率高；

C. 热成型法制造容器方法简单；

D. 容器大小可按包装需要设计；

E. 包装容器壁薄，节省包装材料；

F. 包装设备投资少，成本低。

（2）常用热成型包装材料。

A. 热成型包装塑料片材分类：厚度小于 0.25mm 为薄片；厚度在 0.25～0.5mm 为片材；厚度大于 1.5mm 为板材。薄片及片材用于连续热成型容器，如泡罩、浅盘、杯等小型食品包装容器。板材热成型容器主要用于成型较大或较深的包装容器。

B. 热成型包装材料：聚乙烯（PE）片材卫生廉价，使用量大，但不透明；聚丙烯（PP）塑料片材有良好的成型加工性能；聚氯乙烯（PVC）片材有良好的刚性，经济性好；聚苯乙烯（PS）刚性和硬度好、透明度高；封盖材料主要是 PE、PP、PVC 等单质塑料薄膜，或使用铝箔、纸与 PE 复合的薄膜片材、玻璃纸等材料；其他热成型片材。

PA 片材热成型容易、包装性能优良，常用鱼、肉等包装；PC/PE 复合片材可用于深度口径比不大的容器，可耐高温蒸煮；PE、PP 涂布纸板热成型容器可用于微波加工食品的包装；PP、PVDC、PE 片材可成型各种形状容器，经密封包装快餐食品，可经受蒸煮杀菌处理。

（3）热成型加工方法。

热成型方法有多种，但基本上都是以真空、气压或机械压力三种方法为基础加以组合或改进而成的。根据热成型用片材和制品种类的不同，以及为提高制品品质与生产效率等方面的原因，热成型技术在实施中有很多变化。目前生产中已采用的方法有几十种，这些方法中简单成型法和有预拉伸成型法是两类基本方法，其余的方法可由这两种基本方法略加改进和适当组合而成。

热成型的方法按成型动力可分为模压成型和差压成型两大类，前者的成型动力是机械压力，后者是气体压力，也有借助于液体压力的。根据气体的差压是大于还是小于一个大气压，又分为加压成型和真空成型；根据成型模具，可以分为单阳模、单阴模、对模、无模等几种方法。根据附属设备乃至操作方法的差异，还可以派生出其他成型方法，如柱塞辅助成型等，但是无论如何变化，都离不开上述几种基本模型。

（4）热成型技术要求。

热成型容器成型主要包括加热、成型和脱模三个过程。热成型技术要求确定合理的拉伸比；确定热成型温度、加热时间和加热功率；注意热成型模具的几何尺寸。

（5）热成型包装机械。

热成型包装根据自动化程度、容器成型方法、封接方式等的不同，可以分为很多种机型。现介绍以下两种主要机型。

A. 高速卧式热成型包装机：塑料薄膜被加热器加热后，在真空滚筒上成型为泡状容器。容器经料斗下方时进行物料充填，经热封辊处与铝箔热封，再经过张紧轮、过桥轮运动到冲裁部位进行裁剪，然后成品输出，余料被辊卷起来回收。

该机的热成型、装料、热封都是在运动中进行的，但冲裁是间歇进行的，因此设有张紧轮、过桥轮作为缓冲区。这种包装机的薄膜牵引速度可达 7m/min，上料速度高达每分钟 3000 粒，适合于单一品种产品的大批量包装。

B. 间歇式大容器热成型包装机：当包装较大尺寸的固体食品或灌装液体食品时，出于要求容器尺寸较大，一般采用间歇式大容器热成型包装机。该机的薄膜是步进式的运动，成型器每往复一次成型出几个容器，容器在食品充填工位进行物料充填，在封盖工位处封盖。牵引装置带动热合好的包装品水平移动，经刻印装置刻印后，由冲裁装置把包装容器切下，再经输送皮带送出，余料辊卷收。

2）热收缩包装技术

热收缩包装是指使用热收缩塑料薄膜裹包产品或包装件，然后加热至一定温度使薄膜自行收缩紧贴住产品或包装件的包装方法（黄俊彦和崔立华，2005）。热收缩包装的特点和形式如下。

（1）热收缩包装特点：①能适应各种大小及形状的物品包装；②对食品可实现密封、防潮、保鲜包装；③利用薄膜收缩性，可实现多件包装；④可强化包装功能，增加包装外观光泽；⑤包装紧凑，包装费用低；包装工艺设备简单，通用性强。

（2）热收缩包装形式：①两端开放式的套筒收缩包装，它是用筒状膜或平膜先将被包装物裹在一个套筒里然后再进行热收缩作业，包装完成后在包装物两端均有一个收缩口。当采用筒状膜时，先将筒膜开口撑开，再借助滑槽将产品推入筒膜中，然后切断薄膜。这种方式比较适合于对圆柱体形物品裹包，如电池、纸卷、瓶罐的包装等。用筒状膜包装的优点是减少了 1～2 道封缝工序，外形美观，缺点是不能适应产品多样化要求，只适用于单一产品的大批量生产。用平膜裹包物品，有用单张平膜和双张平膜裹包两种方式。薄膜要宽于物品，用双张平膜，即用上、下两张薄膜裹包，在前一个包装件完成封口剪断的同时，两片膜就被封接起来，然后将产品用机器或手工推向直立的薄膜，到位后封剪机构下落，将产品的另一个侧边封接并剪断，薄膜裹包的产品经热收缩后，包装件两端收缩形成椭圆形开口，用单张平膜时，先将平膜展开，将被裹包产品对着平膜中部送进，形成马蹄形裹包，再热封搭接封口。②一端开放式的罩盖式收缩包装，托盘收缩包装是一典型实例，先将薄膜制成方底大袋，再将大袋自上而下套在堆叠商品托盘上，然后进行热收缩。将装好产品的托盘放在输送带上，套上收缩薄膜袋；由输送带送入热收缩通道，通过热收缩通道后即完成收缩包装。其主要特点是产品可以以一定数量为单位牢固地捆包起来，在运输过程中不会松散，并能在露天堆放。③全封闭式收缩包装，将产品四周用平膜或筒状膜包裹起来，接缝采用搭接式密封。用于要求密封的产品包装。用对折膜可采用 L 型封口方式，采用卷筒对折膜，将膜拉出一定长度置于水平位置，用机械或手工将开口端撑开，把产品推到折缝处。用单张平膜可采用枕形袋式包装。这种方法是用单张平膜，先封纵缝成筒状，将产品推入其中，然后封横缝切断制成枕型包装或者将两端打卡结扎成筒式包装。用双张平膜四面密封式包装与两端开放式类似，只需在机器上配备两边封口装置即可完成。用筒状膜裹包，则只需在筒状膜切断的同时进行封口、刺孔，然后进行热收缩。在封口器旁常有刺针，热封时刺针在薄膜上刺出放气孔，在热收缩后小孔常自行封闭。热收缩包装的主要性能要求如下：反应收缩膜在加热时各方面尺寸收缩能力的一种特性，包括收缩率、总收缩率、定向比。

收缩率与收缩比：收缩率包括纵向和横向的，测试方法是先量薄膜长度 L_1，然后将薄膜浸放在 120℃的甘油中 1～2s，取出后用冷水冷却，再测量长度 L_2，按下式进行计算：

$$收缩率 = \frac{L_1 - L_2}{L_1} \times 100\% \tag{6-1}$$

式中：L_1——收缩前薄膜的长度；

　　　L_2——收缩后薄膜的长度。

目前包装用的收缩薄膜，一般要求纵横两方向的收缩率相等，约为 50%；但在特殊情况下也有单向收缩的，收缩率为 25%～50%。还有纵横两个方向收缩率不相等的偏延伸薄膜。

纵横两个方向收缩率的比值称为收缩比。

收缩张力：是指薄膜收缩后施加在包装物的张力。在收缩温度下产生收缩张力的大小，与对产品的保护性关系密切。包装金属罐等刚性产品允许较大的收缩张力，而一些易碎或易褶皱的产品收缩张力过大，就会变形甚至损坏。因此，收缩薄膜的收缩张力必须选择恰当。

收缩温度：收缩薄膜加热后达到一定温度开始收缩，温度升到一定高度停止收缩。在此范围内的温度称为收缩温度。对包装作业来讲，包装件在热收缩通道内加热，薄膜收缩产生预定张力时所达到的温度称为该张力下的收缩温度。收缩温度与收缩率有一定的关系，各种薄膜不同。在收缩包装中，收缩温度越低，对被包装产品的不良影响越小，特别是新鲜蔬菜、水果和纺织品等。

热封性：收缩包装作业中，在加热收缩之前，一定要先进行两面或三面热封，而且要求封缝具有较高的强度。

3）常用热收缩薄膜及适用场合

目前使用较多的收缩薄膜是聚氯乙烯、聚乙烯和聚丙烯、聚偏二氯乙烯、聚酯、聚苯乙烯、乙烯-乙酸乙酯共聚物和氯化橡胶等。

（1）聚氯乙烯收缩薄膜：收缩温度比较低而且范围广，收缩温度为 40～160℃，加热通道温度为 100～160℃。热收缩快，作业性能好。包装件加工后透明而美观，热封部分也很整洁。氧气透过率比聚乙烯低，而透湿度大，故对含水分多的蔬菜、水果包装比较适合。其缺点是，抗冲击强度低，在低温下易变脆，不适合用于运输包装。另外，封缝强度差，热封时会分解产生臭味，当其中的增塑剂起变化后，薄膜易断裂，损失光泽。目前聚氯乙烯薄膜主要用于包装杂货、食品、玩具、水果和纺织品等。

（2）聚乙烯收缩薄膜：特点是抗冲击强度大，价格低，封缝牢固，多用于运输包装。聚乙烯的光泽与透明性比聚氯乙烯差。在作业中，收缩温度比聚氯乙烯约高 20～30℃。因此，在热收缩通道后段需装鼓风冷却装置。

（3）聚丙烯收缩薄膜：主要优点是透明性及光泽均好，与玻璃纸相同，耐油性与防潮性良好，收缩张力强。缺点是热封性差，封缝强度低，收缩温度比较高而且范围窄。有代表性的用途是唱片等的多件包装。

（4）其他薄膜：聚苯乙烯主要用于信件包装，聚偏二氯乙烯主要用于肉类包装。最近出现的乙烯-乙酸乙烯共聚物收缩薄膜，抗冲击强度大，透明度高，软化点低，熔融温度高，热封性能好，收缩张力小，被包装产品不易破损，适合于带有突起部分的物品或异形物品的包装，预计今后会有较大的发展。

4）热收缩包装工艺

热收缩包装工艺包括：裹包、热封、加热收缩和冷却。

裹包：在裹包机上完成，热收缩薄膜尺寸应合适。中小型物品比包装尺寸大 10%左右；托盘包装大 15%～20%。

热封：热封一般采用镍铬电热丝热熔切断封合或脉冲封合。热封温度尽量低，冷却及时，速度快，防止封口发生收缩；热封温度应恒定、压力均匀，封口平滑，避免薄膜与其他部分发生粘连；封合强度应达到原有强度的 70%，以免热收缩时强度不足导致封口拉开。

加热收缩：利用热空气对包装制品进行加热使薄膜收缩。为保证隧道内的温度恒定，一般采用温度自动调节装置来保证空气温度差小于±5℃。

冷却：由冷却风机冷却。

7. 封口、贴标、捆扎包装技术与设备

1）封口技术与设备

封口是指将产品装入包装容器后，封上容器开口部分的操作。由于被包装食品种类繁多，性能各异，包装要求、所用包装材料和容器各不相同，因而采用的封口方式和使用的封合物也是多种多样的。

（1）封口封合方式。

A. 无封口材料的封口：直接将包装容器口壁部分材料经热缩、黏结、插合、扭结或折叠等方法实现封口。可分为热压封口（将包装容器用热合的方法而使其密封的封口）、脉冲封口（将包装容器用电脉冲元件瞬时加热而使其密封的封口）、

熔焊封口（通过加热使包装容器封口处熔融封闭的封口）、滚纹封口（将圆筒形金属盖的底边，经变形后紧压在瓶颈的凸缘的下端面上而使其密封的封口）、折叠封口（将包装容器的开口处压扁再进行多次折叠而使其密封的封口）、插合封口（通过插盖结构插入顶盖或者侧面的封合方式）等。

B. 有封口材料的封口：预先制好与被封容器口相配的封盖，然后使用专用的封口机将封盖与容器口封合。可分为卷边封口（将翻边的罐身与涂有密封填料的罐盖内侧周边互相勾合、卷曲并压紧而使容器密封的封口）、压盖封口（将内侧涂有密封填料的外盖压紧咬住瓶身或罐身而使其密封的封口）、旋盖封口（将螺纹盖旋紧容器口而使其密封的封口）、压塞封口（将内塞压在容器口内而使其密封的封口）等。

C. 有辅助封口材料的封口：使用外加辅助材料将已封盖或未完全封盖的容器口封合。可分为捆扎封口（将包装物用绳、钢带、塑料等捆紧扎牢而使其密封的封口）、胶带封口（将包装物用胶带封合而使其密封的封口）、黏结封口（将包装物用黏结剂在折页处黏结起来而使其密封的封口）、缝合封口（将包装物用绳、线等缝合其开口处而使其密封的封口）、订合封口（将包装物用卡钉或铁丝在折页处钉合起来而使其密封的封口）等。

食品包装对封口的一般要求是外观平整、清洁美观；封口及时快捷、封口可靠、启封方便；封口材料无毒安全，符合卫生要求。

（2）软塑包装容器封口。

用某种方式加热容器封口部材料，使其达到流黏状态后加压使之黏封，一般用热压封口装置或加压封口机完成。

热压封合是用某种方式加热容器封口部材料，使其达到流黏状态后加压使之黏封，一般用热压封口装置或加压封口机完成。普通热压封口有板封、辊封、带封、滑动夹封，另外还有其他几种形式的封口，如熔断封合、脉冲封合、高频封合和超声波封合等。

热压封合要求封口外观平整美观，封口有一定宽度（一般单质薄膜封口宽 2～3mm，复合膜封口宽 10mm），封口有足够的封合强度和可靠的密封性。

（3）金属罐二重卷边封口。

金属罐的密封是指罐身的翻边和罐盖的圆边在封口机中进行卷封，使罐身和罐盖相互卷合，压紧而形成紧密重叠的卷边的过程。所形成的卷边称为二重卷边。二重卷边封口机完成罐头的封口主要靠压头、托盘头道滚轮和二道滚轮大部件，在四大部件的协同作用下完成金属的封口。

（4）玻璃瓶罐封口。

玻璃瓶罐封口有旋合盖封口和压盖封口两种形式。

旋合盖封口是对螺纹口或卡口容器用预制好的带螺纹或突牙的盖，用专用封口机旋合的封口方式，广泛用于玻璃瓶罐及塑料瓶口的封合。

　　压盖封口用专用压盖机将皇冠盖折皱边压入瓶口凹槽内，并使盖内密封材料发生适当压缩变形而将瓶口密封。所用瓶盖为由马口铁预压成型的皇冠盖，盖内有密封垫或注有密封胶。压盖封口盖封操作简单，密封性好，使用很广泛。

　　2）贴标技术与设备

　　贴标指采用黏结剂将标签贴在包装件或产品上，是产品包装生产中的一道关键工序，它的运行状态、稳定性对产品的包装起着决定性作用。商品标签机几乎可附加于任何物品上，用以传达产品信息（如特性、成分、使用方法、储存方法等）、企业信息（如地址、电话）、质量与法规信息（如保质期、服务承诺、批号、产品许可证等）、运输流通信息（如货运标志、搬运标志等）。标签已成为包装技术中不可忽视的组成部分。

　　（1）标签的种类。

　　各种形式的标签的市场份额排列依次为湿胶普通纸型、压敏及自黏型、热封转移型、胶纸型等。各种标签材料特点如下。

　　A. 普通纸标签：传统的湿胶普通纸标签被广泛应用于大容积包装物品上，如啤酒、软饮料、葡萄酒和罐头食品上。采用的是单面涂布纸及未涂布纸（如有色纸、压花纸、仿古条纹纸等）。普通纸标签贴标速度可达 1500 枚/min。

　　B. 胶纸标签：胶纸标签目前主要用于纸箱的收货人地址标签、销售展示用标签等。共有两种带胶标签：普通胶型和微粒胶型。普通胶标签是纸材背面涂覆一层水溶性胶膜。微粒胶标签是将黏合剂以微小细粒状态施加于纸板背面，可以避免普通胶标签的卷曲问题。用黏性微粒胶涂布的纸签在加工效率和应用可靠性方面有许多优点。

　　C. 自黏标签：自黏标签由三层基本材料组成：标签材料、压敏黏合剂层，以及为了防止黏合剂粘连的涂有防黏剂的衬层材料。衬层材料可以是卷筒形式的，也可是单张形式的。自黏标签材料品种较多，黏合剂有永久型和可去除型。

　　永久型黏合剂用于那些将被黏物长时间黏结在某一位置上，或用于圆形、不规则表面或柔性表面上。永久型黏合剂标签的粘连强度好，除去标签会损伤物体或标签。

　　可去除型黏合剂用于那些在一定时间后需取下标签而不损坏物体表面的情况，包括临时性食品包装上、销售点广告招贴物上、具有硬表面的瓷器和烤盘上。

　　D. 热敏标签：热敏标签分为即时型和延时型。前者一旦被加热加压即可贴于物品上。后者受热后即转变为压敏型标签，因为热量并不直接施加于商品上，对某些商品如药品、食品和玻璃容器、塑料容器等很适用。

　　E. 压敏标签：压敏标签的黏合方法与作业设备比其他方法简单，故成本低廉，但其价格比热敏标签要高些。一般使用卷筒式材料以便于机器操作，但也会出现这样的问题：若卷得太紧，黏合剂会挤到每个切割好的标签的边缘处，处在卷筒状态时，此黏胶就会粘到邻近衬纸上，影响自动化生产线。故关键问题是控制切割深度——恰好完全切开标签而不及背衬纸。

（2）贴标工艺与机械。

A. 贴标方法。

吸贴法（或气吸法）是最普通的贴标技术，当标签纸离开传送带后，分布到真空垫上，真空垫连接到一个机械装置的末端。这个机械装置伸展到标签与包装件接触后，就收缩回去，此时就将标签贴附到包装件上。这种技术可靠地实现正确贴标，且精度很高，这种方法对于产品包装件的高度有一定变化的顶部或侧部贴标，或对难以搬动的包装件侧面贴标是非常适用的，但是它的贴标速度较慢，且贴标质量一般。

吹贴法（或射流法）的某些运作模式与上述吸贴法相似，就是将标签放置到真空垫表面垫上固定，直到贴附动作开始为止。但本方法中，真空表面是保持不动的，标签固定和定位在一个"真空栅"上，"真空栅"为一个上面具有几百个小孔的平面，小孔用来维持形成"空气射流"。由这些"空气射流"吹出一股压缩空气，压力很强，使真空栅上的标签移动，让它贴附到被包装物品上。这是一项具有复杂性的技术，它具有较高的精度和可靠性。

擦贴法（或刷贴法）也称同步贴标法。在贴标时，当标签的前缘部分粘贴到包装件上后，产品马上带走标签。在这种贴标机中，只有当包装件通过速度与标签分配速度一致后时，这种方法才能成功。这是一项需要维持连续作业的技术，因此其贴标效率大大提高，多适用于高速和高效的自动化包装生产线。一般该类方法贴标精度不高。

B. 贴标机工作原理。

箱子在传送带上以一个不变的速度向贴标机进给。机械上的固定装置将箱子之间分开一个固定的距离，并推动箱子沿传送带的方向前进。贴标机的机械系统包括一个驱动轮、一个贴标轮和一个卷轴。驱动轮间歇性地拖动标签带运动，标签带从卷轴中被拉出，同时经过贴标轮，会将标签带压在箱子上。在卷轴上采用了开环的位移控制，用来保持标签带的张力。因为标签在标签带上是彼此紧密相连的，所以标签带必须不断启停。

标签是在贴标轮与箱子移动速度相同的情况下被贴在箱子上的。当传送带到达了某个特定的位置时，标签带驱动轮会加速到与传送带匹配的速度，贴上标签后，再减速到停止。

由于标签带有可能产生滑动，所以它上面有登记标志，用来保证每一张标签都被正确放置。登记标志通过一个传感器来读取，在标签带减速阶段，驱动轮会重新调整位置以修正标签带上的任何位置错误。

3）捆扎技术与设备

捆扎通常是指直接将单个或数个包装物用绳、钢带、塑料带等捆紧扎牢以便于运输、保管和装卸的一种包装作业，见表 6-1。它是包装的最后一道工序。不同包装件会有不同的捆扎要求，但都可以用基本原理相似的捆扎工艺来完成。首先捆扎带环绕包装件，然后抽紧带子，切断余尾，首尾相接。

表 6-1　捆扎带比较

名称	优点	缺点	使用范围
聚酯捆扎带	性能最好的一种，拉伸强度高，保持拉力能力较好，可代替轻型钢带，成本低 30% 以上。受潮不会产生蠕变，有缺口也不断裂，弹性回复能力强	受热产生难闻气味	趋于膨胀的货物的捆扎集装
尼龙捆扎带	成本最高，强度相当于中等承载的钢带，可长期紧捆包装对象上	受潮后强度降低，有缺口就易断裂，其延伸率前者大。长期受力保持能力差	
聚丙烯捆扎带	成本最低，延伸率高达 25%，保持能力差。有抗高温、高湿和低温的能力，在−60℃仍具有一定的强度	性能差	适于轻、中型膨胀的货物的捆扎集装

（1）捆扎材料。

目前，国外常用的捆扎材料有钢、聚酯（PETP）、聚丙烯（PP）和尼龙（PA）等 4 种。国内最常用的还是聚丙烯带和钢带两种。聚丙烯带成本低，来源广泛，捆扎美观牢固，所以逐渐成为国内一种主要的捆扎材料。

（2）捆扎形式。

被捆扎的包装件以长方体和正方体占绝大多数。包装物不同，捆扎要求不同，其捆扎的形式也就多种多样。常用的捆扎形式有单道、双道、交叉、井字等多种形式，最后移出被捆包装件。

（3）捆扎机械。

目前常见的捆扎机械如表 6-2 所示。

表 6-2　捆扎机械分类

捆扎机基本类型		按自动化程度及控制方式分类	
塑料带捆扎机	铁扣式电热熔接型（PP 带）	手提捆扎器	手动控制器
	超声波熔接型高频振荡熔接型	半自动捆扎机	凸轮程序控制器
铁皮带捆扎机	铁扣式点焊式	自动捆扎机	电子程序控制型微处理器控制型
塑料绳结扎机	绳扣式	全自动捆扎生产线	微机控制型

8. 专用包装技术

1）防潮包装技术

防潮包装就是采用具有一定隔绝水蒸气能力的防潮包装材料对食品进行包封，隔绝外界湿度对产品的影响，同时使包装内的相对湿度满足产品的要求，在保质期内控制在设定的湿度范围内，保护内装食品的质量。防潮包装可以防止被包装的含水食品失水，也可防止环境水分透入包装而使包装食品增加水分。

包装内湿度变化的原因有两点：第一是包装材料的透湿性使包装内湿度增加；第二是由环境湿度的变化所引起的。在相对湿度确定的条件下，高温时大气中绝对含水量高，温度降低则相对湿度会升高，当温度降到露点温度或以下时，大气中的水蒸气会达到过饱和状态而产生水分凝结。

食品质量的临界水分。每一种食品的吸湿平衡特性不同，因而对水蒸气的敏感程度也不同，对防潮包装的要求也有所不同。食品的临界水分值是在 20℃、90%RH 条件下的饱和吸湿量。也是食品质量低劣的极限吸湿量。超过临界水分值，则会引起食品物性的变化。

防潮材料中最好的材料是玻璃、陶瓷和金属包装材料，透湿度可视为零。塑料用于防潮包装的单一品种有：PE、PP、PVDC、PET 等，可单独用于要求不高的防潮包装。防潮包装大量使用的是复合薄膜材料。

防潮包装的实质问题是包装内部的水分不受或少受包装外部环境的影响。选用合适的防潮包装材料或吸潮剂及包装技术措施，使包装内部食品的水分控制在设定的范围内。

防潮包装设计方法有两种：①常规防潮包装设计方法根据被包装产品的性质、防潮要求、形状和使用特点，合理地选用防潮包装材料，设计包装容器和包装方法，并对防潮保质期进行预算。②封入吸潮剂的防潮包装设计。当防潮包装的防潮要求较高时，设计防潮包装必须采用透湿度小的防潮包装材料，并在包装内封入吸潮剂。常用吸潮剂有生石灰干燥剂、硅胶干燥剂、蒙脱石干燥剂、氯化钙干燥剂和纤维干燥剂等。

2）改善和控制气氛包装技术

从 20 世纪初以来，就已经采用改善的控制食品周围气体环境的方法来限制食品的生物活性。最常用的方法就是真空和充气包装、改善气氛包装（MAP）和控制气氛包装（CAP）。食品真空和充气包装都是通过改变包装食品环境条件而延长食品的保质期，而 MAP 和 CAP 是在真空充气包装技术基础上的进一步发展。

（1）真空和充气包装。

真空包装指把包装食品装入气密性包装容器，在密闭之前抽真空，使密闭后的容器内达到预定真空度的一种包装方法，常用的容器有金属罐、玻璃瓶、塑料及其复合薄膜等软包装容器。

充气包装是在包装内充填一定比例理想气体的一种包装方法。目的是通过破坏微生物的生存繁殖条件，减少包装内含氧量及充入一定理想气体来减缓包装食品的生物生化变质。

真空和充气包装的工艺程序基本相同，因此这类包装机大多设计成通用的结构形式，使之既可用于真空包装，也可用于充气包装。真空充气型包装机可用作两种包装，而真空包装机只能用作真空包装。真空包装机械一般有：室式真空包装机、输送带式真空包装机、旋转台式真空包装机和热成型真空包装机。各种具有充气功能的真空包装机都可用作充气包装。充气包装机有两种：气体冲洗式和真空补偿式。

（2）MAP 和 CAP 技术。

MAP（modified atmosphere packaging）即改善气氛，指采用理想气体组分一次性置换，或在气调系统中建立起预定的调节气体浓度，在随后的储存期间不再受到人为调整。CAP（controlled atmosphere packaging）即控制气氛，指控制产品周围的全部气体环境，即在气调储藏期间，选用的调节气体浓度一直受到保持稳定的管理和控制。

对于具有生理活性的食品，减少 O_2 含量，提高 CO_2 浓度可抑制和降低生鲜食品的需氧呼吸并减少水分损失，抑制微生物繁殖和酶反应，但如果过度缺氧，则会难以维持生命必需的新陈代谢，或造成厌氧呼吸，产生变味或不良生理反应而变质腐败。

CAP 或 MAP 不是单纯排除氧，而是改善或控制食品储存的气氛环境，以尽量显著地延长食品的包装有效期。判断一个气调系统是 CAP 型还是 MAP 型，关键是看对已建立起来的环境气氛是否具有调整和控制功能。

3）活性包装及脱氧包装技术

活性包装是在包装材料中或包装空隙内添加或附着一些辅助成分来改变包装食品的环境条件，以增强包装系统性能来保持食品感官品质特性、有效延长货架期的包装技术。主要有脱氧剂、干燥剂，其次有乙烯吸收剂、乙醇释放或发生剂、除味剂、CO_2 释放或吸收剂等。

脱氧包装技术是指在密封的包装容器内，封入能与氧起化学作用的脱氧剂从而除去包装内的氧气，使包装物在氧浓度很低，甚至几乎无氧的条件下保存的一种包装技术。脱氧包装与真空包装相比最显著的特点是在密闭的包装内可使氧降到很低的水平，甚至产生一个几乎无氧的环境。目前封入脱氧剂包装主要用于对氧敏感的易变质食品，如蛋糕、礼品点心、茶叶、咖啡粉、水产加工品和肉制品等的保鲜包装。常用脱氧剂有铁系脱氧剂、亚硫酸盐系脱氧剂、葡萄糖氧化酶和铂、钯、铑加氢催化剂。

4）食品无菌包装技术

无菌包装是指将被包装食品、包装容器、包装材料及包装辅助材料分别杀菌，并在无菌环境中进行充填封合的一种包装技术。无菌包装的最大特点是被包食品和包装材料容器分别杀菌。

无菌包装的食品一般为液态或半液态流动性食品，特点是流动性好，可进行高温短时杀菌（HTST）或超高温短时杀菌（UHT），产品色、香、味和营养损失小（如维生素能保存95%）。对热敏性食品更适宜，如牛奶、果蔬汁等风味食品品质保质具有重大意义。无菌包装食品可在常温下储存流通。

无菌包装食品的灭菌方法有超高温短时杀菌、高温短时杀菌和欧姆杀菌。超高温短时杀菌是将食品在瞬间加热到高温（135℃以上）而达到杀菌目的。高温短时杀菌主要用于低温流通的无菌奶和低酸性果汁饮料的杀菌，可采用在瞬间把液料加热到 100℃以上，然后速冷至室温，可完全杀灭液料中酵母和细菌，并能保全产品的营养和风味。欧姆杀菌是借助通入电流使液态食品内部产生热量达到杀菌目的的新型加热杀菌技术。

5）微波食品包装技术

微波食品是应用现代加工技术对食品原料采用科学的配比和组合，预先加工成适合微波炉加热或调制、便于食用的食品。

微波加热的特点有高效节能、均匀加热、易于控制、工艺先进、低温杀菌、无污染、选择性加热和安全无害。

凡是能透过微波的包装材料都具备微波加热的基本条件。微波包装材料须有耐热性、耐寒性、耐油性、卫生、廉价性、废弃物容易处理。常用的微波食品包装材料有塑料类如聚乙烯类、聚丙烯类、填充型聚丙烯容器、聚酯容器，纸张类如纸板、涂塑纸板和制浆模塑制品，金属、玻璃和陶瓷等。

6.3　食品粉体包装技术与设备

现代食品生产过程中，选用适宜的包装材料和容器对保护食品、方便储运、促进销售具有重要作用。同时，采用合理的包装技术方法、设置正确的包装工艺路线、选择合适的机械设备、确定一系列必要的包装技术措施，也同样是现代规模化食品生产过程中保证包装食品品质、提高商品价值和市场竞争力的关键。

许多食品粉体已是人们生活中不可缺少的产品，如面粉、奶粉及固体粉末饮料粉等。与其他固体、液体等物性食品相比，食品粉体有着更大的比表面积，特别是超细化的食品粉体比面积更大，能够促进溶解性和物质活性的提高；食品粉体状态流动性较好，为精确计量控制供给与排出以及成形提供方便；食品粉体的分散性较好、易混匀等加工；食品粉体中营养物质溶出率较高，营养价值相对其他物性食品较高（王依，2019）。随着人们对粉体食品的认识，其品种在不断增加，对食品粉体的需求量在逐渐提高。但食品粉体的包装受到环境、材料、计量充填方式、粉体性状及使用方法等多种因素的影响，成为包装技术难度最大的产品之一，例如，食品粉体越细，其静电作用越强。而小计量高价值的超细粉体，其包装技术难度更大。

近年来我国超细粉体市场需求量不断增加，如超细碳化硅粉体，2019 年市场规模为 655 亿元，2020 年为 702 亿元，预计到 2025 年将达到 1108 亿元；超细氧化铝粉体，2017 年市场规模为 9.13 亿元，2021 年达到 17.82 亿元（申长璞，2022）。超细粉体的生产和应用水平，已成为国家科学技术发展水平的衡量标志之一（申长璞，2022）。因此，粉体的包装一直是人们关注的问题。

超细的粉体由于具有多项优点，在各行业中被广泛及大量应用。然而，超微细的粉体也存在一些缺点，如含气量高（气固体积比约为 1∶3）、燃点低、比表面积大、密度小、呈水状形态、易与空气混合等，从而影响超细粉体的包装、储运（申长璞，2022）。

食品超细粉体由于颗粒的粒径较小，在包装过程中易产生较多的问题，具体如下。

1. 粉体受环境因素的制约

粉体由于其颗粒极细，比表面积大，孔隙率增加，与空气接触时极易吸附空气中的水分产生团聚结块。有些粉体十分容易氧化和变质，有的长期与空气接触还会自燃。因此，对生产出的粉体应及时进行包装处理。大部分粉体具有上述特性，故对其包装要求十分严格，如要求包装材料的密封性能好、防水、防潮等。

2. 粉体包装受包装材料制约

不同的粉体以及不同粒径的粉体在包装时，所选用的包装材料不同，其包装的效果也完全不一样。这主要表现在包装时的计量精度、包装封合效果、粉体漂浮程度、包装粉体储藏及货架寿命等，例如包装效率低的原因是包装过程中对超细粉体进行脱气密实将花费大量的工艺时间（粉体包装质量范围为 5～25kg，且包装效率为 50～100 袋/h）；包装袋空间利用率低是指高含气量超细粉体的空气占据包装袋部分容积，造成包装袋空间不足（申长璞，2022）。其影响的根本原因体现在粉体与材料表面间所产生的静电与摩擦上，以及透光、透气和透湿等方面。所以，粉体包装选用包装材料显得十分重要。

3. 粉体包装受包装技术与方法的制约

粉体种类繁多，不同种类的粉体需要用不同的包装技术与方法才能很好地实现其包装。所选用的包装技术与方法还与所用的包装容器密切相关。这些包装容器包括不同包装材料所制成的袋、桶、罐、盒、箱等。其包装技术与方法主要有：无菌包装、缓冲包装、真空包装、充气包装、防潮包装、防氧化包装、喷雾包装、泡罩包装等。不同的粉体、不同的包装技术与方法和不同的包装材料与容器，就决定了在包装过程中所选用的包装机械及设备。

4. 粉体包装需要进行的特殊技术处理

为了在粉体包装过程中或包装后储藏期间更好地保护其品质，在很多情况下，需要在粉体包装时进行特殊的技术处理。充气处理：粉体极细而易飞扬，对包装的充填、计量和密封带来很大的困难。因此，包装袋内通常采取正压充气处理。对于易燃易爆超细粉体的包装，如超细赤磷、硫磺等，往往要对包装内进行充入惰性气体的正压处理。对有些易吸水超细粉体或用于特殊目的的改性粉体，包装内往往要进行充入特殊蒸气（如石蜡气、硬脂酸气体混合物等）的正压处理。包装内充入气体的种类应根据被包装的粉体的种类及特性来决定。

多层包装处理：这种处理可使包装效果和储藏效果得到提高，同时提高包装速度。由于粉体在储存和运输过程中易被挤压结块，因此，对粉体进行包装时，内层除了用密封性良好的塑料袋或防水纸袋包装外，外层通常要用金属桶、木桶、硬纸板桶、硬塑料桶等进行包装。其除了防止粉体被挤压结块外，还可起到进一步密封作用，从而提高包装质量。对于易燃易爆及热敏性超细粉体，储存过程中，包装袋内必须始终保持有惰性气体，并应经常检查，防止惰性气体泄漏放空。

5. 粉体的静电作用

食品粉体在生产加工过程中，与其他物质发生大量的接触，发生摩擦、分离，根据接触-分离起电理论，会有电荷在接触表面产生而形成带电体（王依，2019）。食品粉体的静电会造成充填速度下降，降低包装速度；带有静电的粉体会飞散到外部或吸附在包装袋的外部，影响包装的定量精度，原因是超细粉体包装充填时，部分超细粉体因受气流反冲作用而从袋子内溢出，造成超细粉体包装定量波动，导致包装精度比较差；带有静电的粉体会吸附在包装袋袋口位置，影响包装袋的封口质量，即包装封合效果差，原因是超细粉体包装充填时，包装袋内漂浮的部分超细粉体黏附在包装袋口，造成包装密封不严等问题，出现包装漏粉的问题；更严重的是粉体具有悬浮性的特点，会使其悬浮空气或液体中，造成环境污染，形成安全隐患，给从业者带来身体上的危害，即扬尘大，原因是超细粉体包装充填时，超细粉体从落料口落入包装袋内，由于气流反冲作用，袋内形成粉尘云，大量的超细粉体从包装袋内溢出，造成严重的环境污染，还易造成粉尘爆炸和火灾，危害人身安全，因此国家规定车间工作场所粉尘要求范围为 $0.5\sim4mg/m^3$（申长璞，2022；王依，2019）。

食品粉体除了在包装中存在问题之外，在储运过程中也存在一定的问题，如超细粉体包装出现胀袋、堆压炸包和堆垛坍塌等问题，由于超细粉体为了防潮、防变质和卫生等原因，大部分采用不透气的包装袋，含有大量气体的超细粉体进行码垛时易造成胀袋和炸袋的问题；超细粉体长时间受压或静置造成空气从粉体中析出，堆垛受力不平衡造成坍塌（申长璞，2022）。

6.4　食品包装所涉及的环保问题

环境保护是指对自然环境的保护和改善。自然环境是人类进行生产和生活的最基本的物质条件。因此，任何国家、工业部门或者企业，都必须将环境保护置于十分重要的地位，这是造福子孙后代的大事。食品工业的迅速发展极大地推动了食品包装工业的发展，食品包装在外观、材质和实用性等诸多方面均取得了令人瞩目的成就。食品包装工业在发展的同时也使我们面临着一个不容忽视的严峻的现实：随着包装食品消费量的日益增加，食品包装在生活垃圾中所占的比例越来越大，不仅增加了生活垃圾的处理负担，部分食品包装不合理的生产和使用后的处理方式也造成了严重的环境污染。

6.4.1　食品包装对环境的污染

随着食品工业的快速发展，其包装工业也在飞速发展，而包装所造成的环境污染问题也引起各个国家的重视。食品包装不仅对生态环境有影响，而且对社会环境和经济环境也有严重的影响。而食品包装对环境的污染主要来自以下两个方面。

1. 食品包装的生产对环境的污染

食品包装工业产生的污染物主要有：二氧化硫、氯气、光气、甲醛、氟化氢等气体以及酚类、苯和苯乙烯等物质，金属材料生产场所还会产生粉尘。以上物质对大气、土壤和水资源等均可造成不同程度的污染。

2. 食品包装的使用对环境的污染

一是食品包装弃后处理对环境的污染。食品包装属于固体废弃物，是长期存在的一个污染源，未经处理或处理不善均会造成严重的大气污染、地下水污染、土壤污染等，还会使土地资源被垃圾占用、自然景观遭受破坏。食品包装产生的废弃物主要有废纸、塑料、玻璃、金属和布料五大类。二是食品包装中残留的微生物导致的污染。食品包装垃圾中残留的食品本身携带的微生物或食品残留物因垃圾未经及时处理而造成微生物繁殖。三是食品过度包装造成对环境的巨大破坏。食品过度包装是指相对于被包装食品而言，包装层次过多、材料过当、结构设计过当、表面装潢过度、包装功能过剩、包装成本过高等。主要表现为以下三种类型：豪华型包装、虚假型包装和搭配型包装。过度包装严重浪费了我国大量的宝贵资源，木材等资源的大量消耗直接破坏了环境的可持续发展。同时，食品过度包装因加大生产成本而使食品价格远远高出商品本身的价值，同时也超出了消费者的承受能力。

其实，食品包装的废弃物大部分都是可以回收利用的，但是现实中能回收利用的只占很小一部分。食品包装材料占用大量物质材料，且污染了自然环境，损害人类的身体健康。因此，食品包装的回收和利用，对社会、经济的发展和环境的保护有着重要的意义。在 20 世纪 60 年代时，发达国家就已经意识到食品包装对环境污染的严重性（蔡荣，2009）。例如，根据相关报道，国外对食品金属包装容器再利用技术已相对成熟，2020 年，日本铝罐的回收再利用率为 94%，原级再生利用率达到 71%；钢罐回收再利用率为 93.3%，原级再生利用率达到 73%。在我国，食品包装材料为铝的易拉罐回收再利用率虽达到 90%以上，但原级利用率几乎为零，一般降级用到了非食品领域，如铸件、铝合金门窗等。由此可见，对食品包装的再利用势在必行，保护地球、创造美好的生活环境，是人类的共同责任。

6.4.2　减少包装对环境污染的方法

尽管超细粉体技术在二十世纪八九十年代就开始发展了，然而其相应的包装自动化技术一直难以配套，国内的一部分超细粉加工企业仍然采用手工粗放式的充填计量包装方式，与飞速发展的超细粉体制备技术相比，其包装技术发展显得尤其缓慢。因此，食品粉体包装的研究与发展势在必行。发展食品包装业，要注重包装废弃物给社会与经济以及生态等环境带来的负面影响，同时，采取相适应的手段对食品包装和使用所产生的废弃物实施治理及再利用。

1. 食品包装的清洁生产

清洁生产是指将综合预防环境策略持续地应用于生产过程中，以减少对环境和人类的危害风险性。清洁生产尽量以低污染、无污染的原料替代有毒有害的原料，同时采用清洁高效的生产工艺，使原料能源尽量转化成产品，减少有害于环境的废物排放，对生产过程中产生的废物进行再利用，做到变废为宝、化害为利。

2. 发展绿色食品包装

在现在的四大食品包装材料中，纸包装材料不像玻璃那样易碎，不像金属那样重，不像塑料那样难分解，属于再生材料，因此被认定为最有发展前途的食品包装材料。纸制品易于腐化，既可以再利用，又可以减少空气污染、净化环境。目前，许多国家已将该材料作为主要的食品包装材料，如法国包装食品的瓦楞纸是用回收废纸为原料生产的，德国为便于纸箱回收，进口商要求出口国的生产企业配合，不能在纸箱表面上蜡、上油，也不能涂塑料、沥青等防潮材料，纸箱上刷的颜料必须用水溶性颜料，而不能用油溶性颜料（刘闽墩，2013）。

3. 简化包装

食品的过分包装会导致资源的极大浪费，针对此问题世界有很多国家就食品包装与环境问题已制定了相关的管理条例与法规，日本甚至有了零包装的设想。目前，食品简易包装的观点呈现出较合理趋势，它一方面拒绝以过分包装蒙骗顾客，另一方面拒绝以简易包装应付顾客。

4. 提高人类环保意识

环境污染的产生很大程度上应该归咎于人类自身。要从根本上实现食品包装与环境的协调发展，通过制定相关的法律、加强正确消费理念的宣传、加强对垃圾处理人员的培训来提高人类的环境保护意识。

食品包装与环境是构成可持续发展的一个重要方面。随着科技的发展，一些新的食品包装材料的研究及普及应用已经逐渐解决了食品包装在生产、弃后处理等方面的诸多问题，目前存在的食品包装与环境发展的不和谐之处相信会逐步得以解决。对于食品包装这个方兴未艾的产业，在其为我们创造无尽价值的同时，我们万万不能再次走上"先污染、后治理"的不归之路。只要我们大家齐心协力，食品包装和环境的协调发展一定会有光明的前景。

5. 建立完善的废弃物回收、处理系统

食品包装废弃物的丢弃是分散的，这就要求有一个完整的回收系统，把分散的资源又重新聚拢在一起才能很好地实现废弃物的循环再利用（蔡荣，2009）。例如，可以在住宅社区内建立分类垃圾桶或分类垃圾池，运送垃圾时也同样采取分类运输，在垃圾处理站处理垃圾时根据运来的垃圾采取分类处理。根据到站的垃圾废弃物采取相应的处理措施，提高垃圾处理的技术，使处理废弃物过程中的负

外部性减小。除此之外，政府出资鼓励，废弃物回收处理企业改进设备，提高废弃物的再利用率，尽可能减少废弃物的存有量（蔡荣，2009）。

参 考 文 献

蔡荣. 2009. 食品包装与环境：问题与治理路径. 当代经济管理，31（5）：39-41

黄俊彦，崔立华. 2005. 热收缩包装技术及其发展. 包装工程，26（3）：59-62

李代明. 2008. 食品包装技术. 北京：中国计量出版社

刘闯墩. 2013. 食品包装材料对环境的影响及防治对策. 化学工程与装备，12：228-229

任发政，郑宝东，张钦发. 2009. 食品包装技术. 北京：中国农业大学出版社

申长璞. 2022. 超细粉体负压螺旋脱气充填机理研究. 郑州：河南工业大学博士学位论文

王健健，生吉萍. 2014. 欧美和我国食品包装材料法规及标准比较分析. 食品安全质量检测学报，5（11）：3548-3552

王依. 2019. 食品粉体包装过程静电特性及消除研究. 郑州：河南工业大学硕士学位论文

薛林美. 2015. 食品包装分类简述. 中国包装，35（8）：55-56

易欣欣，孙容芳. 2013. 食品包装的发展趋势. 中国包装工业，（9）：22-23

章建浩. 2009. 食品包装技术. 北京：中国轻工业出版社

赵艳云，连紫璇，岳进. 2013. 食品包装的最新研究进展，13（4）：1-10

赵琢，王利兵，张园，等. 2008. 我国食品包装标准体系研究. 食品研究与开发，29（12）：135-139

朱恩俊. 2006. 食品包装与环境. 食品工业科技，27（12）：142-143

朱蕾，樊永祥，王竹天. 2012. 我国食品包装材料标准体系现况研究与问题分析，（2）：279-283

朱逸. 2012. 浅议食品包装与环境问题. 中国高新技术企业，（31）：12-13

第7章 食品粉体的安全性评价

"民以食为天"，一句话道出了饮食在国人心中的重要地位。但食品安全问题由来已久，而最近十几年更为突出，已是全球范围内人们广泛关注的话题，也是各国政府面临的严峻考验。和其他行业一样，优质粉体在食品工业中的需求量在逐步增加，好的粉碎工艺能够对食品原料的粉体性质起到很明显的作用，包括粉体的颜色、味道以及水分的吸收。由于粉体的性质对于最终产品的质量有着相当大的影响，因此对粉体性质及安全性的控制显得尤为重要。

食品粉体主要包括普通粉体、微米粉体和纳米粉体。粒径变小是把双刃剑，尤其是纳米粉体，虽然可以带来很多新的特性和活性，但物质经纳米处理后，比表面积显著增大，表面结合能和化学活性显著增高，和常规态相比，其在机体内的生物活性和生物效应会放大，甚至是数量级地放大。常规微毒性或易致敏性食品被纳米处理后，急性毒性、细胞毒性、骨髓毒性、心脏毒性和肾毒性都会不同程度增强，如果按常规食用，有可能造成吸收过量而中毒或过敏，这也是引起粉体材料尤其是纳米粉体安全性的主要原因（李佳洁和李江华，2011）。常规食品进入人体后，通过消化吸收，在体内的运输和代谢均遵循一定的规律和途径，其中生物膜和组织屏障确保了过程的有序进行。然而纳米级保健食品有可能打破自然界这一屏障。相同的物质材料，在微观（纳米）世界和宏观（微米以上）世界所表现出的理化性质有较大差异，对生物体产生的毒副作用有质的差别，纳米粒子所特有的性质也恰是导致纳米食品风险存在的根源。例如，在纳米食品添加剂中被广泛使用的二氧化钛（TiO_2），粒径在 30nm 水平的 TiO_2 纳米粒子使小鼠大脑产生大量自由基免疫细胞，粒径在 25nm 和 80nm 水平的 TiO_2 纳米粒子能够破坏雌鼠的肝脏功能，而粒径在 155nm 以上的粒子并没有表现出明显致病性。并不是所有得到食品都适合微米或纳米处理，因此对于食品粉体的安全性研究尤为重要。

7.1 食品粉体安全性的研究内容

食品安全性评价主要是阐明某种食品粉体是否可以安全食用，食品粉体中有关危害成分或物质的毒性及其风险大小，利用毒理学资料确认该物质的安全剂量，以便通过风险评估进行风险控制。

7.1.1　整体思想

随着时代的发展，食品工业产业链的进一步完善，食品粉体在人们日常饮食中占有的地位越来越凸显。食品粉体化的目的主要包括：①提高食品溶解性；②改善食品流动性；③延长食品保存期；④美化外观等。然而食品粉体化给人们带来便利的同时，也会产生生物和环境等方面安全性问题。例如部分食品普通粉体因其本身会释放毒性物质而表现出毒性，部分食品微米粉体因其特有的超细效应诱导或者直接攻击细胞和微生物个体的特定部位而产生毒性，也有部分食品纳米粉体因其强烈的吸着性极易携带其他有毒有害物质被生物体吸收而产生毒性。除了食品本身存在问题，食品粉体生产过程中也会存在一些难题，影响食品粉体的安全性。例如，使用同一生产线生产含麸质配方和无麸质的产品，即使生产线在配方之间清洗，也可能导致成分交叉污染。因此，食品厂商还必须考虑交叉污染风险，包括：空气中的粉尘、下料时的粉料泄漏、设备中残留的粉末、清洁方式不尽如人意。除此之外，如果容器采用不正确的材质制成或没有达到合适的抛光度，粉末更可能黏附在其内表面，当用于另一个配方批次时，有污染配方和形成另外一种混合物的风险。针对食品粉体化存在的一些问题，寻求科学合理的研究方法，选择合适的食品粉体化，把握好食品粉体化的尺度，对促进食品粉体行业科学健康发展具有深远影响。

7.1.2　现代科学化

从食品粉体化发展历史以及当前对食品粉体研究的现状、发展趋势和要求出发，针对食品粉体安全性问题首先做出理论上的探讨。然后以多学科理论为基础，采用现代科学技术手段，特别是化学、物理学、分子生物学与信息科学的方法，从整体、器官、细胞以及分子四个水平进行系统、深入探索研究，进行毒性物质基础与作用机理的系统研究，即应用现代科学理论与方法研究食品粉体安全性。

应用毒理学的方法对食品粉体安全性做出评价，为正确认识和安全使用食品粉体提供可靠的技术保证，为正确评价和控制食品粉体的安全性提供可靠的操作方法。全面科学地运用毒理学方法，促进食品粉体发展现代化，使其在人们的日常生活中带来更多的有益效果。

7.1.3 食品粉体安全问题

1. 食品粉体的微生物活性研究

微生物与食品粉体间的吸附（黏附）是两者相互作用的基础。超细粉末颗粒与一般微生物尺寸相近（微米级与亚微米级），因而彼此之间的能量交换和物质交换异常活跃。在颗粒界面或细胞膜作用过程中，超细粉末颗粒对微生物发生穿刺、内镶、破壁等行为，以及由此引发菌体形态、酶、代谢产物的变化，引起对菌体成分和代谢物质毒性、免疫损伤等生理学上的响应。另外，微生物对食品粉体有粉化、侵蚀作用，引起颗粒物表面形态、基团变化等，且微生物释放的代谢产物会加快对粉末颗粒的溶蚀，产生的更多有害成分会刺激菌体造成其荚膜抗吞噬和溶解酶能力的变异，近来有研究学者将之定义为"近尺寸作用"（刘立柱等，2016）。

2. 食品粉体的细胞毒性研究

含毒性成分的食物原料，超细粉碎有可能使其毒性增加，影响食品粉体的安全性。微米粉体的溶出度增加，使有效成分与其他成分的溶出同时增加，细胞破壁后细胞内活性成分是否会发生化学变化而在肾、肝、血液、心血管、神经系统等器官或系统引起新的不良反应或毒副作用，仍有待于考察。例如，"食药两用"物质作为食用的依据，其安全性尤为重要，随着"食药两用物质"的广泛使用，部分药材的潜在毒副作用也被发现，影响中药破壁饮片安全性因素之一就是中药本身包含的内源性毒性物质的释放，主要包括两类：一类是毒性中药与近年来发现的有毒性成分或引起不良反应的中药。包括历代本草中记载的有毒、有小毒中药，如何首乌、马钱子等；又如近年来发现的含马兜铃酸的中药（如马兜铃、关木通等具有肾毒性），含有吡咯里西啶生物碱的中药（如千里光、款冬等具有肝毒性）；另一类是细胞破壁造成的潜在特殊成分的释放利用，形成了新的毒性或引起不良反应，是否存在原本传统饮片煎煮或冲泡不出的成分因为细胞破壁后被溶出进而被人体吸收，从而引起一些不良反应。食品粉体对动物组织的毒性主要表现在对细胞的毒性上，通过对细胞的损伤进而引发病变（李靖和杨永华，2006）。国内外研究食品粉体细胞毒性实验主要有体外细胞毒性实验和动物实验两种。体外毒性实验用细胞大多使用呼吸道系统细胞，如肺泡巨噬细胞、V79 细胞、A549 细胞和人脐静脉内皮细胞等。超细粉末颗粒与细胞相互作用产生了羟自由基等活性氧物质，活性氧物质通过破坏细胞膜和影响基因的正常表达破坏细胞体系的稳定性，使得细胞失活或者发生病变。被细胞吞噬的粉末颗粒能长期积聚在细胞内部，如果溶解速度低于积聚速度，则长时间后细胞被破裂死亡。超细粉末颗粒吸附重金属和有害有机物之后，其细胞毒性明显增强，对人体危害更大。

7.1.4 食品粉体风险可能性分析

颗粒粒径的减小是引起食品粉体安全性问题的主要原因。一般情况下食品粉体不会表现出毒性，但食品粉体的潜在毒性、在生物体内的富集及对食物链的影响，人们不甚了解，有研究者称这种毒性为"生态毒性"。一方面粒径的减小，使食品的营养成分得到充分吸收利用，同时也使得食品原料本身具有的毒素、残留农药和重金属成分在人体内吸收和富集。食品粉体毒性的来源主要有两个途径：首先，有些作为食品和保健品的原料本身就具有一定的毒性，如人参、何首乌、苦杏仁、决明子、肉豆蔻等都被医药界证明具有毒性或小毒性，并且有些药物和食物经过配伍以后，也会产生一些毒性。这样的原料经纳米加工成纳米食品或保健品，其本身的小毒性增大，造成安全隐患。药物学研究结果表明，制剂的粒径变小后其毒副作用会有不同程度的增大，急性毒性、骨髓毒性、细胞毒性、心脏毒性和肾脏毒性明显增强，小剂量就有可能导致中毒。其次，除去原料本身的毒性，原料中的有毒污染物，如农药残留、重金属污染等，也加剧了粉体化后的安全隐患，随着食品粉体的吸收利用率提高，有害物质进入人体组织器官的概率也提高；此外，食物中本身含有的微量元素，如硒、铁、钙、锌等，纳米化以后的安全性也值得重视。纳米颗粒尺度微小，比大颗粒更容易快速扩散，它可借助特异性大分子如蛋白质和多肽直接进入上皮细胞。同时也可通过跨细胞途径被吸收，这使得细胞屏障（如细胞膜）不能阻止纳米颗粒的扩散吸收。具体来讲，纳米食品风险可能性与微观世界粒子的以下特有效应相关。

1. 食品粉体粒子尺寸效应

传统食品的营养素进入人体是通过消化吸收进行的，各类营养物质在体内的运输、代谢有一定的规律和途径，各种生物膜和组织屏障保证了这一过程的有序进行，分解物组成粒子体积远大于细胞体积，直接入侵细胞的可能性较低。然而，近年来有研究表明，当传统食品经过生物生成或是工程研磨等途径变为纳米粉体后，粒子比表面积增大，粒子表面的原子数增多，因周围缺少相邻原子而存在较多空键，而具有较强的粒子化学活性及表面结合能，增大粒子生化反应截面（图 7-1），具有特殊的物理化学效应，虽然化学组成并未发生变化，但是化学特性和生物活性与常规物质有很大的不同，其在机体内的生物活性、靶器官和暴露途径发生了改变，产生的生物效应会得到放大，这种放大作用甚至是以数量级增长的（金一和等，2001）。纳米级粉体打破了自然界这一严密的屏障，通过其他的途径吸收进入人体，可以透过"肺-血屏障"、"血-脑屏障"、"血-睾屏障"和"胎盘屏障"，对中枢神经、精子的生成和活力，以及胚胎发育产生不良影响。纳米粉体还比较容易透过生物膜上的孔隙进入细胞和线粒体、内质网、细胞核等细胞器内，和生物大分子发生结合或催化化学反应，改变生物大分子和生物膜的正常立体结构，导致体内一些激素和重要酶系的活性丧失，甚至使遗传物质产生突变，引起肿瘤等疾病的发生和促进老化过程。一些纳米食品的表面吸附力很强，更容易进入细胞甚至细胞核内，容易把其他物质带入细胞。粉体的尺寸越小，显示出生物毒性的倾向越大。

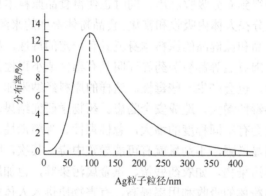

图 7-1　纳米银（Ag）粒子 TritonX100 中的分布曲线

　　纳米食品粉体粒径为头发丝直径的万分之一，甚至在脂/水分配系数较小的情况下，也可直接渗透皮肤或通过皮肤毛囊系统入侵至人体内环境，增加人体免疫系统感染的可能性。但是，粒径大于 100nm 的粒子，或是在微米范围的纳米粒子聚合体，在此方面的安全隐患相对较低（常雪灵等，2011）。因此，纳米食品粒子尺寸与纳米食品风险可能性相关。

2. 食品粉体粒子结构效益

　　食品粉体粒子的分子结构对其在生物体内的活性、靶向结合位点以及动力学性质等特性均产生不可忽视的影响，作为生物体致病致毒的外源性物质，其致毒性也受其分子结构影响。碳元素是在纳米食品领域运用较多的一种物质，但是，碳纳米材料家族中富勒烯（C_{60}）、单壁碳纳米管（single-walled carbon nanotubes，SWCNTs）和多壁碳纳米管（multi-walled carbon nano-tubes，MWCNTs）是同分异构体。有学者用这 3 种物质的纳米材料对巨噬细胞结构功能及毒性进行研究，结果显示，SWCNTs 对细胞的毒性最大，C_{60} 对细胞的毒性最小（图 7-2）（Jia et al.，2005）。尽管这些碳纳米材料的化学成分相同，但是在相同的剂量下，它们的细胞毒性不相同：单壁碳纳米管＞多壁碳纳米管＞富勒烯，存在明显的"纳米结构-效应"关系。根据传统毒理学理论，化学组成相同的物质，在相同的剂量下，它们产生的毒理学效应应该相近，然而，尽管单壁碳纳米管、多壁碳纳米管和富勒烯化学组成相同，但由于它们的纳米结构不同，在相同的剂量下，它们的生物活性不同。因此，除了传统的"剂量-效应关系"之外，纳米毒理学需要考虑新的"纳米结构-效应"关系。

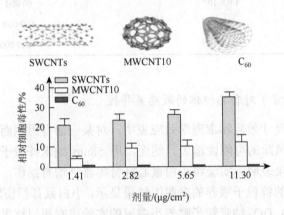

图 7-2　纳米粒子结构与其毒性的效应关系

不同剂量下 SWCNTs、MWCNT10（10～20nm）、C_{60} 的细胞毒性。碳纳米材料的细胞毒性大小顺序依次为：
SWCNTs＞MWCNT10＞C_{60}

3. 食品粉体剂量效应

通常，如果暴露途径相同，则纳米食品剂量越大，其对个体产生体毒副作用影响的可能性将越大。有学者用从低到高不同剂量的粒径为 120nm 的氧化锌（ZnO）纳米粒子喂服小鼠，毒理学实验结果显示，ZnO 纳米粒子剂量越高，小鼠心肌、肝、胃和脾脏器官病理损伤越严重，纳米粒子的剂量与毒理效应呈现正相关关系（Wang et al.，2008）。此外，对于不同纳米粒径的粒子，单位面积或是单位质量内的粒子数量差异较大（表 7-1）（Abbye，2008），对被处理对象而言，等同于剂量等级不同。例如，SWCNTs 纳米粒子的粒径小于 MWCNTs 纳米粒子，在每个剂量等级下，SWCNTs 纳米粒子对肺巨噬细胞的毒性都大于 MWCNTs 纳米粒子的毒性。由于体外暴露或体内转运过程中，纳米颗粒可能聚集成较大尺寸的颗粒，人们观察到的结果可能与真实的效应和动力学行为有偏差。纳米颗粒在吸入暴露中，经常发现有不遵循暴露剂量-效应关系的例子。例如，有研究发现，$10mg/m^3$、20nm 的 TiO_2 纳米颗粒比 $250mg/m^3$、300nmTiO_2 纳米颗粒更严重地诱发肺癌，人们在进行纳米毒理学的研究时，需在传统毒理学的"剂量-效应"中引入新的概念，而且在建立纳米毒理学研究模型时，人们还需要考虑影响毒性的剂量、尺寸和表面等的协同效应，而单独使用质量浓度的传统剂量方法评估纳米毒理学研究显然不全面。

表 7-1　　纳米粒子尺寸与剂量

粒径/nm	单位质量粒子数量/（个/g）	单位质量的面积内的粒子总数/（个/cm²）
1000	1.9×10^{12}	60 000
100	1.9×10^{15}	600 000
10	1.9×10^{18}	6 000 000

4. 受体（器官）对食品粉体的敏感差异性

纳米食品的尺寸效应和毒理学效应表明，对某一器官组织而言，粒子粒径越小，其导致安全风险的可能性越大。然而，用 58nm 纳米锌粒子喂服小白鼠的急性毒理学实验结果表明，实验组小白鼠心肝肾等器官均有损伤，但肾的损伤较心肝轻，而用 1μm 的锌粒子喂养的对照组结果显示，小白鼠肾损伤较心肝重。此外，用 155nm 以下的 TiO_2 纳米粒子喂养小白鼠的实验也有相似结果，小白鼠肝肾心有不同程度损伤，但是，肺脾等器官组织功能正常，由此可知，对于不同器官组织，纳米粒子的毒理效果不同，即不同受体的获得性敏感程度不同（梅星星，2019）。

总之，从毒理学实验结果来看，微观世界中的纳米食品粒子具有增强食品风险的可能性，但是，导致安全风险增加的原因有多种可能，并不能完全确定究竟是哪一种纳米特性所致。此外，纳米包装材料中的纳米粒子能否迁移到食品当中产生作用，以及迁移的机制如何，还缺乏有力的科学证据。因此，目前对纳米食品致毒致病机理的研究尚不彻底。

7.2　食品粉体安全性研究方法

食品粉体投入市场前必须要保证其安全性，对人体健康不产生任何损害，既不引起急性、慢性中毒，又不至对接触者及其后代产生潜在危害。纳米食品粉体尺度小，提高生物利用率的同时，也在增强该物质的毒性作用（孙勇等，2006）。现有研究表明，纳米颗粒不受生物屏障的约束，它可以透过生物膜，自由进出组织，不利于细胞稳定的生化反应。

纳米粉体技术是一种全新的技术，使得纳米粉体的功效性和安全性受到质疑，接受程度受到影响，如同转基因食品在安全性方面引起的争议，使大部分消费者都持保守的态度。纳米粉体在活性、吸收利用率等增大的同时还应该考虑到有害物质的吸收、渗透等问题。目前，关于纳米粉体是否对人体健康和环境存在潜在的影响等问题还没有确切的答案，等到当我们能够操纵"纳米"与健康和环境的关系，最终明确认识到它的利弊时，农业食品纳米技术才能有更好的应用。目前，纳米粉体技术在食品应用中的安全性问题受到了特别的关注。日本制订了一个三年计划，通过动物实验来研究纳米材料在机体中的吸收状况和毒性。随着对"纳米"这一种新的物质形态的认识逐渐成熟，我们开始重视其对环境和有机体的安全性影响，并做了一些相关的研究。特别是纳米食品粉体的出现，对其安全性的研究方法提出了更迫切的要求。

7.2.1　基于级联检测的毒理学评价方案

食品粉体的化学组成复杂，影响其体内安全性和有效性的因素众多，使得对其体内行为的表征和安全性评价非常困难。食品粉体的组成、粒径、表面特性等理化性质以及这些理化性质在制备、储存、食用等过程中的改变在很大程度上决定了食品粉体安全性。因此，在对食品粉体进行毒理学评价时，首先应对食品粉体的理化性质进行系统考察和充分表征，并对制备、储存、食用等过程中食品粉体理化参数的变化进行评价。之后应在体外（细胞、分子层面）考察微米或纳米粒的细胞摄取机制和细胞内的化学和生物学效应，预测机体对食品粉体的处置规律，初步筛查食品粉体的潜在毒性。最后进行体内安全性评价，详细考察食品粉体的代谢动力学特征，参照传统的药物安全性评价系统进行局部毒性实验、一般毒性实验、特殊毒性实验和药物依赖性实验等，以筛查食品粉体可能对机体造成的毒性影响（张璟璇等，2023）。

美国国家卫生研究院-纳米技术特性实验室（National Institutes of Health-Nanotechnology Characterization Laboratory，NIH-NCL）也基于相似的评价程序提出了级联检测方案以评估纳米药物的理化性质对安全性的影响，并指导纳米药物的体内外毒性测试（National Cancer Institute，2021）。该方案主要包括非生物分析和生物分析两方面：非生物分析通过理化特性（粒径、电荷、形态、浓度、载药量、化学组成、有害杂质等）的表征来描述纳米药物的内在属性；而生物分析则是对纳米药物与生物系统相互作用的研究，涵盖对溶血、诱导细胞因子增殖等的血液相容性测试，对补血、凝血系统生化级联反应干扰的研究，以及对体外细胞、组织的分析和体内研究。在食品粉体的安全性研究阶段，NIH-NCL 提出的级联分析有一定参考价值。但当食品粉体的研究进入临床研究阶段或者上市后，由于所需测试的项目过多，级联分析无法实现，这时需要选择一些能够保证食品粉体间一致性和安全有效性的关键参数进行测试。

7.2.2　关键理化特性的表征技术

食品粉体安全性评估的第一步是对其理化性质（表 7-2）进行充分、明确的表征。具体的评价参数取决于食品粉体的类型和评估所处的阶段，表 7-2 中列出了一些用于食品纳米级粉体安全性评估的关键物理化学性质和可用的测试方法（张璟璇等，2023）。与纳米粒的粒径、比表面积、形态等性质的表征相比，表面电荷、团聚性等参数的表征由于受到介质特性的影响较大，真实性和可重复性往往较差。生物系统对纳米粉体的微小结构差异高度敏感，这要求检测方法足够灵敏，以精确检测微小的变化。各种检测方法各有优势和局限性，如动态光散射（DLS）的粒径测定范围有限且无法对形状进行表征，而电子显微镜的样品制备可能对测试结果造成干扰。因此，对于同一理化参数，使用多种互补技术进行评估更加科学合理（Kumar et al.，2017）。

表 7-2　纳米粉体关键理化特性及其表征

	理化性质	表征方法
纳米粒的基本理化性质	化学组成	电感耦合等离子体-光学发射分光光度法/质谱法（ICP-OES/MS）、能量色散 X 射线分析（EDX）、X 射线光电子能谱（XPS）、X 射线衍射（XRD）、飞行时间质谱（TOF-MS）、受体放射分析、俄歇电子能谱（AES）、电子能量损失谱（EELS）、X 射线荧光光谱（XRF）、红外光谱/拉曼光谱（IR/RS）
	粒径及其分布	分离方法：场流分级（FFF）、粒度排除色谱（SEC） 检测方法：透射电子显微镜（TEM）、扫描电子显微镜（SEM）、原子力显微镜（AFM）、单粒子电感耦合等离子体质谱（sp-ICP-MS）、微分迁移率分析仪（DMA）、动态光散射（DLS）、纳米粒子跟踪分析（NTA）、X 射线衍射（XRD）、离心式液体沉降（CLS）、紫外-可见分析（UV-vis）、扩散有序光谱核磁共振（DOSY-NMR）、扫描迁移率粒度仪（SMPS）、扫描探针显微镜（SPM）、多角度光散射（MALS）、广角 X 射线散射（WAXS）、（超）小角度 X 射线散射[（U）SAXS]
	形态	电子显微镜（EM）
	表面-电荷	电泳光散射（ELS）、电渗透、电声测定
	表面-聚集/表面亲和力	紫外-可见分析（UV-vis）、电感耦合等离子体-质谱（ICP-MS）、时间分辨的动态光散射等粒径测定方法
	比表面积	表面吸附法（BET）、电位滴定法（PT）、小角度 X 射线散射（SAXS）
	孔隙率	吸附比表面积测试法（BET）、压汞法（MIP）、小角度 X 射线散射（SAXS）
	晶体结构	X 射线衍射（XRD）、拉曼光谱（RS）、电子显微镜（EM）、小角度 X 射线散射（SAXS）、热重分析（TGA）、广角 X 射线散射（WAXS）
反映纳米粒体内命运的理化性质	硬度	杨氏模量（YM）法、原子力显微镜（AFM）
	疏水性	探针（probe）法、原子力显微镜（AFM）、接触角（CA）测量、疏水作用色谱（HIC）
	分散性	电感耦合等离子体-光学发射分光光度法（ICP-OES）、电感耦合等离子体-质谱（ICP-MS）

续表

理化性质		表征方法
反映纳米粒反应活性的理化性质	ROS 生成	等离子体的铁还原能力测试（PFRAP）、电子自旋共振谱（ESR）、染料或活性氧猝灭剂（ROS quencher）、红色荧光测定试剂盒（Mitosox™ assay）
	光反应性	NADH 监测（monitoring）、罗丹明-B 染料（Rhodamine-B dye）或 DPPH 降解（DPPH degradation）
	氧化还原性	电位滴定法（PT）、氧传感器法（Oxo-dis method）

7.2.3　毒理学安全性评价

1. 一般毒性实验

对不同种属的实验动物进行不同途径、不同期限的染毒以检测各种毒性终点的实验即为毒性实验。毒性实验是食品检验的程序之一，依据染毒时间长短可分为急性毒性实验、亚慢性毒性实验和慢性毒性实验，也包括特殊毒性实验，如致畸实验、致癌实验和致突变实验以及繁殖实验、致敏实验、生化代谢实验等。其目的是确定无害作用水平、毒性类型、靶器官、剂量-反应关系，为安全性评价或危险性评价提供重要的资料。中国在对食品、药物、化妆品和农药的安全性评价中已制定了相应的毒性实验指导原则，该指导原则规定了标准毒性实验方法，包括设计方案、染毒途径、剂量分组、动物品种、数量、观察内容和染毒期限等要求，可推动毒性实验方法的统一和规范化，获得符合管理部门所需毒性资料。

一般毒性实验是新化学实体毒性研究的基础，通过它可及早了解该化合物毒性的强弱，判断其有无研究应用价值，在食品粉体安全性评价中占有很大的比重。一般毒性实验中的急性毒性实验又称单次给样品毒性实验，亚慢性毒性实验、慢性毒性实验又称重复食用毒性实验。单次给样品毒性研究处在毒理研究的早期阶段，安全性评价的第一步，也是最普遍的一种毒性实验，通常以半数致死量（LD_{50}）、最大残留限量（MRL）等为观察指标，以至少两种哺乳动物为实验动物，且以 14d 的观察周期为宜，初步估计受试物对人体的危害性。可了解受试物急性毒性的强度，计算其相对毒性参数，还可探求该化合物的剂量-反应关系，对阐明食品粉体的毒性作用和了解其毒性靶器官具有重要意义，对长期毒性、蓄积毒性和特殊毒性实验剂量的设计和选择具有重要参考价值。据调查，学者们可能受到实验经费、场地的限制，致使实验动物及观察指标单一，部分学者的观察周期不足 14d。食品安全问题重于泰山，科研工作者们在初级实验阶段应克服实际困难，使实验保质保量稳步推进，为后期实验的剂量分组提供参考。亚急性毒性实验又称亚慢性毒性实验，处于毒性实验的第二阶段，是介于急性毒性与长期毒性间的一种毒性表现，通常以最大残留限量、未见明显毒性反应剂量（NOAEL）、受损靶器官指数、组织病理学变化等为观察指标，以至少两种哺乳动物为实验动物，以 10d 至 3 个月为观察周期，进一步估计受试物对人体的危害性。上述亚急性实验的观察指标稍显单薄，均测得了基本数据 MTD 或 NOAEL，部分学者未涉及实验动物的血液指标、受损靶器官指数及组织病理学变化等数据。且动物的食用方式多为自由摄取，不能准确把控受试物的剂量。只有综合考虑多重指标，才能得出更科学的安全性评价，为后续进行长期毒性实验夯实基础。重复食用毒性实验是毒理学评价的关键实验，通常以 SD 大鼠为动物模型，研究受试物的毒性下限，即长期接触受试物可以引起机体危害的 NOAEL，并进行受试物的危险性评价，为制定人接触该受试物的安全限量标准提供毒理学依据。目前，进行天麻食品的长期毒性研究并不多见，提醒学者们在今后设计长期毒性实验时，要在现有基础上为实验动物制定 14d 的恢复期，以便考虑在停用受试物后实验动物的各项指标能否恢复正常范围。除此之外，还要鉴别实验动物的应激及非特异效应，科学归纳受试物的毒性不良反应，使预估的临床用药数据更加严谨。重复食用毒性研究可以观察连续反复食用时实验动物出现的毒性反应，剂量-毒性效应的关系，主要靶器官，毒性反应的性质和程度，毒性反应的可逆性等，是临床前毒性评价的主要内容，为临床不良反应监测及防治提供参考。

　　马钱子超微粉毒性反应量效关系研究表明，马钱子超微粉及粗粉对小鼠的毒性反应相似，其急性毒性存在剂量依赖性的反应量效关系，微粉化后其致死反应急性毒性与重复给药毒性明显增强（王宇红等，2013）。蔡光先等（2007）对药典传统毒性药材的超微饮片和超微复方制剂进行了急性毒性实验，并与普通饮片为对照，发现超微饮片的 LD_{50} 及最大耐受量大多有所降低，见表 7-3 和表 7-4。

表 7-3　毒性药材的超微饮片与普通饮片急性毒性对比

药材名称	LD_{50} 的 95%可信限/（g/kg）		普通饮片/超微饮片
	超微饮片	普通饮片	
生巴豆	5.91±0.51	4.32±0.32	1.36
生草乌	2.97±0.33	1.53＋0.12	1.94
生甘遂	28.55±2.39	20.34±1.59	1.40
生白附子	38.80±3.03	28.80±2.42	1.34
生半夏	25.64±2.16	21.12±1.91	1.21
生川乌	4.26±0.40	2.46±0.21	1.73
生狼毒	2.49±0.17	1.63±0.13	1.52
生马钱子	0.86±0.09	0.55±0.06	1.59

续表

药材名称	LD$_{50}$的95%可信限/（g/kg）		普通饮片/超微饮片
	超微饮片	普通饮片	
生南星	30.26±2.58	26.65±2.58	1.34
生藤黄	0.98±0.08	0.65±0.05	1.51
细辛	27.58±2.35	20.64±10.43	1.33

表 7-4　中药复方的超微饮片与普通饮片急性毒性对比

方名	最大耐药量/(g/kg)		相当于70kg成人临床用量	
	超细饮片	普通饮片	超细饮片	普通饮片
银翘散	133.6	156.8	374	439
生脉散	133.6	156.8	374	439
小青龙	124.0	201.6	145	235
便可通	165.6	192.8	141	171
痛经停	158.4	255.2	89	144

2. 特殊毒性实验

为了保证食品粉体的安全性，除了做急性毒性实验、重复食用毒性实验外，必要时还需要做特殊毒性实验。特殊毒性实验指研究药物对机体生物遗传特征是否产生毒性影响的实验，包括致畸实验、致癌实验、致突变实验和药物依赖性实验。

特殊毒性实验与一般毒性实验二者之间存在明显区别。第一，急性毒性实验回答的是一次大剂量食用的毒性问题；重复食用毒性实验回答的是中小剂量多次连续食用的毒性问题；而特殊毒性实验回答的是潜在性危害问题，如食品粉体能否引起突变，对生殖功能有无影响，是否具有远期致癌问题等。第二，特殊毒性实验主要研究受试物可能对遗传物质造成的损伤，不仅涉及一代人的健康问题，损伤可能涉及子孙后代。特殊毒性实验绝不可以离开安全评价中的一般毒性实验而孤立存在，两者之间存在着不可分割的联系并互为补充。一般毒性实验中的某些基本参数，如 LD$_{50}$、半数有效量（ED$_{50}$）和长期毒性实验中某些生化指标的变化等，正是特殊毒性实验中不可缺少的参数。反之，特殊毒性实验进一步丰富了整个安全评价的内容，是评价食品粉体安全性的重要依据之一。

　　致突变作用是外来因素引起细胞核中的遗传物质发生改变的能力，而且这种改变可随同细胞分裂过程而传递。在毒理学范畴主要涉及三类突变类型，即基因突变、染色体畸变和染色体数目改变。体细胞突变的后果中最受注意的是致癌问题，其次是胚胎体细胞突变可能导致畸胎。如果突变发生在生殖细胞，无论是在其发育周期的任何阶段，都存在对下一代影响的可能性，其影响可分为致死性和非致死性两类。化学致突变作用见图 7-3。常用的实验主要有骨髓微核实验、骨髓细胞染色体畸变实验、Ames 实验等。其中 Ames 实验可检测受试物是否具有遗传毒性。通过遗传毒性实验可知晓接触受试物后出现的遗传毒性作用，进一步确定致癌的可能性，为受试物能否应用于食品领域的最终评价提供依据。致癌实验是检测受试物是否具有诱发肿瘤形成能力的实验。分为体外实验、短期致癌实验和长期致癌实验三类。由于致癌是一种后果严重的毒性效应，因此致癌性评定是一项极其重要、慎重而又复杂的工作。只有长期的、终生实验才被公认为可得到确切证据，说明对动物有无致癌性。但长期动物实验费时、费力并耗费大量经费，所以提出在进行长期动物实验前，先进行致突变实验，据此可对受试物的致癌性进行初步推测。但这些实验对非遗传毒性致癌物必然呈现阴性结果，因此需要进行体外恶性转化实验和短期动物致癌实验。致癌实验通常采用的方法如图 7-3 所示。致畸实验是检验受试物生殖发育毒性的实验。化合物的生殖发育毒性分为两个方面，一是对生殖过程的影响即生殖毒性，二是对发育过程的影响即发育毒性。致畸作用对存活后代的影响较为严重，往往是一种不可逆的过程，因此受到高度重视。致畸实验有传统常规致畸实验、致畸物体内筛检实验及致畸作用和发育毒性的体外实验。其中传统常规致畸实验应用最为普遍。

　　因食品粉体的自身特点改变了食物原有的与生物体作用的方式，具体实验方法、条件应根据食品粉体的特性进行一定调整或补充。某些纳米食物细胞摄取程度可能与非纳米级的食物有较大差异，因此进行体外遗传毒性实验时应分析其细胞摄取能力，作为体外实验数据解读的依据。细菌回复突变实验（Ames 实验）作为遗传毒性实验组合的重要组成部分，由于实验所用的细菌缺乏内吞作用能力且纳米材料不易透过细菌壁从而使纳米材料的摄取受限，因此 Ames 实验可能不适合于检测无法进入细菌内的纳米食物。当 Ames 实验不适用时，体外哺乳动物细胞基因突变实验（如小鼠淋巴瘤细胞 *Tk* 基因突变实验）可作为一种替代实验。体外哺乳动物细胞实验建议使用可摄取纳米食物的细胞系，分析和评估细胞对纳米材料的摄取能力，同时应结合纳米食物在细胞内发挥作用的浓度和时间点进行合适的实验设计。进行体内遗传毒性实验时，须通过适当方式研究确定纳米食物在骨髓、血液等取样组织中有暴露且不会被快速清除，作为排除体内实验结果为假阴性的依据（黄芳华等，2023）。

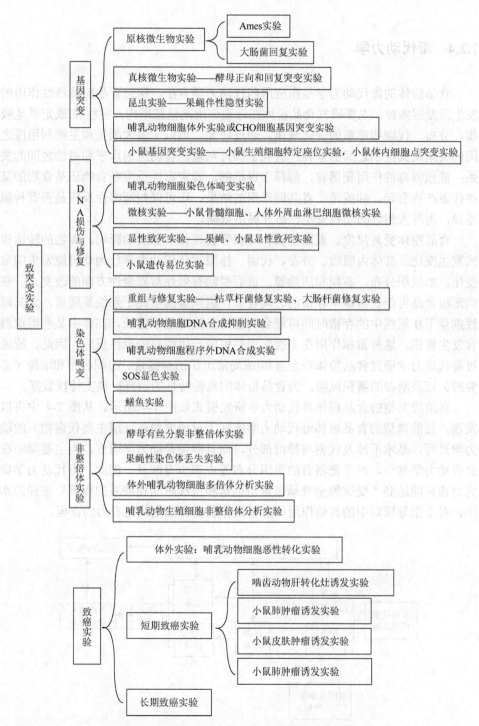

图 7-3　致突变实验常用方法和致癌实验常用方法

7.2.4　毒代动力学

食品粉体的毒代动力学是指应用药代动力学方法，探讨食品粉体毒性作用的发生及发展规律，主要研究食品粉体在毒理作用剂量范围内，定性和/或定量地吸收、分布、代谢和排泄的变化规律。通过研究，可以了解大剂量和生物利用度之间的关系及其性别之间的差异；有利于探讨剂量、食物组织水平和毒性之间的关系；能预测毒性作用靶器官，解释中毒机制，确定毒性反应是食物还是食物的某种代谢产物引起，抑或是二者共同作用的结果；还可以判断毒性反应是否有种属差异，为与人相近的动物安全性研究提供依据。

食品粉体受其尺度、表面性质和形状等物理化学性质的影响，食物的转运模式发生变化，其体内吸收、分布、代谢、排泄等药代动力学行为均可能发生明显变化，如组织分布、蓄积和清除等，进而引起有效性与安全性方面的改变。一些纳米级食品可能在组织中存留的时间较长，组织暴露量高于系统暴露量，尤其毒性剂量下在组织中的存留时间可能会明显比药效剂量下更长，在体内某些组织器官发生蓄积，这种蓄积作用在多次食用后可能产生明显的毒性反应。因此，应通过毒代动力学研究食品粉体在全身和/或局部组织的暴露量、组织分布和清除（必要时）以及潜在的蓄积风险，为食品粉体的毒性特征的阐释提供支持性数据。

现阶段典型的食品粉体毒代动力学研究模式如图 7-4 所示。从图 7-4 中可以发现，目前典型的食品粉体毒代动力学实际上只研究粉体（或主要代谢物）的动力学过程，基本不涉及代谢与排泄部分，而且即便是动力学研究，也主要集中在血浆动力学部分，对于靶器官的组织分布等内容少有涉及。因此，毒代动力学研究目前只能达到"受试物全身暴露量与剂量和持续时间相联系的程度"这样的水平，对于指导原则中的其他作用如解释具体脏器毒性则缺乏有力的证据。

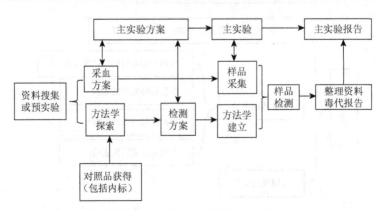

图 7-4　受试物临床前安全性评价中毒代动力学研究的典型流程

7.2.5　毒理病理学

　　毒理病理学是现代病理学与职业病学、环境医学以及毒理学相互渗透的新分支学科，主要从亚细胞、细胞、组织或器官形态学变化来描述毒物的作用及其毒性效应。常用光学显微镜技术、电子显微镜技术及免疫病理、组织化学病理与分子病理学方法，研究化学物质对机体损害的靶部位、性质及其程度等，各种研究方法的应用范围和意义各不相同，要根据实验目的和条件来确定，以尽可能获得详尽、准确、有价值的资料为原则。病理学的变化并不是孤立发生的，它总是与某种功能性的变化相关联，要尽可能抓住形态与功能变化的内在联系，深刻分析这种变化的原因和规律，最终弄清楚变化的机制，这是毒理病理学的重要任务。毒理病理学因其直观明确，既能展现全身毒副损伤规律，又能阐明局部病变特点，从而成为临床前安全性评价中必不可少的重要内容之一。

7.3　食品粉体安全性研究现状

　　粉体（powder）为大量微小固体粒子的集合体。它表示物质的一种存在状态，既不同于气体、液体，也不完全同于固体。粒径是粉体最重要的物理性能，对粉体的比表面积、可压缩性、流动性、安全性及工艺等性能有重要影响（李冷，2000）。根据食品粉体粒径的大小可将其分为普通粉体、微米粉体与纳米粉体三大类。粉碎后得到不同粒径的食材粉体，其物化性质相应改变。

　　食品粉体的原材料绝大部分来源于天然的植物和动物，如谷类及薯类、蔬菜水果、肉类、豆类、牛奶及其制品，少量来源于菌类和人工制品等。而植物类食品均具有细胞壁结构，用传统食用方式，细胞壁在很大程度上会阻止细胞内有效物质的溶出，造成食品有效成分利用率低，资源浪费严重。食品粉体是通过现代粉碎技术打破细胞壁，让细胞壁内的物质易于溶出及混合均匀，能有效改善食品因其部位和组织等不同而造成的物质基础不均匀性的问题，提高原料中有效成分的浸出率和利用率，也实现了无须长时间高温烹煮提取的过程，且应用便捷。大多数食品的作用温和，毒性很低，但由于科学技术飞速发展，大量的新技术、新理论运用到了食品粉体的研究开发中，因此，与传统的食品食用方式相比，其物质基础可能已经发生了明显的变化，这些改变可能使某些成分的含量得到提高，进而增强药理作用，同时毒性反应也可能明显增大。而在食品破壁环节，合理的破壁粉体粒径便是其关键。研究证明，并不是所有食品都适合微米或纳米处理，任何食材，尤其是药食同源的食材，本身兼具药物特性，如果长期食用会在体内蓄积并对机体产生一定影响，经粉碎处理后的食品尤其是纳米级保健食品，其有效成分的释放量和释放速度大幅提高，有效成分生物利用度也会提高，其中部分成分的溶出增加可能引起不良反应或毒副作用，更有可能造成吸收过量而中毒或过敏，这也是引起粉体材料尤其是纳米粉体安全性的主要原因，因此对于食品粉体的安全性研究尤为重要。

7.3.1 不同类型食品粉体应用的安全性

1. 食品普通粉体安全性

普通粉体是指由挤压、冲击、摩擦、剪切、劈裂和研磨等粉碎方式得到的大粒径粉体，通过传统的粉碎和磨粉设备加工得到的粉体粒径通常在 10～1000μm 之间。普通粉粒度分布宽，均匀度差，难以控制其质量。

实验证明，随着粉体粒度的减小，其松密度逐渐降低，振实密度也相应减小，但振实密度基本保持在一个较为稳定的范围内，变化幅度不大。颗粒越细，则堆积角越大，塌落角也越大，流动性越差。粉体与光滑铁板的自流角随粒度的减小而增大。粉碎使粉末颗粒的比表面积和表面能增大，从而使可溶性物质的溶出度和溶出速率都增大，并导致吸水性指数降低，水溶性指数增大（寇福兵，2022）。

研究显示，原未具备毒理反应的食材如金银花、连翘、枸杞、胡萝卜等，经传统粉碎处理后重复用药，对大鼠的毒理病理学检查结果显示未见明显毒性反应（蔡光先，2010），将普通粉各食用组连续给大鼠灌胃食用 4 周及停药 2 周后，解剖时大体观察可见所有脏器表面光滑，色泽正常，各组间差异不明显。显微镜下摄像观察，普通粉各食用组的心、肝、脾、肺、肾、肾上腺、胃、小肠、结肠、十二指肠、胰腺、脑、睾丸、前列腺、卵巢、子宫、胸腺、垂体、甲状腺、膀胱等脏器形态与对照组基本一致，均未见明显中毒性病理改变，实验中未见普通粉存在明显的毒性反应，长期服用安全。由此可见大部分食品材料经普通粉碎处理后毒理性质并未发生根本改变，可为普通粉体食品工业化生产及食用的安全性提供参考依据。

2. 食品微米粉体安全性

超微粉碎技术是基于微米技术原理，随着物质的超微化，其表面分子排列、电子分布结构及晶体结构均发生变化，与传统的粉碎、破碎、碾碎等加工技术相比，超微粉碎产品的粒度更加微小，粒径为 0.1～75μm，平均粒径一般小于 10μm，主要分布在 1～20μm 范围（舒阳，2016）。

超微粉碎能促进和提高食品多种有效成分的溶解及释放。食品经超微粉碎处理后，其粒度更加细微均匀，比表面积增加，孔隙率增大，打破了完整的细胞壁和细胞膜，胞内有效成分溶出阻力减小，有效成分直接溶解在溶剂中，溶出率加大，提取时间缩短（李志华，2013）。有学者研究了柳松菇粉的提取分离，发现超微粉碎有利于相对分子质量高的胞内多糖Ⅰ的溶出，其含糖量为 78%，而未粉碎的块状柳松菇中提取的多为低相对分子质量的多糖Ⅱ，其含糖量为 42.9%（王晓炜等，2006）；对丹参超微粉碎和常规粉碎中的有效成分进行比较，结果表明，超微粉产品有效成分的提取率远高于常规粉碎产品，而且只需采用超声即可溶出大部分有效成分，尤其适用于热敏性物质的提取（邓银爱，2018）；300 目的红参超微粉与 60 目粗粉相比，人参皂苷的收率增加 64.7%（俞萍，2022）。同时，食品超微粉体与胃肠黏膜的接触面积增大，能更好地分散、溶解在胃肠液中，更易被胃肠道吸收，保健效果明显增强。此外，超微粉碎技术不但可用于现有食品粉体种类，而且还有望创制新剂型，提高保健疗效，降低毒性。将传统食品改为超微粉后，如抹茶、可可、黑芝麻、鹰嘴豆、甜菜根等，因粉体细度增加，使用量减少，口感改善，可直接冲服或泡服，且便于携带。另外还可将不同食材按一定比例制成混合粉体，如市面上在售的五谷粉、奶粉、双参蛋白粉、山药南瓜粉等，不仅提高了口感的丰富度，使食品具有独特的物理化学性能，改善了食品的口感，使食品成分被充分利用，而且具有多重保健功能，促进食品的改进或创新。除此之外，超微粉碎技术可促使食材中在未破壁情况下将难以溶出的新成分溶出，有研究从原木灵芝孢子超微粉的挥发油中检出了一些新的萜类成分和脂肪类化合物，丰富了对此食物化学成分的认识。

　　与普通粉体对比，微米粉体粉碎程度有所加深，通过电子显微镜观察，超微粉体粒径小、颗粒均匀、颗粒规则、稳定性好，活性成分的溶出速度与程度都在增大，休止角和滑角增大，流动性变差，粉体松密度变大，膨胀力、持水力、润湿性、水溶性均得到提高，吸湿性比普通粉大，这对于提高物料中营养物质的溶出率有积极作用。研究结果显示，当归、枸杞、厚朴、金银花等食药两用的食材经过超微粉碎后，粒度均匀，颗粒细密，并可使细胞壁破碎，增加了食材的比表面积，提高了生物利用度，有利于生物活性成分的溶出，进而增强了功能性（赵迪加，2010）。研究人员研究了鱼腥草破壁饮片混悬液连续食用 3 个月，大鼠肾毒性、免疫原性指标均未见异常（雷夏凌，2019）。对服用山药破壁饮片、山楂破壁饮片、玫瑰花破壁饮片和罗汉果破壁饮片等超微粉体的大鼠进行精神状态、体重、摄食量、心电图、凝血时间、血液生化指标、脏器指数等毒理学研究，结果显示，其数值均无明显异常，个别数据与对照组比较有统计学差异，但均在正常生理范围内。大体病理变化及镜下检查各脏器均未见明显中毒性病理改变，表明超微粉与其普通粉毒理性质相似，均无严重毒性反应，长期服用安全。

　　但是否所有的食品粉体都适合超微粉碎？食品超微粉碎后最理想的结果是溶

出度增大，生物利用度提高，生物活性成分增强，毒性降低，节约食材。然而，由于食品的种类繁多，性质千差万别，且每种食品所含化学成分的结构、性质、种类、含量、活性等不尽相同，食品超微粉碎后由于化学成分溶出的变化，其药理作用也会随之发生多向的改变，安全性也同样发生着相应的变化。临床上雄黄的日口服剂量为 1.5~3g，以 60kg 成人每日用量 2.25g 计算，在雄黄超微粉体与常规粉体的急性毒性实验中，测得的雄黄常规粉体的 LD_{50} 相当于常用量的 653 倍，雄黄超微粉体的 LD_{50} 相当于常用量的 312 倍。雄黄常规与超微粉体的 LD_{50} 数据结果表明，雄黄常规粉体与超微粉体均具有毒性，且雄黄制成超微粉体后，其急性毒性出现明显增强的现象（李志华，2013）。故使用雄黄超微粉时，须根据其毒性适当降低使用剂量，避免引起中毒。研究蒲公英超微粉的溶出特性，结果表明蒲公英经超微粉碎后，各成分的存在方式发生了变化，但变化是否影响效果发挥有待进一步研究。另有学者认为，超微粉粒径小，有可能黏附在胃肠黏膜上，影响胃肠蠕动、黏膜吸收、胃肠激素分泌细胞及细胞膜功能和离子通道、酶。而且细胞破壁后，细胞内的活性成分是否会发生化学变化，从而在肾、肝、血液、心血管及神经系统等部位产生不良反应，均值得深入研究。有消费者反映，在服用水蛭（冻干）粉后，自觉心脏不适，难以耐受。该消费者因高脂血症服用该产品，遵从规定剂量和服用次数。产生问题的原因为粉末饮片的胃肠刺激性，可能是其在胃肠道黏膜快速溶出，导致粉末接触黏膜的极小面积的粉体浓度过高，产生刺激性。这种刺激可能会损伤胃肠道黏膜，属于不能忽视的不良反应。另有消费者反映灵芝粉"药劲"较强，"药力"过大。该消费者遵从规定剂量和服用次数，原因可能与个体对药物的耐受力有关，或者粉末饮片表面积增大，溶出增加，不同品种量效关系有差异。因此灵芝粉标准规定用量可能欠合理，需要重新评价。可见有关食品粉体的用法用量还需要调整，标准需要更新。

综上，食品品种的多样性，化学成分的复杂性，决定了食品不一定都适合超微粉碎。目前对超微粉碎食品粉体的安全性研究尚少，超微粉碎并不只是单纯地打破细胞壁，由此而引起的变化是复杂多样的，对于大部分食品粉体还没人研究其超微粉碎后的安全性问题。对于超微粉碎食品粉体体内药动学、临床剂量调整规律、毒理学研究等方面报道很少，根本保障不了食品微米粉体安全合理地应用。对食品微米粉体安全性问题进行深入、全面研究，是必要的、必须的、急迫的。因此，研制食品微米粉体，更应该谨慎严格。

3. 食品纳米粉体安全性

食品纳米粉体是指在食品加工中运用纳米技术粉碎制造的粒径约在 0.001~0.1μm 的超细粉体。纳米食品有广义和狭义之分，从广义来说，在食品生产加工和包装中利用了纳米技术的都可以称为纳米食品；从狭义来说，只有对食品成分本身利用纳米技术改造和加工的产品才称得上是纳米食品，目前纳米食品均为广义上的纳米食品（叶志斌，2015）。

纳米技术的飞速发展丰富了人类的生活，纳米技术和纳米材料在食品产业中得到了广泛应用。食品工业专家预言，纳米技术将会以多种方式对消费性产品产生巨大影响。大多数审查过纳米技术用途的科学委员会得出结论，认为消费者很可能会受益于这项技术，但必须要有新的数据和新的量度方法，来确保可对使用纳米技术的所有产品的安全性做出适当评估。由于食品是种特殊的商品，与人体健康息息相关，因此纳米技术和纳米材料在食品中的应用是否会对人体造成不良影响得到了多方面的关注。

纳米食品具有提高营养、增强体质、预防疾病、恢复健康、调节身体节律和延缓衰老等功能。利用纳米技术对食物进行分子、原子的重新编程，当颗粒尺寸达到纳米级时，就会出现表面效应和量子尺寸效应，呈现新的物理、化学和生物学特性，从而能大大提高某些成分的吸收率、降低保健食品的毒副作用、加快营养成分在体内的运输、提高人体对矿质元素的吸收利用率、延长食品的保质期，这就是应用食品粉体纳米技术可能使活性和生物利用度提高乃至产生新的特性的依据。目前的纳米食品主要有钙、硒等矿物质制剂及维生素制剂、添加营养素的钙奶与豆奶、纳米茶和各种纳米功能食品等。具有如此广泛应用价值的纳米食品生产技术得到了各国的一致肯定，纷纷投入巨资进行开发。对传统食品的改造，如在罐头、乳品、饮料等生产中运用纳米技术，可以对其性能根据需要进行不同程度的改善，并得到合理的性价比，是纳米食品应用领域的一个重要方面。

虽然纳米技术在食品工业中得到了广泛应用，但是同采用任何新的食品接触材料一样，必须对食品产品中纳米粒子可能的释放以及这些材料对人类健康的安全性做出评估。2006 年，英国的诺丁汉大学的 Martin Garnett 指出 300nm 的粒子进入细胞并产生新型风险。Garnett 也指出，大于 100nm 的颗粒会在各种不同的组织（包括大脑）中聚集，对人体细胞造成伤害（梁慧刚等，2009）。近年来，发达国家围绕纳米产品的生物安全性积极展开了研究，一般毒性实验包括急性毒性实验、耐受性实验和长期毒性实验。

对不同纳米颗粒如纳米铜、纳米硒、纳米锌、纳米氧化锌和纳米二氧化钛等的急性毒性实验研究表明，高剂量纳米颗粒能够引起急性毒性，其毒性大小取决于纳米颗粒的大小、表面包被成分及化学组成。25nm 和 80nm 二氧化钛经口灌胃 5g/kg 能够引起小鼠肝损伤，纳米颗粒蓄积于肝 DNA，引起小鼠肝脏病理变化和肝细胞凋亡，产生急性肝毒性以及炎症反应，其肝损伤效应明显强于常规二氧化钛颗粒（155nm）（赵宇，2022）。目前很少有关于纳米颗粒慢性或急性低剂量暴露的资料。研究表明，长期暴露纳米颗粒能够引起不同系统的毒性，包括神经系统、免疫系统、生殖系统和心血管系统等。对免疫的影响包括氧化应激和/或引起肺、肝、心、脑前炎症细胞因子的活化；对心血管系统的影响包括促血栓形成效应、心脏功能性损伤（如急性心肌梗死）和对心率的影响。另外，纳米颗粒还可能引起遗传毒性，具有致癌性和致畸作用。

神经毒性：血脑屏障是分离血液与脑脊液的特殊系统，主要由内皮细胞通过紧密连接组成，阻止大分子或亲水性的物质进入大脑，保护大脑免受外来化学物的伤害（朱立猛，2021）。通常，大多数分子不能通过血脑屏障，但多种代谢动力学研究表明，纳米颗粒能够穿过血脑屏障。进入体内的纳米二氧化钛、氧化锰、银等纳米颗粒能够引起大脑损伤，而动物实验也表明，在大脑皮质层和小脑中能够检测到氧化锰、二氧化硅等纳米颗粒。

生殖毒性：研究表明，出生前暴露纳米二氧化钛颗粒能够引起小鼠额前皮质和新纹状体多巴胺水平升高，从而可能影响子代中央多巴胺能系统的发育。纳米二氧化硅（10nm 和 30nm）在 $100\mu g/mL$ 浓度下能够引起小鼠胚胎干细胞的分化、心肌细胞收缩，其效应与剂量呈一定关系，而 80nm 和 400nm 的二氧化硅在最高浓度均不引起胚胎毒性（王宁，2018）。影响干细胞分化的剂量低于对细胞毒性的剂量表明纳米颗粒对干细胞分化具有特定的影响。

细胞毒性：纳米材料能够通过细胞膜，引起 DNA 损伤，干扰细胞活性和生长，产生炎症蛋白，破坏线粒体主要结构，甚至导致细胞死亡。纳米颗粒的大小是其毒性的关键因素，而其他因素如化学组成、表面电荷、表面结构、聚集性和可溶性等也是其毒性的重要因素（张盟，2021）。

直接口服食品粉体的粒度更细利于溶出，然而，粒度过细会产生类似破壁饮片的安全性风险。严格控制食品粉体的粒度，适宜的粒度利于食品粉体的健康持续发展。纳米粉体是争议性最大的一类粉体，现有资料尚未能完全对其安全性及生产应用定性，其安全性问题主要来自于用量是否合理，性质是否发生改变，若将纳米技术大规模应用于食品加工中还需进一步对其安全性进行研究，为纳米粉体食品工业化生产及食用的安全性提供参考依据。

7.3.2　原料及生产工艺过程的安全性

1. 原料的安全性

在食品制作成为粉体前，首先要对原料进行简单处理。然而，由于打粉多为生粉，在生产过程中往往因食品粉体中含有超标的细菌和霉菌，造成严重质量问题，给消费者和企业均带来极大风险。在食品粉体的生产过程中，生粉的灭菌结果对成品能否符合质量要求关系极大，故在食品粉体包装前，对微生物限度超标的食品粉体必须采用合适的灭菌方式进行灭菌。

根据食品粉体是否经过加热处理，粉体灭菌技术可分为热力、非热力灭菌（康超超，2020）。热力灭菌技术是生产企业普遍采用的方法，根据采用温度不同又分为巴氏杀菌（低温杀菌）、高温杀菌和超高温瞬时灭菌（UHT），根据压力的不同可分为高压蒸汽灭菌、间歇灭菌、流通蒸汽等；非热力灭菌技术主要包括物理杀菌和化学杀菌两种类型，物理杀菌主要是指超高压杀菌、高压脉冲电场杀菌、脉冲强光杀菌、微波杀菌、放射线杀菌、紫外线杀菌；化学杀菌是指在物料中通过添加抑菌剂和防腐剂，主要分气体灭菌法和化学试剂灭菌法，气体一般指臭氧、环氧乙烷、二氧化碳等，化学试剂通常指乙醇、乙二醇、抗微生物酶等。综合各灭菌方法的优势，联合应用不同灭菌工艺也成为一种高效的灭菌趋势。生粉灭菌方法的确定应综合考虑被灭菌食品生粉的性质、灭菌方法的有效性和经济性、灭菌后粉体的"性、效、用"等因素。

无论何种灭菌方式，灭菌效果首要评价指标之一就是食品灭菌后，其微生物含量是否达到微生物限度要求。目前，粉体食品没有专门的检测标准，参照果蔬粉的行业检测标准，在《食品安全国家标准　食品微生物学检验　总则》（GB 4789.1—2016）中明确规定：菌总数不得超过 1000cfu/g、霉菌和酵母菌总数不得超过 50cfu/g、不得检出致病菌（沙门氏菌、金黄色葡萄球菌等），大肠杆菌应小于 3MPN/g。微生物检查作为安全性的重要指标，GB 47891—2016 中规定微生物计数法有平板计数法、薄膜过滤法、最大可能数法（MPN 法）。大多数文献均采用平板计数法测定菌落数，得到灭菌率，灭菌率的计算公式为：灭菌率（%）=(灭菌前菌落数–灭菌后菌落数)/灭菌前菌落数×100。

其次要从源头控制食品粉体的安全性。食品粉体的主要应用方式是可直接冲泡食用，这种直接食用方式因为减少了烹煮环节，所以食品粉体需特别关注微生物污染和农药残留污染。此外，食品重金属和农药残留目前也已成为国内外食品加工行业的安全关注焦点，是食品粉体走向现代化和国际化的瓶颈。虽然目前已有一些处理手段可以去除食品粉体中的微生物、重金属和农残，但是都会一定程度地造成食物有效成分流失。因此，"绿色食物"是食品粉体的必然方向，从源头和生产工艺过程都防止微生物、重金属和农残污染才具有更现实的意义。

2. 工艺过程的安全性

1）原料的预处理

食品种类繁多，成分复杂，如何对食品进行粉碎应视食品的类型，如主要含碳水类、油脂类、纤维素、维生素、矿物质类等，采用不同的粉碎方法，研制相应的粉碎设备（韩晓玉和王运利，2021）。同时为保证食品粉体成分的有效性和稳定性，以及外观的美观性等，可以采用热处理、冷处理、水处理及油处理等方法对原料进行预处理（肖潇，2020）。在粉碎过程中，还有设备升温问题、降温处理后生产成本升高问题及食品粉体黏壁问题等，均需要选择合适的方法解决。

2）生产粉碎工艺

粉碎技术可根据食品的性质，采用中温、低温和超低温粉碎，对质地致密的贝壳类、骨类和矿物类更具优越性，且适用于纤维状、高韧性或具有一定含水率的物料，因此应用范围较广（周元浩，2009）。食品经微粉化后，由于有效成分溶出度提高，可节省原材料用量。但超微粉具有很高的表面活性，其氧化性、可燃性及静电聚集力都很强。因此，应从粉碎设备的设计、粉碎工艺的选择、物料处理和环境等方面采取适当措施，消除静电、火花、积热等隐患，提高超微粉碎的安全性。

粉碎过程的关注重点是加工过程是否给食品带来改变和污染。食品原料的破壁粉碎技术在业内现已成熟的有两类：一类是有刚性固体介质参与的，借助撞击、剪切、摩擦等传统粉碎原理打破细胞壁的技术；另一类是没有刚性固体介质参与的，利用强烈气流让食品粉体自身高频、快速撞击而打破细胞壁的技术（成金乐，2014）。刚性固体介质参与的粉碎技术的特点是：介质由于受到撞击和摩擦，易磨损脱落，污染食品粉体；介质高速撞击、剪切食材时，使食材产生较高温度，不利于热敏成分的保护；但该技术对食材的适应范围宽，对物料的物理性质要求低。气流粉碎技术的特点是：没有刚性固体介质接触物料，气流高速释放的吸热和物料撞击的产热抵消，物料在粉碎过程不升温，从而使热敏成分得到有效保护；但气流粉碎技术对物料的物理性质要求较高，适应范围较窄。为最大限度保证经细胞破壁处理的食品粉体无污染、不升温，食品原料破壁选择气流粉碎技术实现细胞破壁更为适宜。

除此之外，粉体生产过程中的质量标准尤为重要。因为食品粉体已经改变了原食物的外观性状，所以食品粉体的质量评价指标一定要最大限度地表征食品粉体的整体质量特点，为其真伪优劣的评价提供有效参考。目前，食品粉体需要建立的质量评价指标主要包括四大类：①正常食品规定标准的指标。②粉体专有指标。食品粉体是食物的粉体形态，必须从食品粉体质量评价特点出发建立相关指标，包括粉体粒度分布、显微特征等。③安全性指标。食品粉体可直接冲泡服用，故必须建立口服制剂卫生学指标加以控制。另外，因其可直接全粉末服用，所以也必须建标控制农药残留、重金属、黄曲霉毒素、二氧化硫等。④食品粉体指纹图谱指标。基于整体性化学表征基础上的食品指纹图谱能基本反映食品全貌，使食品质控指标由原有的对单一成分含量测定上升为对整个食品内在品质的检测，便于实现全过程质量监控，追踪原食材产地、品质和工艺操作条件等变化对产品质量的影响，为控制产品批间差异提供保障，实现对食品内在质量的综合评价和整体物质的全面控制。

7.3.3　食品粉体安全性存在的不足

1. 生产工艺和质量控制问题

1）微生物控制问题

食品粉体的原料自带微生物，清洗难以彻底除去，洁净车间生产只能保证不染新的微生物，灭菌是必须环节。为保证储存期间微生物符合要求，辐照灭菌是较可靠手段，然而国家规定企业采用辐照灭菌必须经过安全性研究，提交研究资料，在允许的剂量范围使用辐照。然而实际生产中，为了保证产品在储存期间微生物合格，辐照常常是多出剂量的，这是企业为降低经营风险不得已采取的措施，也是监管面临的矛盾，因此存在安全性争议（李泓乐，2020）。

部分企业尝试用低温加热和微波灭菌，灭菌效果有限，且易致挥发性成分散失。有些淀粉含量高的食品品种，如山药、红薯、芋头等，容易滋生微生物，应用低温加热和微波灭菌，淀粉含量高的品种霉菌和酵母菌的控制存在困难（难以控制在 10^2cfu/g 以下）。另有涉及加热灭菌的食品品种，干燥与加热灭菌的温度不宜超过 80℃，否则指标成分易降解，含量不足。然而，该温度下干燥和灭菌，产品难以保证微生物合格，辐照灭菌可能影响食品粉体质量，此外辐照灭菌还需要安全性研究资料。

2）辅料问题

有些含糖量高的食品品种，如大枣、枸杞、瓜果等，不加辅料做成的食品粉体易吸潮、结块。有些指标成分不稳定的食品品种，如橙子（维生素 C）、丹参（丹酚酸 B）等，不稳定成分易降解（邹蔓姝等，2019），导致含量难以达标（含量应高于食材）。另外还有碳水和含油量高的品种，如核桃、巴西坚果、榛子等，全粉不加辅料，易泛油变质，打粉后更难储存，且以乙醇和水黏合，难以制粉。同时为了保证企业效率等问题，企业会量力而行，不会生产过多品种，生产品种过多，难以形成稳定的生产线，无法形成规模，生产效率低下，影响收益。

2. 安全性研究不够深入，用法用量规定不合理

目前，关于食品粉体的安全性检测存在争议，其中一种观点认为所有品种的研究和注册应当按照食品粉体制剂的程序进行，提交毒理、药理等资料。然而，对于无毒性品种，现有的食品粉体急性毒性和长期毒性研究均未发现毒性，毒理研究是否有必要。目前，已有的食品粉体安全性研究资料绝大多数为小鼠的急性毒性、大鼠长期毒性（重复食用）实验。因其本身为可食用的食品，本身的安全性可以肯定。安全性的考察应关注食品超微粉体、食品纳米粉体或者口服之后对

人体胃肠道组织的影响，然而，目前针对人体的实验未检索到，仅有对小鼠的实验资料，研究较少，已有的研究不够深入。

3. 食品粉体的研究缺乏顶层设计和国家平台的介入

食品粉体的出现与发展，将对我国食品的可持续发展产生巨大的推动作用，对品质的提升和标准化、国际化进程产生积极影响。目前，尚缺乏全国性的、前瞻性的研究计划，建议国家相关部门予以重视，并重点展开食品粉体上市评价模式研究，包括工艺研究的指导原则、质量研究的指导原则、临床前安全性研究的指导原则、稳定性研究的指导原则、生物等效性研究的指导原则，并选择试点单位，发布优惠政策，尽快推进该项研究工作的发展。

直接口服的食品粉体易于掺假混杂、监管有难度，但不应成为禁止打粉的理由。对打粉有优势的品种，只要符合安全性的要求，应支持其发展，积极引导。建议国家出台系统性的新型食品粉体标准研究修订指导文件，指导各地方的监督管理和标准研究，加强质量可控性研究，严厉打击弄虚作假、掺杂使假。应当加强食品粉体与传统食品的急性毒性、长期毒性等安全性及有效性方面的对比研究。在标准研究制定中，应结合品种特点，加强重金属、农药残留等研究，对其安全性做出系统评价。

7.3.4　食品粉体安全性研究与发展的思考建议

1. 不走替代传统食品的产业发展思路

食品粉体本质上还是食品食用方式的发展和延伸，其具备的特点可以提高传统食品中的生物活性成分，有效提高食品的便捷性、可控性、稳定性，可以改善食品的应用方式，让其灵活化和便携化，但在产品定位上只是传统食品的补充，而不是取代传统食品食用方式。

2. 需建立食品粉体安全评价的方法

食品粉体的安全性评价是目前业内尚未完善的问题。大家认可食品粉体的创新，其化学成分利用率的增加在安全性角度应该如何评价，现有两个方面的意见：一方面是把粉末分为有毒和无毒两类，无毒食品粉体实行简单的评价，有毒粉体则按新药临床前安全性研究的要求进行；另一方面是需要按临床前新药的安全性研究要求不作分类全部进行，此类方法需要研究者达成共识。

建议药食同源的粉体品种，其安全性的评价只需要关注破壁粉末对人体的影响，至于药物本身的安全性，只要按照中医药理论合理用药，风险就很低，不需要按照西医中成药评价程序。对于一些刺激性粉体，若对人体胃肠组织的影响研究后，发现冲服和吞服对胃肠组织损伤较频发，则应规定禁止冲服和吞服，以泡服为法定用法，以保证安全性。在获得充足的证据之前，药食同源的粉体品种应当暂以泡服为宜，剂量应当偏小，以避免可能的不良反应。冲服、泡服和吞服应分开详细说明，三种用法对应不同用量。不同用法产生的效果也有差异。吞服和冲服，食品粉末可能刺激胃肠道，部分人群难以耐受，应详细说明。而对于本身为食品的种类，只需要实行简单的评价方式即可，重点在用量上进行规定。同时对于没有习用打粉历史，但打粉确有优势的品种，应当允许研究制定标准。

7.4　展　　望

食品粉体是主要的食品生产原料，可以应用于膳食纤维加工、软饮料加工、果蔬加工、粮油加工、水产品加工、调味品加工等方面。从食品原料和食品配料如面粉、淀粉和香料，到成品如餐桌调味料、速溶咖啡或奶粉等，食品粉体成为人们生活中不可或缺的一部分。相对于其他物性状态的食品，食品粉体有着更大的比表面积，能够促进溶解性和物质活性的提高，功能成分易于溶出，可以改变食品的物理化学性能，使食物充分利用；食品粉体易于流动，可以精确计量控制供给与排出和成形，可以提高利用率，改善口感如用作调味剂、着色剂以及功能性成分等；易于实现分散、混合等加工程序，促进人体对动植物不可食部分的吸收；食品粉体有着更好的营养价值，能够促使食品加工工艺的变化，促使新型产品的出现，同时还易于包装和运输。食品中的许多成分在其天然状态及自然生物环境中非常容易降解或分解。因此，固态或液态的食品原料通常通过加工成粉末形式来减少其水分含量，以便达到延长保质期的目的。此外，粉末形式易于量化和添加，在许多食品和药品中有着广泛的应用，目前，市面上的许多食品都以粉体的形式存在，且产量和种类逐年增加，这促使粉末食品原料加工业及粉状食品预混料制造业快速增长。以科学为基础的配方食品的发展以及对食品产品多样性的需求极大地促进了食品原料市场的发展，这些原料通常以粉体形式供应。

随着大健康产品的发展，食品粉体得到了发展和重视，然而在传统与现代、传承与创新的问题上缺乏统一认识，使得对食品粉体的安全性评价缺乏统一、成形的标准。目前，国际上尚未形成统一的针对粉体食品尤其是超细粉体食品的生物安全性评价标准，尽管使用的评价方法和生物体系很多，但是大多数是短期评价方法，如毒性、细胞功能异化和炎症。超细粉体粒子的特性变化很大，不同食品的生物效应和毒性有差别，影响其安全性的主要因素是颗粒尺寸效应，颗粒大小不同的相同食品材料，其毒性等也不能一概而论。所以，建立不同种类特别是不同形态和尺寸超细粉体食品的安全性评价技术指标，是一项很有必要的工作。

此外，由于超细粉体粒子穿透性强，在其安全性评价中考虑致癌、致畸、致突变和慢性毒性就显得尤为重要。同时需要对超细粉体食品的安全性、食品标签、检测标准等方面进行研究，增强公众对超细粉体尤其是纳米食品的认知，从科学研究、立法以及公众的角度研究粉体食品的安全性，从而更有效地促进食品粉体技术的发展。

参 考 文 献

蔡光先. 2010. 超微中药的临床有效性与安全性研究及其思考. 中华中医药学刊, 28（9）: 1801-1804

蔡光先, 李勇敏, 郑兵, 等. 2007. 中药超微饮片量效关系及安全性初探. 中国新药杂志, （9）: 682-684

常雪灵, 祖艳, 赵宇亮. 2011. 纳米毒理学与安全性中的纳米尺寸与纳米结构效应. 科学通报, 56（2）: 107-118

成金乐, 赖智填, 彭丽华. 2014. 中药破壁饮片研究. 世界科学技-中医药现代化, 16（2）: 254-262

邓银爱. 2018. 丹参破壁饮片中间体粉体特性及其与工艺、质量相关性研究. 广州: 广州中医药大学硕士学位论文

韩晓玉, 王运利. 2021. 天然纤维素粉体与蛋白质粉体的制备及其应用. 中国粉体技术, 27（5）: 64-69

黄芳华, 邵雪, 耿兴超, 等. 2023. 《纳米药物非临床安全性评价研究技术指导原则》解读. 药学学报, 58（4）: 805-814

金一和, 孙鹏, 张颖花. 2001. 纳米材料对人体的潜在性影响问题. 自然杂志, （5）: 306-307

康超超. 2020. 基于理化特性与生物评价的当归生药粉灭菌工艺研究. 南昌: 江西中医药大学硕士学位论文

寇福兵. 2022. 超微粉碎板栗粉理化性质及其对面条加工特性的影响. 重庆: 西南大学硕士学位论文

雷夏凌. 2019. 新型中药饮片鱼腥草破壁饮片的非临床安全性评价研究. 中国毒理学会中药与天然药物毒理专业委员会. 中国毒理学会中药与天然药物毒理与安全性评价第四次（2019年）学术年会论文集: 105

李泓乐. 2020. 云南省新型中药饮片现状与发展政策研究. 昆明: 昆明医科大学硕士学位论文

李佳洁, 李江华. 2011. 纳米保健食品安全性及研究动向. 食品科学, 32（17）: 366-370

李靖, 杨永华. 2006. 浅谈超细粉体技术应用于中药领域存在的问题. 中成药, （5）: 718-720

李冷. 2000. 粉体的功能与应用-食品. 中国粉体技术, （S1）: 53-56

李志华. 2013. 微粉化对雄黄粉体质控标准的影响. 长沙: 湖南中医药大学硕士学位论文

梁慧刚, 黄健, 刘清. 2009. 纳米技术在食品中的应用和安全性问题. 新材料, 8: 50-53

刘立柱, 彭庆唐, 朝军, 等. 2016. 超细矿物粉体材料应用现状及其环境安全性研究. 绿色科技, （6）: 140-142

梅星星. 2019. 纳米食品应用研究进展. 食品研究与开发, 40（2）: 194-202

舒阳. 2016. 不同粒径绿茶粉理化性质及体外消化研究. 武汉: 华中农业大学硕士学位论文

孙勇, 李华佳, 辛志宏, 等. 2006. 纳米食品的活性与安全性研究. 食品科学, （12）: 936-939

王宁. 2018. 钛基纳米复合材料构筑及光生阴极保护性能研究. 青岛: 中国科学院大学（中国科学院海洋研究所）硕士学位论文

王晓炜, 程光宇, 吴京燕, 等. 2006. 超微粉碎和普通粉碎对柳松菇多糖的提取及凝胶柱层析分离的研究. 南京师大学报（自然科学版）, （1）: 66-70

王宇红, 杨蕙, 莫韦皓, 等. 2013. 马钱子超微粉毒性质反应量效关系研究. 中医杂志, 54（11）: 958-960, 982

邬应龙, 邓红霞, 杨性民, 等. 2005. 紫菜超细粉体加工技术及其在食品加工中的应用. 食品研究与开发, （6）: 101-103

肖潇. 2020. 鲜切甘蓝生产工艺优化及年产一千万盒鲜切甘蓝工厂设计. 广州: 暨南大学硕士学位论文

叶志斌. 2015. 纳米铁观音茶粉制备技术、理化性质及其应用. 福州: 福建农林大学硕士学位论文

俞萍. 2022. 人参糖肽复合物制备工艺及免疫活性研究. 长春：长春中医药大学硕士学位论文

张璟璇，孙丙军，孙进. 2023. 纳米药物毒性效应机制和安全性评价. 沈阳药科大学学报，40（2）：240-247

张盟. 2021. 纳米复合材料的构建及其抗肿瘤和促进伤口愈合性能研究. 武汉：华中师范大学硕士学位论文

赵迪加. 2010. 超微粉体技术在"心怡"系列保健食品中的应用研究. 长沙：湖南中医药大学硕士学位论文

赵宇. 2022. 纳米二氧化钛对代谢综合征小鼠肝脏和肠道损伤及益生菌干预机制研究. 南昌：南昌大学硕士学位论文

周元浩. 2009. 超微粉碎技术在中药配方颗粒中的应用. 镇江：江苏大学硕士学位论文

朱立猛. 2021. 壳寡糖对阿尔茨海默病的作用效果评价及其机制初探. 北京：中国科学院大学（中国科学院过程工程研究所）硕士学位论文

邹蔓姝，韩远山，王宇红. 2019. 三种工艺提取丹参有效成分及丹酚酸 B 分离纯化研究. 亚太传统医药，15（2）：41-45

Abbye C. 2008. The relevance for food safety of applications of nano technology in the food and feed industries. Dublin：Food Safety Authority of Ireland，22：41

Jia G，Wang H F，Yan L，et al. 2005. Cytotoxicity of carbon nanomaterials：Single-wall nanotube, multi-wall nanotube, and fullerene. Environmental Science & Technology，39（5）：1378-1383

Kumar V，Sharma N，Maitea S. 2017. *In vitro* and *in vivo* toxicity assessment of nano particles. International Nano Letters，7（4）：243-256

National Cancer Institute. 2021. Assay cascade protocols. https://ncl.cancer.gov/resources/assay-cascade- protocols

Wang B，Feng W Y，Wang M，et al. 2008. Acute toxicological impact of nano-and submicro-scaled zinc oxide powder on healthy adult mice. Journal of Nanoparticle Research，10：263-276